科学出版社"十四五"普通高等教育本科规划教材
普通高等学校电气类一流本科专业建设系列教材

无线电能传输技术及应用

张 波 丘东元 编著

科学出版社

北 京

内 容 简 介

本书系统地介绍了无线电能传输主要的技术类型和应用场景，主要技术包括便携式设备无线充电技术、家用电器无线供电技术、电动汽车无线充电技术、电动自行车无线充电技术、植入式医疗设备无线供电技术等，应用场景则涵盖移动负载动态无线供电、多负载无线供电、特殊场合无线供电等。

本书将技术和实际应用紧密结合，可作为高等学校电气类相关专业的本科生教材；涵盖的一些新型无线电能传输技术，可供从事无线电能传输技术产业化开发的科研及工程技术人员参考。

图书在版编目（CIP）数据

无线电能传输技术及应用 / 张波，丘东元编著. -- 北京 ： 科学出版社，2025.1. --（科学出版社"十四五"普通高等教育本科规划教材）（普通高等学校电气类一流本科专业建设系列教材）. --ISBN 978-7-03-081224-7

Ⅰ. TM724

中国国家版本馆 CIP 数据核字第 20253WS332 号

责任编辑：余 江 / 责任校对：王 瑞
责任印制：师艳茹 / 封面设计：马晓敏

科 学 出 版 社 出版

北京东黄城根北街 16 号
邮政编码：100717
http://www.sciencep.com

三河市骏杰印刷有限公司印刷

科学出版社发行　各地新华书店经销

*

2025 年 1 月第 一 版　开本：787×1092　1/16
2025 年 1 月第一次印刷　印张：14 3/4
字数：356 000

定价：69.00 元

（如有印装质量问题，我社负责调换）

前　　言

　　无线电能传输技术是国内外目前的一个研究热点，它无需导线或其他物理接触媒介，直接将电能转换成电磁波、光波、声波等能量形式，通过空气将能量传递到负载，具有安全、便利、易于智能化等显著优势，产业化前景十分看好。近年来，学术界和产业界发展了许多不同的无线电能传输技术，因此，十分有必要系统地归纳和总结无线电能传输技术及其应用情况，以进一步促进产业化的发展。

　　为使读者尽快掌握无线电能传输技术，本书按照无线电能传输系统的典型架构，分别从高频逆变器、补偿网络、耦合机构(包括屏蔽层)、控制策略进行分析和论述，同时系统地介绍了无线电能传输系统的主要功能需求，包括异物检测、电磁兼容、电能与信息同传等。这些内容以往都零散地出现在不同的著作或论文中，系统的梳理是本书的一个特色。本书的另一个特色是对各种设备无线充电和供电技术及产品进行了分析，论证了感应式无线电能传输技术与谐振无线电能传输技术的差异性，澄清两者的不同，使得它们在实际中得到更好应用。此外还对宇称-时间对称无线电能传输技术和分数阶无线电能传输技术进行了介绍，并把它们纳入新型无线电能传输技术的范畴，以促进和鼓励学术界与产业界探索更符合产业化需求的新原理和新技术。各种设备的无线电能传输技术是本书的重点内容，由于无线电能传输技术广泛适用于消费电子、交通运载、家用电器、医疗设备、军事装备等领域，为此本书选择便携式设备、家用电器、电动汽车、电动自行车、植入式医疗设备等典型设备进行介绍。为满足不同场合的应用需要，本书还介绍了适用于移动负载、多负载以及水下、井下、天空等特殊环境的无线电能传输系统。因而，本书既具有较强的技术性，又具有较好的实用性和新颖性。

　　虽然无线电能传输技术的性能现阶段尚未达到有线电能传输技术的水平，距离真正的"电能无线传输时代"仍有一定的距离，但产业化的发展规律告诉我们，每次技术的迭代和更新都将促进行业的发展。因此，在不同发展阶段对技术进行系统的归纳和总结都十分重要。

　　全书分为11章。第1章为绪论，主要介绍无线电能传输技术的起源、类别、原理和发展现状；第2章和第3章为无线电能传输技术基础，从电力电子变换器、补偿网络、耦合机构、控制策略、异物检测、电磁兼容、电能与信息同传等方面进行阐述；第4~11章分别介绍不同领域的无线电能传输技术，以具体设备或应用场合划分章节，包括便携式设备、家用电器、电动汽车、电动自行车、植入式医疗设备、移动负载、多负载应用场合以及特殊环境应用场合。

　　本书部分资料的收集和整理得到了博士研究生胡青云、于宙、林靖扬、谢泽宇和硕士研究生屈羽虎、李建国、郭淑筠、顾文超、资京、陈浩、江旭韬等的大力协助，相关工作得到了国家自然科学基金重点项目(批准号：52130705 和 51437005)、面上项目(批准号：51677074)的支持，在此表示衷心的感谢！

张　波　丘东元

2025 年 1 月于华南理工大学

目　录

第1章　绪论 ················· 1
1.1　无线电能传输技术的发展历史··· 1
　1.1.1　技术起源 ············ 1
　1.1.2　发展历程 ············ 2
1.2　无线电能传输技术分类和原理··· 3
　1.2.1　感应耦合式无线电能传输
　　　　技术 ············· 4
　1.2.2　磁耦合谐振无线电能传输
　　　　技术 ············· 8
　1.2.3　宇称-时间对称无线电能传输
　　　　技术 ············· 13
　1.2.4　分数阶无线电能传输技术 ··· 18
　1.2.5　电场耦合式无线电能传输
　　　　技术 ············· 23
　1.2.6　微波电能传输技术 ········· 24
　1.2.7　激光电能传输技术 ········· 24
　1.2.8　超声波电能传输技术 ········· 25
1.3　无线电能传输技术的发展
　　现状 ················· 26
　1.3.1　商业化进程 ············· 26
　1.3.2　典型产品标准 ············· 29
　1.3.3　专利分布概况 ············· 35
　1.3.4　学术论文发表情况 ········· 36
　1.3.5　产业化面临的问题 ········· 36
1.4　本章小结 ················· 37
参考文献 ··················· 37
第2章　无线电能传输系统架构 ··· 39
2.1　高频逆变器的选择············· 39
　2.1.1　桥式逆变器············· 39
　2.1.2　E类功率放大器············· 43
　2.1.3　高频逆变器的比较············· 45
2.2　补偿网络的设计············· 46
　2.2.1　ICPT系统············· 46

　2.2.2　MCR-WPT系统············· 67
2.3　耦合机构 ··················· 69
　2.3.1　磁耦合机构············· 69
　2.3.2　屏蔽层············· 78
　2.3.3　电场耦合机构············· 81
2.4　控制策略 ················· 85
　2.4.1　DC-DC变换器调压控制············· 85
　2.4.2　高频逆变器输出功率控制············· 85
　2.4.3　补偿网络可调谐振控制············· 87
2.5　本章小结 ················· 87
参考文献 ··················· 87
第3章　无线电能传输系统功能需求 ·· 89
3.1　异物检测技术 ············· 89
　3.1.1　基于非电气参数的检测方法············· 89
　3.1.2　基于系统电气参数的检测
　　　　方法 ············· 90
　3.1.3　基于电磁场分布的检测方法··· 90
　3.1.4　异物检测技术的挑战 ········· 91
3.2　电磁干扰与电磁兼容 ········· 91
　3.2.1　WPT系统对外界环境的
　　　　影响 ············· 91
　3.2.2　外界环境对WPT系统的
　　　　影响 ············· 92
　3.2.3　WPT系统电磁环境建模
　　　　及分析方法 ············· 93
　3.2.4　WPT系统电磁干扰抑制措施··· 94
3.3　电能与信息同传 ············· 95
　3.3.1　调制原理············· 96
　3.3.2　调制与解调电路············· 103
3.4　本章小结 ················· 110
参考文献 ··················· 110
第4章　便携式设备无线充电技术 ···· 111
4.1　便携式设备无线充电系统

　　关键技术…………………… 111
　　4.1.1　系统架构 ……………… 111
　　4.1.2　平面线圈设计 ………… 111
　　4.1.3　异物检测 ……………… 113
　　4.1.4　电磁兼容 ……………… 114
4.2　便携式设备无线充电技术的
　　产业现状 …………………… 115
　　4.2.1　产品化发展 …………… 115
　　4.2.2　相关标准 ……………… 116
4.3　亟待解决的问题与研究方向… 117
4.4　本章小结 …………………… 118
参考文献 ……………………… 118

第5章　家用电器无线供电技术 …… 119
5.1　家用电器无线供电系统
　　关键技术 …………………… 119
　　5.1.1　系统架构 ……………… 119
　　5.1.2　磁耦合机构 …………… 119
　　5.1.3　拓扑结构 ……………… 120
　　5.1.4　控制方法 ……………… 121
　　5.1.5　异物检测 ……………… 124
　　5.1.6　电磁兼容 ……………… 124
5.2　家用电器无线供电技术的
　　产业现状 …………………… 125
　　5.2.1　产品化发展 …………… 125
　　5.2.2　标准化进展 …………… 127
5.3　亟待解决的问题与研究方向… 128
5.4　本章小结 …………………… 128
参考文献 ……………………… 129

第6章　电动汽车无线充电技术 …… 130
6.1　磁场耦合式电动汽车无线充电
　　系统关键技术 ……………… 130
　　6.1.1　系统架构 ……………… 130
　　6.1.2　磁耦合机构 …………… 131
　　6.1.3　补偿网络 ……………… 132
　　6.1.4　电力电子变换器 ……… 133
　　6.1.5　系统控制 ……………… 134
　　6.1.6　异物检测 ……………… 136
　　6.1.7　电磁安全 ……………… 138
6.2　电动汽车无线充电标准 ……… 140

　　6.2.1　国际标准 ……………… 140
　　6.2.2　国内标准 ……………… 141
6.3　电动汽车无线充电技术产业
　　现状 ………………………… 142
　　6.3.1　国外研究成果及产业现状… 142
　　6.3.2　国内研究成果及产业现状… 144
6.4　亟待解决的问题及研究方向… 145
6.5　本章小结 …………………… 146
参考文献 ……………………… 146

第7章　电动自行车无线充电技术 … 147
7.1　电动自行车无线充电系统
　　关键技术 …………………… 147
　　7.1.1　系统架构 ……………… 147
　　7.1.2　磁耦合机构 …………… 148
　　7.1.3　恒流恒压控制方法 …… 149
　　7.1.4　高频整流器 …………… 154
　　7.1.5　异物检测 ……………… 154
7.2　电动自行车无线充电技术的
　　产业现状 …………………… 155
　　7.2.1　国内外研究现状 ……… 155
　　7.2.2　产品化进程 …………… 157
　　7.2.3　相关标准 ……………… 157
7.3　亟待解决的问题与研究方向… 158
7.4　本章小结 …………………… 159
参考文献 ……………………… 159

第8章　植入式医疗设备无线供电
　　技术 ………………………… 160
8.1　植入式医疗设备无线供电
　　技术类型 …………………… 160
　　8.1.1　感应耦合式 …………… 161
　　8.1.2　超声波式 ……………… 161
　　8.1.3　磁耦合谐振式 ………… 161
8.2　磁耦合谐振式 IMD-WPT 系统
　　关键技术 …………………… 161
　　8.2.1　谐振频率 ……………… 162
　　8.2.2　高频逆变器 …………… 162
　　8.2.3　耦合线圈 ……………… 163
　　8.2.4　补偿网络 ……………… 165
　　8.2.5　高频整流器 …………… 165

8.2.6 电磁兼容标准 ……… 166

8.3 植入式医疗设备无线供电技术
的应用场景 ……………… 167
8.3.1 心脏起搏器 …………… 167
8.3.2 植入型心律转复除颤器 …… 167
8.3.3 植入式脊髓刺激器 ……… 168
8.3.4 人工耳蜗 ……………… 169
8.3.5 视网膜假体 …………… 169
8.3.6 胶囊内窥镜 …………… 170

8.4 亟待解决的问题与研究方向 … 171

8.5 本章小结 ………………… 171
参考文献 …………………… 171

第9章 移动负载动态无线供电
技术 ……………………… 172

9.1 动态无线供电系统的供电
结构 ……………………… 172
9.1.1 发射线圈类型 ………… 172
9.1.2 供电模式 ……………… 174
9.1.3 供电线圈切换方法 ……… 177

9.2 动态无线供电系统关键技术 … 178
9.2.1 磁耦合机构 …………… 178
9.2.2 补偿网络 ……………… 181
9.2.3 三相高频逆变器 ……… 184
9.2.4 控制方式 ……………… 186

9.3 动态无线供电技术的应用
场景 ……………………… 186
9.3.1 电动汽车 ……………… 186
9.3.2 巡检机器人 …………… 187
9.3.3 自动引导车 …………… 187
9.3.4 轨道交通车辆 ………… 187

9.4 动态无线供电技术的产业
现状 ……………………… 188
9.4.1 国外研究成果及产业现状 … 188
9.4.2 国内研究成果及产业现状 … 188

9.5 亟待解决的问题及研究方向 … 189

9.6 本章小结 ………………… 190

参考文献 …………………… 190

第10章 多负载无线供电技术 …… 191

10.1 多负载无线供电系统的发射
方式 ……………………… 191
10.1.1 平面线圈类 ………… 192
10.1.2 空间线圈类 ………… 195
10.1.3 非线圈类 …………… 199

10.2 多负载无线供电系统的拓扑
结构 ……………………… 201
10.2.1 单电容补偿型 ……… 201
10.2.2 高阶阻抗匹配型 …… 203
10.2.3 多米诺型 …………… 206
10.2.4 多通道型 …………… 207

10.3 亟待解决的问题与研究
方向 ……………………… 210

10.4 本章小结 ………………211
参考文献 …………………211

第11章 特殊场合无线供电技术 …… 212

11.1 水下设备无线供电 ……… 212
11.1.1 磁场耦合式水下无线供电
系统 ……………… 212
11.1.2 电场耦合式水下无线供电
系统 ……………… 215
11.1.3 超声波式水下无线供电
系统 ……………… 218

11.2 井下设备无线供电 ……… 220
11.2.1 油田井下无线供电系统 … 220
11.2.2 煤矿井下无线供电系统 … 221

11.3 飞行设备无线供电 ……… 222
11.3.1 电力巡线无人机无线供电
系统 ……………… 222
11.3.2 微波驱动飞机无线供电
系统 ……………… 223

11.4 高压设备无线供电 ……… 224

11.5 本章小结 ………………… 226
参考文献 …………………… 226

第1章　绪　　论

近年来，无线电能传输(wireless power transfer，WPT)技术的发展势头十分迅猛，已经从理论研究层面逐步走向商业应用，特别是在电动汽车(electric vehicle，EV)、消费电子、家用电器、智能家居等领域产业化发展。本章将首先介绍无线电能传输技术的起源和发展历程，进而介绍无线电能传输技术的分类，并分析了现有无线电能传输技术的基本原理，然后从商业化进程、标准制定、专利分布和学术论文发表等几个方面对无线电能传输技术的发展现状进行了概述，最后归纳出当前无线电能传输技术产业化面临的问题。

1.1　无线电能传输技术的发展历史

无线电能传输技术是指无须导线或其他物理媒介，直接将电能转换成电磁波、光波、声波等能量形式，通过空气将能量从电源传递到负载的电能传输技术，因此又称为非接触电能传输(contactless energy transfer，CET)技术。下面对 WPT 技术的起源和发展历程进行简要概述[1]。

1.1.1　技术起源

WPT 技术的起源简史如图 1.1 所示。1862 年，麦克斯韦电磁方程组建立，预见了电磁波的存在，为 WPT 技术奠定了理论基础。1884 年，坡印亭提出电磁场能量守恒定理，并提出能流密度的概念(又称坡印亭矢量)，为电磁能量转换提供了依据。1888 年，赫兹通过实验成功证明了电磁波的存在，WPT 理念开始萌芽。19 世纪末，美国发明家特斯拉在前人对电磁能量研究成果的基础上，展开了对 WPT 技术的探索，他发明的特斯拉线圈可以视为 WPT 系统目前最常用的谐振器雏形。1898 年，特斯拉将 WPT 技术用于人体电疗。1899 年，特斯拉开展了一系列实验，提出将地球作为内导体、地球电离层作为外导体，在它们之间建立起低频电磁共振(舒曼共振)，以在全球范围内实现无线电能传输的设想[2,3]。虽然该设想最终未能实现，但是为后人留下了 WPT 技术应用的无限遐想。因此，特斯拉被公认为 WPT 技术的开拓者和奠基者。

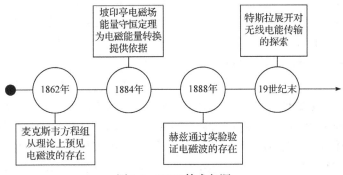

图 1.1　WPT 技术起源

1.1.2 发展历程

在 WPT 技术的发展历程中，有一些重要的里程碑，它们不仅拓展了 WPT 技术，而且拓宽了 WPT 技术的应用领域，促进了 WPT 技术的发展。

在特斯拉之后很长一段时间，WPT 技术可以说处于停滞状态。直到 20 世纪 60 年代初期，Raytheon 公司的 William C. Brown 对微波能量无线传输开展了研究，设计出 2.45GHz 磁控管微波整流天线[4]，以供能给微波动力直升机，该整流天线可实现 26m 距离的无线电能传输，但整流天线阵列尺寸为 3.4m×7.2m，难以商业化应用。这种通过天线阵列收发微波的方法称作微波电能传输(microwave power transmission，MPT)技术。

1992 年，日本神户大学和京都大学的研究团队开发了相控阵天线，缩小了传输天线与接收天线的尺寸，增强了微波传输的方向性，提高了 MPT 技术的传输效率与传输距离，进一步发展了 MPT 技术。2015 年，日本三菱重工公司利用 MPT 技术成功将 10kW 功率输送到 500m 外，并点亮接收装置上的 LED 灯，为空间太阳能无线输电的应用提供了可能性。

MPT 技术虽然可以实现大功率远距离的能量传输，但是微波的发散角大，要求大尺寸的发射和接收装置。相比之下，激光能量密度更高，方向性更强，可应用于空间太阳能电站和无人机能量补给等领域，因而激光电能传输(laser power transmission，LPT)技术也在 20 世纪末开始得到学术界的青睐。1997 年，日本东北大学研究团队采用功率为 25W 的 CO_2 连续激光器作为发射端，在 500m 外的接收端测得激光功率为 15W[5]。2002 年，德国凯泽斯劳滕工业大学研究团队等利用 Nd:YAG 全固态激光器，输出波长为 532nm、功率为 5W 的激光，以驱动光伏小车，其中，光伏板材料采用 InGaP，在 30~300m 的传输范围内，光电转换效率为 25%[6]。2006 年，日本近畿大学研究团队利用波长为 808nm、激光功率为 200W 的光纤耦合半导体激光器，为光伏风筝和光伏直升机供能，其中，激光器的电光转换效率为 34.2%，光电转换效率为 21%，总转换效率为 7.2%[7]。2012 年，美国国家航空航天局(National Aeronautics and Space Administration，NASA)利用望远镜系统传输波长 1030nm、功率 8kW 的连续激光，以驱动光伏太空电梯，光伏组件由 333 片 1cm×1cm 的单晶硅芯片组成，单个芯片光电转换效率为 35%[8]。由于目前电光和光电的转换效率都偏低，且 LPT 技术受传输空间障碍物影响极大，故该技术的商业化发展步伐较为缓慢。

短距离 WPT 技术以感应耦合式无线电能传输(inductively coupled wireless power transfer，ICPT)技术为代表，其典型传输距离一般介于几毫米至几厘米，且系统传输性能随着距离的增加急剧衰减。国外对 ICPT 技术的研究起步较早，如新西兰奥克兰大学(The University of Auckland，UOA)研究团队自 20 世纪 90 年代起，对 ICPT 技术进行了系统研究。国内对 ICPT 技术的研究起步相对较晚，2011 年 10 月在天津召开的"无线电能传输技术"专题学术沙龙，统一了国内"无线电能传输"的学术名称，并将国内从事无线电能传输的高校和企业研究团队紧密地联系一起，共同推动 ICPT 技术朝着商业化的方向迈进[9]。

超声波电能传输(ultrasonic power transmission，UPT)技术的研究与应用始于 1956 年，美国雪城大学研究团队利用锆钛酸铅材料设计出了压电变压器，首次使用声波实现了能量的传输[10]。此后 UPT 技术发展缓慢，直到 20 世纪 90 年代才再次引起关注。

相对于远距离与短距离的无线电能传输技术,中距离无线电能传输技术拥有着更为广阔的应用和发展空间。2007 年,美国麻省理工学院(Massachusetts Institute of Technology, MIT)研究团队利用谐振原理,提出磁耦合谐振无线电能传输(magnetically coupled resonant wireless power transmission, MCR-WPT)技术,搭建了传输距离 2m、传输功率 60W 以及传输效率 40%的 WPT 装置,突破了 ICPT 技术的短传输距离限制,再次激发了人们对 WPT 技术的研究热潮[11]。ICPT 和 MCR-WPT 技术的电路拓扑较为相似,因此常常被混为一谈。实际上,两者的传输机理、设计理念以及系统外特性均有差异。

电场耦合式无线电能传输(electric-field coupled wireless power transfer, ECPT)也属于中距离 WPT 技术。ECPT 的基本概念最早由特斯拉在 19 世纪末提出,但限于当时的技术水平,该技术并未获得更进一步的发展。1966 年,美国电气工程师 C. Paul 开发了水下 ECPT 系统[12],但效率非常低,仅验证了其可行性。随后,ECPT 技术的研究进入空窗期,直到 2008 年,新西兰奥克兰大学研究团队将其应用于足球机器人的充电上[13],才将 ECPT 重新拉回大众视野。2014 年,美国威斯康星大学研究团队从理论上证明了 ECPT 系统的输出能够达到千瓦级[14]。2015 年,美国圣地亚哥州立大学 Chris Mi 教授团队在传输距离为 15cm 的情况下实现了千瓦级的功率传输,并将其成功应用在电动汽车的充电上,掀起了 ECPT 的研究热潮。

随着学科交叉融合发展,人们不断探索新的无线电能传输机理。2017 年,美国斯坦福大学研究团队提出了基于量子力学原理的宇称-时间(parity-time, PT)对称 WPT 技术,在 0.7m 范围内实现了约 19mW 恒定功率传输,且传输效率恒定在 90%以上[15],证明了宇称-时间对称无线电能传输(PT-symmetric wireless power transfer, PT-WPT)系统的传输功率和效率在强耦合区域内对传输距离变化不敏感。随即华南理工大学张波教授团队进一步开展 PT-WPT 的研究,提出了广义 PT-WPT 系统[16],且根据实际电感和电容的分数阶本质及受分数阶微积分理论的启发,提出了一种分数阶无线电能传输(fractional-order wireless power transfer, FO-WPT)技术[17]。从数学模型上看,FO-WPT 系统涵盖了 ICPT、MCR-WPT 和 PT-WPT,并将现有无线电能传输系统从非自治系统拓展到自治系统,可以适应复杂的运行条件,满足多种传输特性的要求,使其在移动负载无线充电、电动汽车无线充电系统中有着良好的应用前景。

1.2　无线电能传输技术分类和原理

由于无线电能传输技术的能量传输载体可以是声、光、电场或磁场等,因此,无线电能传输技术可按照能量载体进行分类,如图 1.2 所示。按照无线电能传输技术工作于电磁场非辐射区还是辐射区,其又可以分为非辐射式无线电能传输技术和辐射式无线电能传输技术。利用磁场或电场在空间中耦合进行能量传输的磁场耦合式无线电能传输(magnetically coupled wireless power transfer, MCPT)和电场耦合式无线电能传输(ECPT)均属于非辐射式,而利用辐射电磁波进行能量传输的微波电能传输(MPT)则属于辐射式。

目前,MCPT 技术主要包括 ICPT、MCR-WPT、PT-WPT 和 FO-WPT 等类型。MCPT 技术具有高传输效率、中短传输距离、对周围环境影响较小等优点,故能满足电动汽车、消费电子等热门应用领域对无线充电的高性能需求,成为这些应用领域的首选无线充电技术。因此，本节将分别介绍图 1.2 中各种类型无线电能传输技术的工作原理，并重点介绍 MCPT 系统的工作特性。

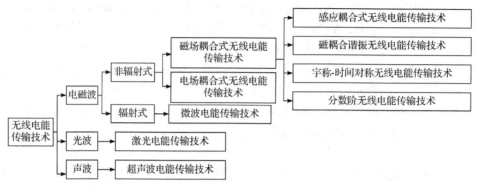

图 1.2　无线电能传输技术分类

1.2.1　感应耦合式无线电能传输技术

1. 传输原理

ICPT 又称为阻抗匹配无线电能传输技术，该技术基于变压器理论，其核心部件为如图 1.3 所示的松耦合变压器(或可分离变压器)。ICPT 技术的工作原理与常规变压器类似，通过原边线圈与副边线圈之间的交变磁场耦合实现电能传输。

假设负载为阻性，根据图 1.3 构建的基本 ICPT 系统的等效电路如图 1.4 所示，其中 L_1 和 L_2 分别是原边线圈和副边线圈的电感；R_1 和 R_2 分别是原边线圈和副边线圈的等效内阻；M 是原边线圈和副边线圈之间的互感；R_L 为负载电阻。

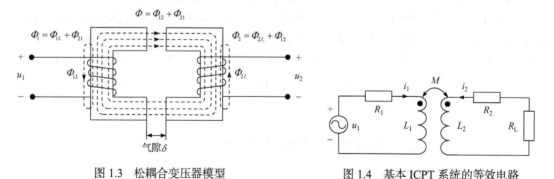

图 1.3　松耦合变压器模型　　　　　图 1.4　基本 ICPT 系统的等效电路

2. 工作特性

假设系统稳定运行，且所有变量都是同频正弦量，根据图 1.4 所示的电路列写基尔霍夫电压定律(Kirchhoff voltage law，KVL)和基尔霍夫电流定律(Kirchhoff current law，KCL)的相量方程，可得原边线圈和副边线圈的电流比为

$$\left|\frac{\dot{I}_1}{\dot{I}_2}\right| = \left|\frac{R_2 + R_L + j\omega L_2}{j\omega M}\right| \tag{1.1}$$

式中，ω 是电源角频率。

假设电路中的电阻相比电抗要小得多，相比较而言，电阻可以忽略不计，则式(1.1)可改写为

$$\left|\frac{\dot{I}_1}{\dot{I}_2}\right| \approx \frac{L_2}{M} = \frac{1}{k}\sqrt{\frac{L_2}{L_1}} \tag{1.2}$$

式中，$k = \dfrac{M}{\sqrt{L_1 L_2}}$ 定义为耦合系数。

因此，负载获得的功率 P_o 和系统的传输效率 η 分别为

$$P_o = \left|\dot{I}_2\right|^2 R_L \approx k^2 \frac{L_1}{L_2} \left|\dot{I}_1\right|^2 R_L \tag{1.3}$$

$$\eta = \frac{\left|\dot{I}_2\right|^2 R_L}{\left|\dot{I}_1\right|^2 R_1 + \left|\dot{I}_2\right|^2 (R_2 + R_L)} \approx \frac{R_L}{\dfrac{1}{k^2} \dfrac{L_2}{L_1} R_1 + (R_2 + R_L)} \tag{1.4}$$

从以上分析可见，与一般常规变压器的分析不同，系统的输出功率和传输效率被表示为耦合系数的函数。根据式(1.3)和式(1.4)，ICPT 系统的输出功率和传输效率随耦合系数的变化如图 1.5 所示，当耦合系数减小，即线圈之间的距离增大时，传输效率缓慢减小，但输出功率迅速减小，因此 ICPT 技术仅适用于近距离电能传输。

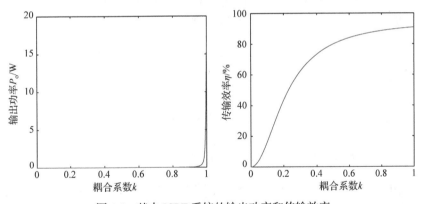

图 1.5 基本 ICPT 系统的输出功率和传输效率

进一步由图 1.5 可知，耦合系数 k 对 ICPT 系统的传输性能具有决定性的作用，耦合系数越大，负载获得的功率就越大，系统的传输效率也越高，因此，提高耦合系数是实现 ICPT 技术高效传输电能的关键。影响耦合系数的主要因素通常包括原边线圈和副边线圈之间的距离、偏移大小以及是否存在障碍物。在传输距离确定的情况下，目前主要是从减少漏磁、采用同轴传输等方面来提高耦合系数。然而，减少漏磁主要是通过优化设计线圈和采用磁屏蔽技术，但是线圈的形状、大小和尺寸的组合形式多种多样，要想找到一种最优的方式十分困难，而磁屏蔽技术不仅涉及磁屏蔽材料的选择、磁屏蔽结构的设计，还存在磁场的强度计算和测量等问题。原边线圈和副边线圈始终保持同轴传输能够有效防止偏移对耦合系数产生的影响，但是限制了 ICPT 技术的应用场合。

此外，还可以通过减少无功功率来改善功率因数，提高系统传输效率。ICPT 系统的核心是松耦合变压器，其原边线圈和副边线圈之间的气隙较常规变压器要大很多，使得一大部分磁动势消耗在空气磁路上，漏感较大，产生无功功率，导致系统有功功率传输能力较差，功率因数较低。为了提高系统的电能传输能力，必须进行无功补偿，减小系统对电源视在功率的要求。通常采用的方式是串联或并联补偿电容来进行无功补偿，在此基础上还可以继续增加电感和电容，衍生出更多高阶补偿拓扑，但增加了电路设计的复杂度。

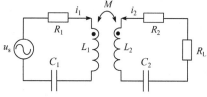

图 1.6　采用串联电容补偿的 ICPT 系统

最简单的补偿方式是增加串联补偿电容，补偿原边线圈和副边线圈的无功功率，如图 1.6 所示。图中，C_1 和 C_2 分别是原边线圈和副边线圈的串联补偿电容。

根据图 1.6，列出系统相量方程如下：

$$\begin{cases} Z_1\dot{I}_1 + \mathrm{j}\omega M\dot{I}_2 = \dot{U}_\mathrm{s} \\ \mathrm{j}\omega M\dot{I}_1 + Z_2\dot{I}_2 = 0 \end{cases} \tag{1.5}$$

式中，Z_1 和 Z_2 分别为原边电路和副边电路的复阻抗。定义 $X_1 = \omega L_1 - \dfrac{1}{\omega C_1}$ 和 $X_2 = \omega L_2 - \dfrac{1}{\omega C_2}$ 分别为发射线圈和接收线圈的电抗，则 $Z_1 = R_1 + \mathrm{j}X_1$ 和 $Z_2 = R_\mathrm{L} + R_2 + \mathrm{j}X_2$。

由式(1.5)可得输入电流和输出电流的表达式为

$$\begin{cases} \dot{I}_1 = \dfrac{Z_2\dot{U}_\mathrm{s}}{Z_2Z_1 + (\omega M)^2} \\ \dot{I}_2 = -\dfrac{\mathrm{j}\omega M\dot{U}_\mathrm{s}}{Z_2Z_1 + (\omega M)^2} \end{cases} \tag{1.6}$$

定义 $Z_{2\mathrm{F}} = \dfrac{(\omega M)^2}{Z_2}$ 为副边反映到原边的反射阻抗；$Z_{1\mathrm{F}} = \dfrac{(\omega M)^2}{Z_1}$ 为原边反映到副边的反射阻抗。采用串联电容补偿的 ICPT 系统等效电路如图 1.7 所示，图中的 Z_{in} 和 Z_{out} 分别为系统的总输入阻抗和总输出阻抗，表达式为

$$\begin{aligned} Z_{\mathrm{in}} &= Z_1 + Z_{2\mathrm{F}} = R_1 + \mathrm{j}X_1 + \frac{(\omega M)^2}{R_2 + R_\mathrm{L} + \mathrm{j}X_2} \\ &= R_1 + \frac{(\omega M)^2(R_2 + R_\mathrm{L})}{(R_2 + R_\mathrm{L})^2 + X_2^2} + \mathrm{j}\left[X_1 - \frac{(\omega M)^2 X_2}{(R_2 + R_\mathrm{L})^2 + X_2^2}\right] \end{aligned} \tag{1.7}$$

$$\begin{aligned} Z_{\mathrm{out}} &= Z_2 + Z_{1\mathrm{F}} = R_2 + R_\mathrm{L} + \mathrm{j}X_2 + \frac{(\omega M)^2}{R_1 + \mathrm{j}X_1} \\ &= R_2 + R_\mathrm{L} + \frac{(\omega M)^2 R_1}{R_1^2 + X_1^2} + \mathrm{j}\left[X_2 - \frac{(\omega M)^2 X_1}{R_1^2 + X_1^2}\right] \end{aligned} \tag{1.8}$$

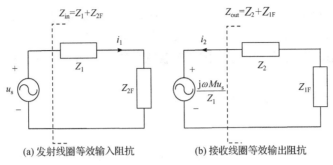

(a) 发射线圈等效输入阻抗　　　　　　　(b) 接收线圈等效输出阻抗

图 1.7　采用串联电容补偿的 ICPT 系统等效电路

由式(1.7)可见，输入阻抗 Z_{in} 的虚部是电源角频率 ω 的一元三次函数，因此，使输入阻抗虚部为零的频率有 3 个，也就是使输入阻抗为纯电阻的实数频率解有 3 个。为了简化计算，假设原边线圈和副边线圈的参数相同，即 $L_1 = L_2 = L$，$C_1 = C_2 = C$，得到 3 个频率解的表达式如下：

$$\begin{cases} \omega_0 = \dfrac{1}{\sqrt{LC}} \\[3mm] \omega_1 = \sqrt{\dfrac{\dfrac{2L}{C} - (R_2 + R_L)^2 - \sqrt{\left[\dfrac{2L}{C} - (R_2 + R_L)^2\right]^2 - \dfrac{4(L^2 - M^2)}{C^2}}}{2(L^2 - M^2)}} \\[8mm] \omega_2 = \sqrt{\dfrac{\dfrac{2L}{C} - (R_2 + R_L)^2 + \sqrt{\left[\dfrac{2L}{C} - (R_2 + R_L)^2\right]^2 - \dfrac{4(L^2 - M^2)}{C^2}}}{2(L^2 - M^2)}} \end{cases} \quad (1.9)$$

定义频率 ω 与 ω_0 的比值 $\xi = \omega / \omega_0$ 为归一化的角频率，ξ_n ($n = 1$，2，3)分别表示式(1.9)中 3 个角频率解的归一化值，其中 $\xi_1 = 1$。当负载电阻 R_L 变化时，对应的角频率解如图 1.8 所示。

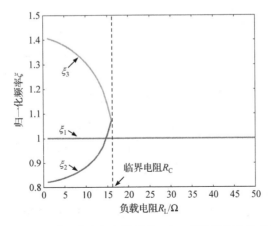

图 1.8　采用串联电容补偿的 ICPT 系统频率分岔现象

设满足式(1.9)有 3 个解的临界电阻为 R_C。当负载电阻小于临界电阻，即 $R_L < R_C$ 时，

系统会出现 3 个角频率解，此时系统会在 3 个角频率之间跳变，导致系统无法稳定工作，该现象称作频率分岔现象。当负载电阻大于临界电阻，即 $R_L > R_C$ 时，系统只有 1 个角频率解，故不会出现频率分岔现象，因此串联电容补偿的 ICPT 系统的稳定工作条件是 $R_L > R_C$。

根据式(1.5)，可推出输出功率的表达式为

$$P_o = \left| \dot{I}_2 \right|^2 R_L = \frac{(\omega M)^2 R_L U_s^2}{\left[R_1(R_2 + R_L) - X_1 X_2 + (\omega M)^2 \right]^2 + \left[R_1 X_2 + (R_2 + R_L) X_1 \right]^2} \tag{1.10}$$

根据式(1.6)，可推出输入有功功率的表达式为

$$P_{in} = \frac{U_s^2}{\text{Re}(Z_{in})} = \frac{\left\{ R_1 \left[(R_2 + R_L)^2 + X_2^2 \right] + (\omega M)^2 (R_2 + R_L) \right\} U_s^2}{\left[R_1(R_2 + R_L) - X_1 X_2 + (\omega M)^2 \right]^2 + \left[R_1 X_2 + (R_2 + R_L) X_1 \right]^2} \tag{1.11}$$

传输效率的表达式为

$$\eta = \frac{P_o}{P_{in}} = \frac{(\omega M)^2 R_L}{R_1 \left[(R_2 + R_L)^2 + X_2^2 \right] + (\omega M)^2 (R_2 + R_L)} \tag{1.12}$$

其他补偿类型的 ICPT 系统可以按照以上步骤推导和分析。

1.2.2　磁耦合谐振无线电能传输技术

1. 传输原理

MCR-WPT 系统的示意图如图 1.9 所示，当电源频率、发射谐振器和接收谐振器的谐振频率一致时，利用能量共振耦合原理，可实现电能的无线传输。

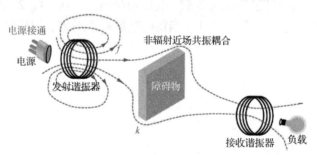

图 1.9　MCR-WPT 系统的示意图

MCR-WPT 系统可以是如图 1.10 所示的四线圈或两线圈结构，四线圈结构中的发射电路由一个阻抗匹配线圈(又称电源线圈 L_S)和一个开口发射线圈组成，接收电路由一个开口接收线圈和一个阻抗匹配线圈(又称负载线圈 L_D)组成。阻抗匹配线圈 L_S 连接高频电源产生交变磁场，发射线圈感应出电动势，在高频感应电势的作用下，开口发射线圈与其分布电容发生串联谐振。开口发射线圈产生的磁场耦合到开口接收线圈，由于接收线圈的谐振频率与发射线圈相同，开口接收线圈与其分布电容发生谐振，从而使得电磁能量在开口发射线圈和开口接收线圈之间交换，进而通过阻抗匹配线圈 L_D 供给负载，实现了电能的

无线传输。实际上，若将电源线圈电路反射到发射线圈电路，并将负载线圈电路折算到接收线圈电路，图 1.10(a)所示的四线圈结构 MCR-WPT 系统可简化成两线圈结构 MCR-WPT 系统，如图 1.10(b)所示。在两线圈结构中，发射线圈 L_T 与集中电容 C_T 串联构成发射电路，由高频交流电源提供电能，接收电路由接收线圈 L_R、集中电容 C_R 和负载 R_L 串联而成。系统工作时，发射线圈及接收线圈分别与各自串联的集中电容发生串联谐振，电磁能量在发射线圈和接收线圈之间交换，并传输给负载，实现电能的无线传输，因此 MCR-WPT 系统也可采用两线圈结构，其工作特性分析可以按两线圈结构进行。

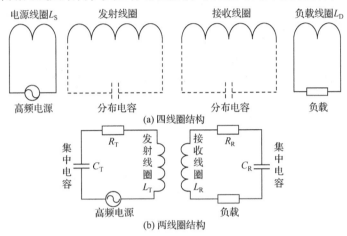

(a) 四线圈结构

(b) 两线圈结构

图 1.10 MCR-WPT 系统的结构形式

2. 工作特性

两线圈 MCR-WPT 系统的等效电路如图 1.11 所示，其中，L_T 和 L_R 分别是发射线圈和接收线圈的电感；R_T 和 R_R 分别是发射线圈和接收线圈的等效内阻；M 是发射线圈和接收线圈之间的互感；R_L 是负载电阻；C_T 和 C_R 分别是发射线圈和接收线圈的谐振电容。

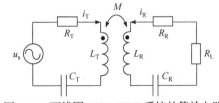

图 1.11 两线圈 MCR-WPT 系统的等效电路

从图 1.11 可以看出，它与图 1.6 采用串联电容补偿的 ICPT 系统相同，然而 ICPT 是从磁场耦合的角度间接得出能量传输的规律，而 MCR-WPT 则是从能量耦合的角度发现能量传输的规律，因此理论上耦合模分析方法更适合描述系统能量耦合的本质。若采用电路理论对 MCR-WPT 系统进行建模，则只能局限于集中参数系统。由于人们对电路理论更为熟悉，因此下面的推导将采用电路理论分析 MCR-WPT 系统的性能及其与 ICPT 的区别。

根据电路理论，发射端和接收端的复阻抗分别为 $Z_T = R_T + j\omega L_T + \dfrac{1}{j\omega C_T}$ 和 $Z_R = R_R +$

$R_L + j\omega L_R + \dfrac{1}{j\omega C_R}$。

根据图 1.11，列写基尔霍夫电压定律(KVL)回路方程如下：

$$\begin{bmatrix} \dot{U}_s \\ 0 \end{bmatrix} = \begin{bmatrix} Z_T & j\omega M \\ j\omega M & Z_R \end{bmatrix} \begin{bmatrix} \dot{I}_T \\ \dot{I}_R \end{bmatrix} \tag{1.13}$$

求得发射线圈和接收线圈的回路电流分别为

$$\dot{I}_{T} = \frac{Z_{R}\dot{U}_{s}}{Z_{T}Z_{R} + (\omega M)^{2}} \tag{1.14}$$

$$\dot{I}_{R} = \frac{-j\omega M\dot{U}_{s}}{Z_{T}Z_{R} + (\omega M)^{2}} \tag{1.15}$$

则系统的输入有功功率为

$$\begin{aligned} P_{in} &= U_{s}^{2} \cdot \text{Re}\left[\frac{Z_{R}}{Z_{T}Z_{R} + (\omega M)^{2}}\right] \\ &= \frac{\{R_{T}[(R_{R} + R_{L})^{2} + X_{R}^{2}] + (\omega M)^{2}(R_{R} + R_{L})\}U_{s}^{2}}{[R_{T}(R_{R} + R_{L}) - X_{T}X_{R} + (\omega M)^{2}]^{2} + [R_{T}X_{R} + (R_{R} + R_{L})X_{T}]^{2}} \end{aligned} \tag{1.16}$$

式中，$X_{T} = \omega L_{T} - \dfrac{1}{\omega C_{T}}$；$X_{R} = \omega L_{R} - \dfrac{1}{\omega C_{R}}$。

系统的输出功率为

$$P_{o} = I_{R}^{2}R_{L} = \frac{(\omega M)^{2}R_{L}U_{s}^{2}}{[R_{T}(R_{R} + R_{L}) - X_{T}X_{R} + (\omega M)^{2}]^{2} + [R_{T}X_{R} + (R_{R} + R_{L})X_{T}]^{2}} \tag{1.17}$$

由式(1.16)和式(1.17)可得到传输效率为

$$\eta = \frac{P_{o}}{P_{in}} = \frac{(\omega M)^{2}R_{L}}{R_{T}[(R_{R} + R_{L})^{2} + X_{R}^{2}] + (\omega M)^{2}(R_{R} + R_{L})} \tag{1.18}$$

当发射线圈和接收线圈均发生谐振，即 $X_{T} = 0$ 和 $X_{R} = 0$ 时，传输效率为

$$\eta = \frac{(\omega M)^{2}R_{L}}{R_{T}(R_{R} + R_{L})^{2} + (\omega M)^{2}(R_{R} + R_{L})} \tag{1.19}$$

相应的输出功率为

$$P_{o} = \frac{(\omega M)^{2}R_{L}U_{s}^{2}}{[R_{T}(R_{R} + R_{L}) + (\omega M)^{2}]^{2}} \tag{1.20}$$

由于 MCR-WPT 系统是利用谐振形成能量的最短传输路径来提高电能传输性能，故定义能量耦合系数为谐振频率 ω 和耦合系数 k 的乘积，即 $\omega k = \omega M / \sqrt{L_{T}L_{R}}$。根据式(1.19)和式(1.20)，得到 MCR-WPT 系统输出功率和传输效率随能量耦合系数 ωk 的变化曲线如图 1.12 所示。从图中可以发现，随着能量耦合系数 ωk 的增大，MCR-WPT 系统的传输效率迅速增大到一个较大值后基本保持不变，输出功率则存在一个最大值，说明系统在谐振频率一定的情况下，对应于某一特定距离能够实现最佳传输性能。

从上述分析可见，系统的输出功率和传输效率不仅取决于发射线圈和接收线圈之间磁场的耦合系数，而且还取决于系统的谐振频率，因此，要想提高系统的电能传输性能，需要从谐振频率和耦合系数两个方面进行考虑。当能量耦合系数 ωk 一定时，要想使传输距离达到更远，即耦合系数降低时，需要提高谐振频率，但谐振频率太高又会导致高频电源的设计困难。此外，谐振频率提高时，系统的杂散参数会更加明显，对系统的传输性能也会产生不可

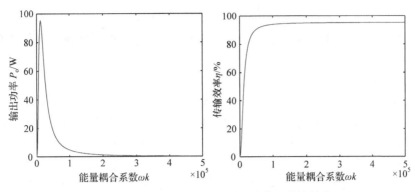

图 1.12　MCR-WPT 系统的输出功率和传输效率

预知的影响。同时，杂散参数的不确定性，也给系统的参数设计带来了较大难度。

　　MCR-WPT 系统能够实现电能的高效传输，其核心在于能量共振原理，故系统对谐振频率的变化十分敏感。如果系统发生失谐，那么系统的电能传输性能将会受到严重的影响。然而，线圈的电感量受周边环境、电路温升、电路寄生参数等的影响，会发生些许变化，从而影响线圈的固有谐振频率，导致失谐，因此需要对系统进行稳频或频率跟踪控制，但不可避免地增加了系统设计的复杂度。

　　基于式(1.17)，输出功率对角频率 ω 求导可以得到关于 ω 的一元三次函数。在传输距离较小(即耦合系数较大)时，输出功率关于频率的导数存在三个零点，即输出功率关于频率 f 的函数会存在三个极值点，如图 1.13 所示。图中纵坐标为输出功率与最大输出功率的比值，称为归一化幅值 a_R，其频率特性曲线存在两个波峰和一个波谷，波谷处对应的频率解是系统的谐振频率，在谐振频率两侧出现两个峰值输出功率，这种现象称为功率分裂现象。在这种情况下，系统工作在谐振频率时，输出功率反而较小，为了避免这种现象的发生，在系统设计时需要提前确定发生功率分裂的临界距离。

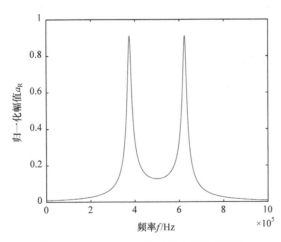

图 1.13　MCR-WPT 系统的功率分裂现象

3. 与 ICPT 的对比

　　一直以来，很多科研工作者和工程技术人员对 MCR-WPT 和 ICPT 的概念有所混淆，认为两者的原理完全相同，这在一定程度上阻碍了 MCR-WPT 技术的发展。下面从工作原理、电路结构、传输特性、频率特性等几个方面来对比分析这两种磁场耦合式无线电能传输技术。

1) 工作原理不同

电磁辐射源产生的交变电磁场可分为远场和近场。远场中的电磁场能量脱离辐射体，以电磁波的形式向外发射；近场中的电磁场能量在辐射源周围空间及辐射源之间周期性地来回流动，不向外发射能量。根据距离的不同，近场又可细分为感应近场和非辐射近场。感应近场的传输距离较近，主要基于电磁感应原理，是 ICPT 技术的适用范围；而非辐射近场的传输距离适中，主要基于能量共振原理，是 MCR-WPT 技术的适用范围。

ICPT 技术基于电磁感应原理，依靠原边线圈与副边线圈的磁场耦合来传递能量，原边线圈与副边线圈间的磁场耦合程度决定了无线电能传输系统的性能。为了提高传输的功率和效率，必须使得耦合系数或互感系数较大，因此限制了它的传输距离。此外，还要求原边线圈和副边线圈必须处于同轴，且两者之间不能有障碍物。

MCR-WPT 技术虽然也是依靠磁场传递能量，但与 ICPT 技术原理不同，采用的是能量共振耦合原理。能量传输的大小不仅取决于磁场大小，而且取决于磁场的变化率、频率以及其他电参数，故 MCR-WPT 技术较 ICPT 技术复杂。当发射线圈与接收线圈工作于谐振状态时，可以不受空间位置和障碍物的影响，实现中距离无线电能传输。

2) 电路结构不同

ICPT 系统实现无功补偿的电路形式多样，图 1.6 给出的是一种基本串联补偿结构，更多的补偿网络结构参见第 2 章。而 MCR-WPT 的结构如图 1.10 所示，只有两线圈结构和四线圈结构两种。

3) 传输特性不同

为了更好地比较分析 ICPT 系统和 MCR-WPT 系统在电能传输特性上的差异，将图 1.6 和图 1.11 所示的两种 WPT 系统进行对比，两种 WPT 系统的输出功率和传输效率的表达式如表 1.1 所示。

表 1.1　ICPT 系统和 MCR-WPT 系统的输出功率和传输效率比较

类型	输出功率 P_o	传输效率 η
ICPT	$$\dfrac{(\omega M)^2 R_L U_s^2}{\left[R_1(R_2+R_L)-X_1 X_2+(\omega M)^2\right]^2+\left[R_1 X_2+(R_2+R_L)X_1\right]^2}$$	$$\dfrac{(\omega M)^2 R_L}{R_1[(R_2+R_L)^2+X_2^{\ 2}]+(\omega M)^2(R_2+R_L)}$$
MCR-WPT	$$\dfrac{(\omega_0 M)^2 R_L U_s^2}{\left[R_T(R_R+R_L)+(\omega_0 M)^2\right]^2}$$	$$\dfrac{(\omega_0 M)^2 R_L}{R_T(R_R+R_L)^2+(\omega_0 M)^2(R_R+R_L)}$$

注：ω 是交流电源的角频率；ω_0 是系统的谐振角频率；当发射线圈的固有谐振角频率为 $\omega_T=\dfrac{1}{\sqrt{L_T C_T}}$，接收线圈的固有谐振角频率为 $\omega_R=\dfrac{1}{\sqrt{L_R C_R}}$ 时，MCR-WPT 系统要求 $\omega=\omega_T=\omega_R=\omega_0$。

为了更加直观地区分 ICPT 和 MCR-WPT 的差异，图 1.14 以线圈之间的互感(即传输距离)为统一变量，给出了 ICPT 系统与 MCR-WPT 系统的输出性能，并标出了系统的最佳工作区域。从图中可以直观地看出两种 WPT 系统的效率随距离的变化趋势是相似的，但输出功率的变化趋势差别很大。ICPT 系统的输出功率随着传输距离的增加迅速减小，而 MCR-WPT 系统的输出功率随着传输距离的增加先增大后减小，存在一个最大值，且功率的最大值出现在弱耦合区域。

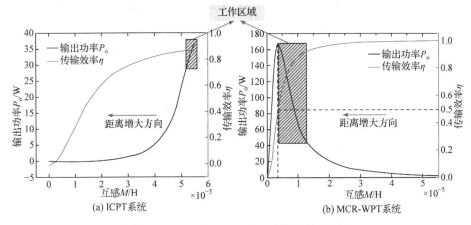

图 1.14　ICPT 与 MCR-WPT 系统的性能对比

4) 频率特性不同

ICPT 系统和 MCR-WPT 系统的频率特性有较大差异。对于 ICPT 系统，当负载阻值小于临界阻值时，系统出现频率分岔现象(图 1.8)，导致控制器出现在多个频率之间跳变的不稳定现象。对于 MCR-WPT 系统，当耦合系数较大(即传输距离较近)时，系统出现功率分裂现象(图 1.13)，导致系统出现工作在固有谐振频率时输出功率反而变小的情况。

1.2.3　宇称-时间对称无线电能传输技术

宇称-时间对称是量子力学的一个重要原理，PT 对称是指非厄米系统在宇称反演变换和时间反演变换下的对称性，当满足宇称-时间对称时，其势能函数的实部必须满足关于纵坐标对称，其虚部满足关于原点对称，也就是要求其实部是对称的而虚部是反对称的。目前，PT 对称原理已经在众多领域获得应用，在提高系统效率、功率等方面取得重要进展，其中光学是 PT 对称理论应用最成功的领域。由于无线电能传输系统是由发射线圈和接收线圈相互耦合产生相互作用，其特征与光学谐振耦合腔系统十分相似，因此，可将 PT 对称理论拓展至无线电能传输系统。2017 年，美国斯坦福大学团队将 PT 对称原理引入无线电能传输领域，提出了基于 PT 对称原理的无线电能传输(简称 PT-WPT)技术，实现了与耦合系数无关的恒定效率和功率传输。

在 PT-WPT 系统中，系统的能量由负电阻提供，而非传统频率固定、电压电流相位随负载变化的正弦电源。负电阻阻值为负，是一个有源元件，向外输出功率。根据欧姆定律，流过负电阻的电流从低电位流向高电位。在交流情况下，表现为流过负电阻的交流电流与其两端的交流电压时刻保持反向。目前，负电阻的实现方式主要有两种：一是基于运算放大器；二是基于电力电子变换器。基于运算放大器的负电阻，其输出功率受限于运算放大器的功率等级，仅适用于小功率场合，而采用电力电子变换器构造的负电阻，其输出功率取决于变换器的容量，理论上可以输出任意等级的功率，更具实用性。

下面以串联-串联型拓扑结构为例，从基本结构、PT 对称条件和工作特性三方面对 PT-WPT 系统进行分析与介绍。

1. 基本结构

图 1.15 是串联-串联型 PT-WPT 系统的等效电路，其中，发射侧电路由负电阻 $-R_N$、发射线圈 L_P 和补偿电容 C_P 串联构成；接收侧电路由接收线圈 L_S、补偿电容 C_S 和负载电阻 R_L 串联构成；R_P 和 R_S 分别表示发射回路和接收回路的等效内阻；发射线圈和接收线圈之间的互感为 M_{PS}；u_P 和 u_S 分别表示负电阻和负载电阻两端电压；i_P 和 i_S 分别表示流过发射线圈和接收线圈的电流；u_{CP} 和 u_{CS} 分别表示补偿电容 C_P 和 C_S 两端的电压。

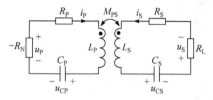

图 1.15　串联-串联型 PT-WPT 系统的等效电路

2. PT 对称条件

基于 KVL，可得图 1.15 的电路方程为

$$
\begin{cases}
R_N i_P = u_{CP} + L_P \dfrac{di_P}{dt} + M_{PS}\dfrac{di_S}{dt} + R_P i_P \\[2mm]
i_P = C_P \dfrac{du_{CP}}{dt} \\[2mm]
0 = u_{CS} + L_S \dfrac{di_S}{dt} + M_{PS}\dfrac{di_P}{dt} + (R_S + R_L) i_S \\[2mm]
i_S = C_S \dfrac{du_{CS}}{dt}
\end{cases}
\tag{1.21}
$$

以补偿电容 C_P 和 C_S 上存储的电荷量 $q_P = C_P u_{CP}$ 和 $q_S = C_S u_{CS}$ 为状态变量，可得系统的状态方程为

$$
\begin{cases}
\dfrac{d^2 q_P}{dt^2} = \dfrac{R_{e1} L_S}{\delta}\dfrac{dq_P}{dt} - \dfrac{1}{\delta}\dfrac{L_S}{C_P} q_P + \dfrac{M_{PS} R_{e2}}{\delta}\dfrac{dq_S}{dt} + \dfrac{1}{\delta}\dfrac{M_{PS}}{C_S} q_S \\[3mm]
\dfrac{d^2 q_S}{dt^2} = -\dfrac{R_{e2} L_P}{\delta}\dfrac{dq_S}{dt} - \dfrac{1}{\delta}\dfrac{L_P}{C_S} q_S - \dfrac{M_{PS} R_{e1}}{\delta}\dfrac{dq_P}{dt} + \dfrac{1}{\delta}\dfrac{M_{PS}}{C_P} q_P
\end{cases}
\tag{1.22}
$$

式中，$R_{e1} = R_N - R_P$，$R_{e2} = R_S + R_L$ 和 $\delta = L_P L_S - M_{PS}^2$。

根据 PT 对称原理的定义，仅当一个系统的状态方程在宇称反演变换和时间反演变换下具有不变性时，该系统才是一个 PT 对称系统。对式(1.22)做宇称反演变换($q_P \leftrightarrow q_S$)和时间反演变换($t \leftrightarrow -t$)，可得 PT 变换后的状态方程为

$$
\begin{cases}
\dfrac{d^2 q_S}{dt^2} = -\dfrac{R_{e1} L_S}{\delta}\dfrac{dq_S}{dt} - \dfrac{1}{\delta}\dfrac{L_S}{C_P} q_S - \dfrac{M_{PS} R_{e2}}{\delta}\dfrac{dq_P}{dt} + \dfrac{1}{\delta}\dfrac{M_{PS}}{C_S} q_P \\[3mm]
\dfrac{d^2 q_P}{dt^2} = \dfrac{R_{e2} L_P}{\delta}\dfrac{dq_P}{dt} - \dfrac{1}{\delta}\dfrac{L_P}{C_S} q_P + \dfrac{M_{PS} R_{e1}}{\delta}\dfrac{dq_S}{dt} + \dfrac{1}{\delta}\dfrac{M_{PS}}{C_P} q_S
\end{cases}
\tag{1.23}
$$

当式(1.22)和式(1.23)等价时，认为该系统满足 PT 对称。因此可通过比较式(1.22)和

式(1.23)的系数，推导出该系统的 PT 对称条件为

$$
\begin{cases}
R_{\mathrm{N}} = R_{\mathrm{S}} + R_{\mathrm{L}} + R_{\mathrm{P}} \\
L_{\mathrm{P}} = L_{\mathrm{S}} \\
C_{\mathrm{P}} = C_{\mathrm{S}}
\end{cases}
\tag{1.24}
$$

由式(1.24)可知，仅当发射线圈和接收线圈的电气参数对称时，电路才满足 PT 对称条件，这无疑限制了 PT 对称原理的应用。因此，广义 PT 对称原理的概念被引入，即在宇称变换和时间变换的基础上，加入比例变换。广义 PT 对称原理为：当系统在宇称反演变换($q_{\mathrm{P}} \leftrightarrow q_{\mathrm{S}}$)、时间反演变换($t \leftrightarrow -t$)和比例变换($q_{\mathrm{P}} \rightarrow \sqrt{x} q_{\mathrm{P}}$；$q_{\mathrm{S}} \rightarrow q_{\mathrm{S}} / \sqrt{x}$)下具有不变性时，就称该系统是一个广义 PT 对称系统，其中 x 为比例系数。

对式(1.22)做宇称反演变换、时间反演变换和比例变换，可得

$$
\begin{cases}
\dfrac{\mathrm{d}^2 q_{\mathrm{S}}}{\mathrm{d}t^2} = -\dfrac{R_{\mathrm{e1}} L_{\mathrm{S}}}{\delta} \dfrac{\mathrm{d}q_{\mathrm{S}}}{\mathrm{d}t} - \dfrac{1}{\delta} \dfrac{L_{\mathrm{S}}}{C_{\mathrm{P}}} q_{\mathrm{S}} - \dfrac{x M_{\mathrm{PS}} R_{\mathrm{e2}}}{\delta} \dfrac{\mathrm{d}q_{\mathrm{P}}}{\mathrm{d}t} + \dfrac{x}{\delta} \dfrac{M_{\mathrm{PS}}}{C_{\mathrm{S}}} q_{\mathrm{P}} \\[2mm]
\dfrac{\mathrm{d}^2 q_{\mathrm{P}}}{\mathrm{d}t^2} = \dfrac{R_{\mathrm{e2}} L_{\mathrm{P}}}{\delta} \dfrac{\mathrm{d}q_{\mathrm{P}}}{\mathrm{d}t} - \dfrac{1}{\delta} \dfrac{L_{\mathrm{P}}}{C_{\mathrm{S}}} q_{\mathrm{P}} + \dfrac{M_{\mathrm{PS}} R_{\mathrm{e1}}}{x\delta} \dfrac{\mathrm{d}q_{\mathrm{S}}}{\mathrm{d}t} + \dfrac{1}{x\delta} \dfrac{M_{\mathrm{PS}}}{C_{\mathrm{P}}} q_{\mathrm{S}}
\end{cases}
\tag{1.25}
$$

对比式(1.22)和式(1.25)，可推导出系统的广义 PT 对称条件为

$$
\begin{cases}
R_{\mathrm{N}} = x\left(R_{\mathrm{S}} + R_{\mathrm{L}}\right) + R_{\mathrm{P}} \\
L_{\mathrm{P}} = x L_{\mathrm{S}} \\
C_{\mathrm{P}} = C_{\mathrm{S}} / x
\end{cases}
\tag{1.26}
$$

与式(1.24)相比，式(1.26)更具有一般性。

定义 ω_{P} 和 ω_{S} 分别为发射回路和接收回路的固有角频率，且有

$$
\begin{cases}
\omega_{\mathrm{P}} = \dfrac{1}{\sqrt{L_{\mathrm{P}} C_{\mathrm{P}}}} \\[3mm]
\omega_{\mathrm{S}} = \dfrac{1}{\sqrt{L_{\mathrm{S}} C_{\mathrm{S}}}}
\end{cases}
\tag{1.27}
$$

由式(1.26)可知，$L_{\mathrm{P}} C_{\mathrm{P}} = L_{\mathrm{S}} C_{\mathrm{S}}$，因此在 PT-WPT 系统中，$\omega_{\mathrm{P}} = \omega_{\mathrm{S}}$。

3. 工作特性

为简化分析，假定系统中所有电压、电流均为正弦信号，且仅考虑基波分量。基于相量法，正弦稳态运行下，式(1.21)可以改写为

$$
\begin{cases}
R_{\mathrm{N}} \dot{I}_{\mathrm{P}} = \dot{U}_{\mathrm{CP}} + \mathrm{j}\omega L_{\mathrm{P}} \dot{I}_{\mathrm{P}} + \mathrm{j}\omega M_{\mathrm{PS}} \dot{I}_{\mathrm{S}} + R_{\mathrm{P}} \dot{I}_{\mathrm{P}} \\
\dot{I}_{\mathrm{P}} = \mathrm{j}\omega C_{\mathrm{P}} \dot{U}_{\mathrm{CP}} \\
0 = \dot{U}_{\mathrm{CS}} + \mathrm{j}\omega L_{\mathrm{S}} \dot{I}_{\mathrm{S}} + \mathrm{j}\omega M_{\mathrm{PS}} \dot{I}_{\mathrm{P}} + \left(R_{\mathrm{S}} + R_{\mathrm{L}}\right) \dot{I}_{\mathrm{S}} \\
\dot{I}_{\mathrm{S}} = \mathrm{j}\omega C_{\mathrm{S}} \dot{U}_{\mathrm{CS}}
\end{cases}
\tag{1.28}
$$

式中，ω 表示电路的工作角频率；$\dot{U}_{\mathrm{CP}}$ 和 $\dot{U}_{\mathrm{CS}}$ 分别为 u_{CP} 和 u_{CS} 的相量；$\dot{I}_{\mathrm{P}}$ 和 $\dot{I}_{\mathrm{S}}$ 分别为 i_{P} 和 i_{S} 的相量。

定义线圈之间的耦合系数 $k_{\mathrm{PS}} = \dfrac{M_{\mathrm{PS}}}{\sqrt{L_{\mathrm{P}}L_{\mathrm{S}}}}$ ，当 $\omega_{\mathrm{P}} = \omega_{\mathrm{S}} = \omega_0$ 时，式(1.28)可化简为

$$\begin{bmatrix} \dfrac{-R_{\mathrm{N}}+R_{\mathrm{P}}}{L_{\mathrm{P}}} + \mathrm{j}\left(\omega - \dfrac{\omega_0^2}{\omega}\right) & \mathrm{j}\omega k_{\mathrm{PS}}\sqrt{\dfrac{L_{\mathrm{S}}}{L_{\mathrm{P}}}} \\ \mathrm{j}\omega k_{\mathrm{PS}}\sqrt{\dfrac{L_{\mathrm{P}}}{L_{\mathrm{S}}}} & \dfrac{R_{\mathrm{L}}+R_{\mathrm{S}}}{L_{\mathrm{S}}} + \mathrm{j}\left(\omega - \dfrac{\omega_0^2}{\omega}\right) \end{bmatrix} \begin{bmatrix} \dot{I}_{\mathrm{P}} \\ \dot{I}_{\mathrm{S}} \end{bmatrix} = 0 \tag{1.29}$$

式(1.29)存在非零解的充要条件是对应矩阵的行列式为零，即

$$\left[\dfrac{-R_{\mathrm{N}}+R_{\mathrm{P}}}{L_{\mathrm{P}}} + \mathrm{j}\left(\omega - \dfrac{\omega_0^2}{\omega}\right)\right]\left[\dfrac{R_{\mathrm{L}}+R_{\mathrm{S}}}{L_{\mathrm{S}}} + \mathrm{j}\left(\omega - \dfrac{\omega_0^2}{\omega}\right)\right] + \omega^2 k_{\mathrm{PS}}^2 = 0 \tag{1.30}$$

分离式(1.30)的虚部和实部，可得

$$\begin{cases} \left(\omega - \dfrac{\omega_0^2}{\omega}\right)\left(\dfrac{R_{\mathrm{L}}+R_{\mathrm{S}}}{L_{\mathrm{S}}} + \dfrac{-R_{\mathrm{N}}+R_{\mathrm{P}}}{L_{\mathrm{P}}}\right) = 0 \\ \dfrac{-R_{\mathrm{N}}+R_{\mathrm{P}}}{L_{\mathrm{P}}}\dfrac{R_{\mathrm{L}}+R_{\mathrm{S}}}{L_{\mathrm{S}}} - \left(\omega - \dfrac{\omega_0^2}{\omega}\right)^2 + \omega^2 k_{\mathrm{PS}}^2 = 0 \end{cases} \tag{1.31}$$

求解式(1.31)，可得系统的稳态工作角频率为

$$\omega = \begin{cases} \omega_0, & k_{\mathrm{PS}} < k_{\mathrm{C}} \\ \omega_0 \sqrt{\dfrac{2 - \gamma^2 \pm \sqrt{\left(2 - \gamma^2\right)^2 - 4\left(1 - k_{\mathrm{PS}}^2\right)}}{2\left(1 - k_{\mathrm{PS}}^2\right)}}, & k_{\mathrm{C}} \leqslant k_{\mathrm{PS}} \leqslant 1 \end{cases} \tag{1.32}$$

式中， $\gamma = \dfrac{R_{\mathrm{L}}+R_{\mathrm{S}}}{\omega_0 L_{\mathrm{S}}}$ ； k_{C} 表示临界耦合系数，其表达式为

$$k_{\mathrm{C}} = \sqrt{\gamma^2 - \dfrac{\gamma^4}{4}} \tag{1.33}$$

根据耦合系数的大小，可以将 PT-WPT 系统的工作区间分为两部分。

1) PT 对称区域

PT 对称区域对应强耦合区域(即 $k_{\mathrm{PS}} \geqslant k_{\mathrm{C}}$)，且 $\omega \neq \omega_0$ ，由式(1.31)可得

$$\dfrac{R_{\mathrm{L}}+R_{\mathrm{S}}}{L_{\mathrm{S}}} + \dfrac{-R_{\mathrm{N}}+R_{\mathrm{P}}}{L_{\mathrm{P}}} = 0 \tag{1.34}$$

此时，负电阻需满足

$$-R_{\mathrm{N}} = -\left(R_{\mathrm{L}}+R_{\mathrm{S}}\right)\dfrac{L_{\mathrm{P}}}{L_{\mathrm{S}}} - R_{\mathrm{P}} \tag{1.35}$$

进一步可得能量耦合系数为

$$\omega k_{\mathrm{PS}} = \sqrt{\left(\omega - \dfrac{\omega_0^2}{\omega}\right)^2 + \left(\dfrac{R_{\mathrm{L}}+R_{\mathrm{S}}}{L_{\mathrm{S}}}\right)^2} \tag{1.36}$$

由式(1.29)可知，发射线圈电流和接收线圈电流的关系为

$$\frac{\dot{I}_S}{\dot{I}_P} = \frac{j\omega k_{PS}\sqrt{\dfrac{L_P}{L_S}}}{\dfrac{R_S + R_L}{L_S} + j\left(\omega - \dfrac{\omega_0^2}{\omega}\right)} \tag{1.37}$$

将式(1.36)代入式(1.37)，可得此时系统的电流增益为

$$\frac{I_S}{I_P} = \left|\frac{\dot{I}_S}{\dot{I}_P}\right| = \frac{\omega k_{PS}\sqrt{\dfrac{L_P}{L_S}}}{\sqrt{\left(\dfrac{R_S + R_L}{L_S}\right)^2 + \left(\dfrac{\omega - \omega_0^2}{\omega}\right)^2}} = \frac{\omega k_{PS}\sqrt{\dfrac{L_P}{L_S}}}{\omega k_{PS}} = \sqrt{\frac{L_P}{L_S}} \tag{1.38}$$

由 $U_P = R_N I_P$、$U_S = R_L I_S$ 以及式(1.38)可推出此时系统的电压增益为

$$\frac{U_S}{U_P} = \frac{R_L}{R_N}\frac{I_S}{I_N} = \frac{R_L\sqrt{L_P L_S}}{(R_L + R_S)L_P + R_P L_S} \tag{1.39}$$

进而可得传输效率为

$$\eta = \frac{I_S^2 R_L}{I_P^2 R_P + I_S^2 R_S + I_S^2 R_L} = \frac{R_L}{\dfrac{L_S}{L_P}R_P + R_S + R_L} \tag{1.40}$$

以及输出功率为

$$P_o = \frac{U_S^2}{R_L} = \frac{U_P^2 R_L}{\dfrac{L_P}{L_S}(R_L + R_S)^2 + 2R_P(R_L + R_S) + \dfrac{L_S}{L_P}R_P^2} \tag{1.41}$$

2) PT 破碎区域

PT 破碎区域对应弱耦合区域(即 $k_{PS} < k_C$)，即系统仅有一个稳态解 $\omega = \omega_0$ 的情况。将 $\omega = \omega_0$ 代入方程(1.31)，可得到负电阻的表达式为

$$-R_N = -\frac{L_P L_S(\omega_0 k_{PS})^2}{R_L + R_S} - R_P \tag{1.42}$$

类似地，可得此时系统的电流增益和电压增益分别为

$$\frac{I_S}{I_P} = \frac{\omega_0 k_{PS}\sqrt{L_P L_S}}{R_S + R_L} \tag{1.43}$$

$$\frac{U_S}{U_P} = \frac{R_L\left(\omega k_{PS}\sqrt{L_S L_P}\right)}{\left(\omega k_{PS}\sqrt{L_S L_P}\right)^2 + R_P(R_L + R_S)} \tag{1.44}$$

同理，可得传输效率和输出功率分别为

$$\eta = \frac{R_L\left(\omega k_{PS}\sqrt{L_S L_P}\right)^2}{R_P(R_L + R_S)^2 + (R_L + R_S)\left(\omega k_{PS}\sqrt{L_S L_P}\right)^2} \tag{1.45}$$

$$P_{o} = \frac{U_{P}^{2}R_{L}\left(\omega k_{PS}\sqrt{L_{S}L_{P}}\right)^{2}}{\left[\left(\omega k_{PS}\sqrt{L_{S}L_{P}}\right)^{2} + R_{P}\left(R_{L} + R_{S}\right)\right]^{2}} \tag{1.46}$$

综上所述，串联-串联型 PT-WPT 系统的传输特性如表 1.2 所示。由表 1.2 可知，在 PT 对称区域内，串联-串联型 PT-WPT 系统的电流增益、电压增益、输出功率和传输效率均与耦合系数无关，有利于克服线圈距离变化、线圈偏移等对系统特性的影响。

表 1.2　串联-串联型 PT-WPT 系统的工作特性

参数	PT 对称区域	PT 破碎区域
耦合系数 k_{PS}	$k_{PS} \geq k_{C}$	$k_{PS} < k_{C}$
工作角频率 ω	$\omega_{0}\sqrt{\dfrac{2 - \gamma^{2} \pm \sqrt{\left(2 - \gamma^{2}\right)^{2} - 4\left(1 - k_{PS}^{2}\right)}}{2\left(1 - k_{PS}^{2}\right)}}$	ω_{0}
负电阻 $-R_{N}$	$-\left(R_{L} + R_{S}\right)\dfrac{L_{P}}{L_{S}} - R_{P}$	$\dfrac{L_{P}L_{S}\left(\omega_{0}k_{PS}\right)^{2}}{R_{L} + R_{S}} - R_{P}$
电流增益 $\dfrac{I_{S}}{I_{P}}$	$\sqrt{\dfrac{L_{P}}{L_{S}}}$	$\dfrac{\omega_{0}k_{PS}\sqrt{L_{P}L_{S}}}{R_{S} + R_{L}}$
电压增益 $\dfrac{U_{S}}{U_{P}}$	$\dfrac{R_{L}\sqrt{L_{P}L_{S}}}{\left(R_{L} + R_{S}\right)L_{P} + R_{P}L_{S}}$	$\dfrac{R_{L}\left(\omega k_{PS}\sqrt{L_{S}L_{P}}\right)}{\left(\omega k_{PS}\sqrt{L_{S}L_{P}}\right)^{2} + R_{P}\left(R_{L} + R_{S}\right)}$
传输效率 η	$\dfrac{R_{L}}{\dfrac{L_{S}}{L_{P}}R_{P} + R_{S} + R_{L}}$	$\dfrac{R_{L}\left(\omega k_{PS}\sqrt{L_{S}L_{P}}\right)^{2}}{R_{P}\left(R_{L} + R_{S}\right)^{2} + \left(R_{L} + R_{S}\right)\left(\omega k_{PS}\sqrt{L_{S}L_{P}}\right)^{2}}$
输出功率 P_{o}	$\dfrac{U_{P}^{2}R_{L}}{\dfrac{L_{P}}{L_{S}}\left(R_{L} + R_{S}\right)^{2} + 2R_{P}\left(R_{L} + R_{S}\right) + \dfrac{L_{S}}{L_{P}}R_{P}^{2}}$	$\dfrac{U_{P}^{2}R_{L}\left(\omega k_{PS}\sqrt{L_{S}L_{P}}\right)^{2}}{\left[\left(\omega k_{PS}\sqrt{L_{S}L_{P}}\right)^{2} + R_{P}\left(R_{L} + R_{S}\right)\right]^{2}}$

注：耦合系数 $k_{PS} = \dfrac{M_{PS}}{\sqrt{L_{P}L_{S}}}$，临界耦合系数 $k_{C} = \sqrt{\gamma^{2} - \dfrac{\gamma^{4}}{4}}$，$\gamma = \dfrac{R_{L} + R_{S}}{\omega_{0}L_{S}}$。

根据表 1.2，串联-串联型 PT-WPT 系统的输出功率和传输效率随耦合系数的变化如图 1.16 所示，可见系统的输出功率和传输效率在 PT 对称区域内与距离无关，且均保持恒定不变。与图 1.14 中的 ICPT 和 MCR-WPT 系统的输出功率和传输效率曲线对比，可以明显看出 PT-WPT 系统具有较宽的工作区域，且在 PT 对称区域内实现功率和效率的同时恒定。

1.2.4　分数阶无线电能传输技术

分数阶微积分已有 300 多年的历史，它与整数阶微积分几乎同时诞生。长久以来，分数阶微积分一直停留在纯数学的理论研究阶段，较少应用于实际。随着人类对自

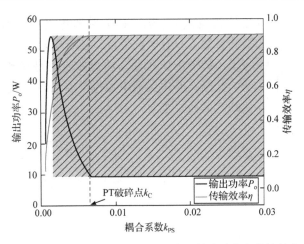

图 1.16 串联-串联型 PT-WPT 系统的输出功率和传输效率

然的深入认识，许多系统的物理过程及现象无法用整数阶微积分来表征，分数阶微积分开始展现出独有的价值，开始被用来准确描述系统的动力学行为，并利用分数阶特性提升系统性能。

1. 分数阶元件

在现有电路理论中，都假设电感和电容的伏安特性满足整数阶微积分，也即电感、电容都是整数阶元件。然而在自然界，整数阶元件是不存在的，任何电感和电容特性都不可能用整数阶微分方程准确描述。

不同于整数阶元件，分数阶电感和分数阶电容的电气符号如图 1.17 所示。分数阶电感和分数阶电容的电压、电流关系可以用以下分数阶微分方程来描述。

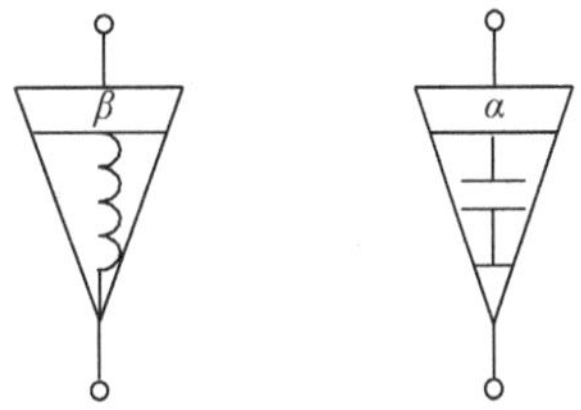

$$\begin{cases} u_L = L_\beta \dfrac{\mathrm{d}^\beta i_L}{\mathrm{d}t^\beta} \\ i_C = C_\alpha \dfrac{\mathrm{d}^\alpha u_C}{\mathrm{d}t^\alpha} \end{cases} \tag{1.47}$$

(a) 分数阶电感　(b) 分数阶电容

图 1.17 分数阶电感和分数阶电容的电气符号

式中，u_L 和 u_C 分别是电感和电容两端的电压；i_L、i_C 分别是流过电感和电容的电流；β、α 分别是分数阶电感和分数阶电容的阶数，其取值均满足 $0 \leqslant \beta, \alpha \leqslant 2$；$L_\beta$ 称为分数阶电感；C_α 称为分数阶电容。

对式(1.47)进行拉氏变换及代入 $s = \mathrm{j}\omega$，可得分数阶电感和分数阶电容的阻抗表达式为

$$\begin{cases} Z_{L_\beta}(\mathrm{j}\omega) = \omega^\beta L_\beta \mathrm{e}^{\mathrm{j}\frac{\beta\pi}{2}} = \omega^\beta L_\beta \left(\cos\dfrac{\beta\pi}{2} + \mathrm{j}\sin\dfrac{\beta\pi}{2} \right) \\ Z_{C_\alpha}(\mathrm{j}\omega) = \dfrac{1}{\omega^\alpha C_\alpha} \mathrm{e}^{-\mathrm{j}\frac{\alpha\pi}{2}} = \dfrac{1}{\omega^\alpha C_\alpha} \left(\cos\dfrac{\alpha\pi}{2} - \mathrm{j}\sin\dfrac{\alpha\pi}{2} \right) \end{cases} \tag{1.48}$$

式中，分数阶电感电压和电流的相位差为 $\beta\pi/2$；分数阶电容电流和电压的相位差为 $\alpha\pi/2$。可见，分数阶元件的阻抗参数不只有电抗分量，还有电阻分量。

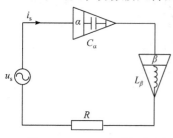

图 1.18　$RL_\beta C_\alpha$ 串联电路

如图 1.18 所示，将分数阶电感和分数阶电容串联成一个支路，并由交流电源供电，可以得到分数阶串联谐振电路的谐振频率为

$$f_r = \frac{1}{2\pi}\left(\frac{\sin\dfrac{\alpha\pi}{2}}{L_\beta C_\alpha \sin\dfrac{\beta\pi}{2}}\right)^{\frac{1}{\alpha+\beta}} \tag{1.49}$$

2. 工作特性

若将两线圈 MCR-WPT 系统中发射侧的谐振电容替换成分数阶电容，即可获得一种分数阶电路谐振 WPT 系统(即 FO-WPT)，如图 1.19 所示。对于整数阶 MCR-WPT 系统，其谐振频率仅取决于电感、电容的大小，而 FO-WPT 系统的谐振频率不仅与分数阶电感和电容的大小有关，还与它们的分数阶阶数相关，从而导致 FO-WPT 系统的传输特性和控制特性与整数阶 MCR-WPT 系统不同。下面以图 1.19 所示的 FO-WPT 系统为例，对系统特性进行分析。

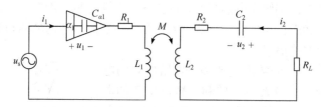

图 1.19　仅含单个分数阶电容的 FO-WPT 系统

基于分数阶电容的定义和基尔霍夫电压/电流定律，可得系统的电路方程为

$$\begin{cases} u_s = L_1\dfrac{di_1}{dt} + M\dfrac{di_2}{dt} + u_1 + i_1 R_1 \\[2mm] i_1 = C_{\alpha 1}\dfrac{d^{\alpha_1} u_1}{dt} \\[2mm] 0 = L_2\dfrac{di_2}{dt} + M\dfrac{di_1}{dt} + u_2 + i_1\left(R_2 + R_L\right) \\[2mm] i_2 = C_2\dfrac{du_2}{dt} \end{cases} \tag{1.50}$$

式中，u_s 是电源电压；i_1、i_2 分别是流过发射电路和接收电路的电流；u_1、u_2 分别是发射电路中分数阶电容 $C_{\alpha 1}$ 两端的电压和接收电路中谐振电容 C_2 两端的电压；α_1 是分数阶电容的阶数；L_1、L_2 分别为发射线圈和接收线圈的电感；R_1、R_2 分别为发射线圈和接收线圈的内阻；R_L 是负载电阻。

考虑系统正弦稳态运行时，式(1.50)可以表示成相量形式，即

$$
\begin{cases}
\dot{U}_{\mathrm{s}} = \mathrm{j}\omega L_1 \dot{I}_1 + \mathrm{j}\omega M \dot{I}_2 + \dot{U}_1 + \dot{I}_1 R_1 \\
\dot{I}_1 = (\mathrm{j}\omega)^{\alpha_1} C_{\alpha 1} \dot{U}_1 \\
0 = \mathrm{j}\omega L_2 \dot{I}_2 + \mathrm{j}\omega M \dot{I}_1 + \dot{U}_2 + \dot{I}_1 (R_2 + R_{\mathrm{L}}) \\
\dot{I}_2 = \mathrm{j}\omega C_2 \dot{U}_2
\end{cases}
\tag{1.51}
$$

整理可得系统稳态时的电路方程为

$$
\begin{bmatrix}
R_1 + \dfrac{\omega_1^{1+\alpha_1} L_1}{\omega^{\alpha_1}} \cot\left(\dfrac{\alpha_1 \pi}{2}\right) + \mathrm{j}\omega L_1\left(1 - \dfrac{\omega_1^{1+\alpha_1}}{\omega^{1+\alpha_1}}\right) & \mathrm{j}\omega M \\
\mathrm{j}\omega M & R_2 + R_{\mathrm{L}} + \mathrm{j}\omega L_2\left(1 - \dfrac{\omega_2^2}{\omega^2}\right)
\end{bmatrix}
\begin{bmatrix} \dot{I}_1 \\ \dot{I}_2 \end{bmatrix}
=
\begin{bmatrix} \dot{U}_{\mathrm{s}} \\ 0 \end{bmatrix}
\tag{1.52}
$$

式中，ω_1 和 ω_2 分别是发射电路和接收电路的固有角频率，其定义为

$$
\begin{cases}
\omega_1 = \left[\dfrac{1}{L_1 C_{\alpha 1}} \sin\left(\dfrac{\alpha_1 \pi}{2}\right)\right]^{\frac{1}{1+\alpha_1}} \\[2mm]
\omega_2 = \dfrac{1}{\sqrt{L_2 C_2}}
\end{cases}
\tag{1.53}
$$

则可求得发射电路和接收电路的电流分别为

$$
\begin{cases}
\dot{I}_1 = \dfrac{\left[R_2 + R_{\mathrm{L}} + \mathrm{j}\omega L_2\left(1 - \dfrac{\omega_2^2}{\omega^2}\right)\right]\dot{U}_{\mathrm{s}}}{\left[R_1 + R_{\mathrm{Ceq}} + \mathrm{j}\omega L_1\left(1 - \dfrac{\omega_1^{1+\alpha_1}}{\omega^{1+\alpha_1}}\right)\right]\left[R_2 + R_{\mathrm{L}} + \mathrm{j}\omega L_2\left(1 - \dfrac{\omega_2^2}{\omega^2}\right)\right] + (\omega M)^2} \\[6mm]
\dot{I}_2 = \dfrac{-\mathrm{j}\omega M \dot{U}_{\mathrm{s}}}{\left[R_1 + R_{\mathrm{Ceq}} + \mathrm{j}\omega L_1\left(1 - \dfrac{\omega_1^{1+\alpha_1}}{\omega^{1+\alpha_1}}\right)\right]\left[R_2 + R_{\mathrm{L}} + \mathrm{j}\omega L_2\left(1 - \dfrac{\omega_2^2}{\omega^2}\right)\right] + (\omega M)^2}
\end{cases}
\tag{1.54}
$$

式中，R_{Ceq} 是分数阶电容的等效整数阶电阻，其表达式为

$$
R_{\mathrm{Ceq}} = \frac{\omega_1^{1+\alpha_1} L_1}{\omega^{\alpha_1}} \cot\left(\frac{\alpha_1 \pi}{2}\right)
\tag{1.55}
$$

从而可以得到系统的输入阻抗为

$$
Z_{\mathrm{in}} = \frac{\dot{U}_{\mathrm{s}}}{\dot{I}_1}
$$

$$
= R_1 + R_{\mathrm{Ceq}} + \frac{(\omega M)^2 (R_2 + R_{\mathrm{L}})}{(R_2 + R_{\mathrm{L}})^2 + (\omega L_2)^2\left(1 - \dfrac{\omega_2^2}{\omega^2}\right)^2} + \mathrm{j}\omega L_1\left[1 - \frac{\omega_1^{1+\alpha_1}}{\omega^{1+\alpha_1}} - \frac{(\omega M)^2 \dfrac{L_2}{L_1}\left(1 - \dfrac{\omega_2^2}{\omega^2}\right)^2}{(R_2 + R_{\mathrm{L}})^2 + (\omega L_2)^2\left(1 - \dfrac{\omega_2^2}{\omega^2}\right)^2}\right]
$$

$$
\tag{1.56}
$$

输出功率为

$$P_o = I_2^2 R_L$$

$$= \cfrac{(\omega M)^2 R_L U_s^2}{\left[(R_1 + R_{Ceq})(R_2 + R_L) - \omega^2 L_1 L_2 \left(1 - \cfrac{\omega_2^2}{\omega^2}\right)\left(1 - \cfrac{\omega_1^{1+\alpha_1}}{\omega^{1+\alpha_1}}\right) + (\omega M)^2 \right]^2} \tag{1.57}$$
$$+ \omega^2 \left[L_1 (R_2 + R_L)\left(1 - \cfrac{\omega_1^{1+\alpha_1}}{\omega^{1+\alpha_1}}\right) + L_2 (R_1 + R_{Ceq})\left(1 - \cfrac{\omega_2^2}{\omega^2}\right)\right]^2$$

传输效率为

$$\eta = \cfrac{I_2^2 R_L}{I_2^2 (R_2 + R_L) + I_1^2 \left[R_1 + \mathrm{sn}(\alpha_1) R_{Ceq} \right]}$$

$$= \cfrac{(\omega M)^2 R_L}{(\omega M)^2 (R_2 + R_L) + \left[(\omega L_2)^2 \left(1 - \cfrac{\omega_2^2}{\omega^2}\right)^2 + (R_2 + R_L)^2 \right]\left[R_1 + \mathrm{sn}(\alpha_1) R_{Ceq} \right]} \tag{1.58}$$

式中，$\mathrm{sn}(x) = \begin{cases} 0, & x > 1 \\ 1, & x \leqslant 1 \end{cases}$ 是一个自定义的符号函数。

由上述分析可知，FO-WPT 系统的输入阻抗、输出功率和传输效率特性与 MCR-WPT 系统不同，不仅受工作频率和电路参数影响，还与分数阶电容阶数有关。

以谐振的情况(即 $\omega = \omega_1 = \omega_2$)为例，分析 FO-WPT 系统的输出功率和传输效率。为了简化分析，假设 $R_1 = R_2 = R$，$L_1 = L_2 = L$，则式(1.57)和式(1.58)可简化为

$$P_o = \cfrac{(\omega M)^2 R_L U_s^2}{\left\{ \left[R + \omega L \cot\left(\cfrac{\alpha_1 \pi}{2}\right) \right](R + R_L) + (\omega M)^2 \right\}^2} \tag{1.59}$$

$$\eta = \cfrac{(\omega M)^2 R_L}{(\omega M)^2 (R + R_L) + (R + R_L)^2 \left[R + \mathrm{sn}(\alpha_1) \omega L \cot\left(\cfrac{\alpha_1 \pi}{2}\right) \right]} \tag{1.60}$$

根据上述表达式，FO-WPT 系统的传输特性如图 1.20 所示。由图 1.20(a)可知，当分数阶电容的阶数 $\alpha_1 > 1$ 时，传输效率不随阶数变化；但当阶数 $\alpha_1 < 1$ 时，传输效率会随阶数变小而变小。造成这一现象的主要原因是：当阶数 $\alpha_1 < 1$ 时，分数阶电容的等效整数阶电阻为正电阻，会消耗能量，且阶数越小，正电阻分量越大，能量的消耗就越大，所以效率越低；而当阶数 $\alpha_1 > 1$ 时，分数阶电容的等效整数阶电阻为负电阻，不会消耗能量，故效率不变。由图 1.20(b)可知，存在一个临界阶数 α_{1C}，出现一个奇异点，使输出功率无穷大，而当阶数 $\alpha_1 < \alpha_{1C}$ 时，输出功率随阶数的增加而增加。因此，从输出功率和传输效率的角度分析，应该选择阶数大于 1 且小于临界阶数的分数阶电容。

综上，与传统 MCR-WPT 系统相比较，FO-WPT 系统的谐振频率不只是依赖于分数阶电感、电容的大小，还取决于它们的阶数，比整数阶系统多了 2 个控制参数，使得谐

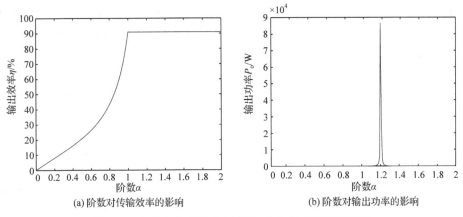

(a) 阶数对传输效率的影响   (b) 阶数对输出功率的影响

图 1.20 仅含单个分数阶电容的 FO-WPT 系统传输特性

振频率的可控裕度增加了一倍。多参数控制有利于提高谐振频率的稳定性，且发射电路和接收电路之间的电能传输更不容易受外界干扰。通过控制分数阶阶数的大小，可以根据实际需求有效地提高或降低系统的谐振频率，使系统能够在小电感、小电容的情况下实现较低谐振频率的无线电能传输。此外，分数阶阶数的可控性使得系统的参数设计和选择更加灵活，耦合系数和系统的传输特性能够依据实际需求进行控制，且不存在输出功率阻抗匹配的问题。

1.2.5 电场耦合式无线电能传输技术

电场耦合式无线电能传输(ECPT)技术是一种通过电场进行无线电能传输的方式，又称电容耦合式电能传输(capacitively coupled power transmission，CCPT)或电容式电能传输(capacitive power transmission，CPT)。在高频交变电流的作用下，耦合机构的发射极板与接收极板间形成交互电场，继而产生位移电流，从而实现无线电能传输。

典型的 ECPT 系统结构如图 1.21 所示。发射端的直流电压经过高频逆变器转换为高频交流电压，加到一对电极板上；接收端的一对电极板产生耦合电场，电能从发射端极板传输至接收端极板，接收端极板接收到电能后，再经过整流器输出给负载。图中所示的耦合机构是最常见的平板式四极板结构，其中 P_1 和 P_2 为发射端极板，P_3 和 P_4 为接收端极板，且 P_1 和 P_3 为一对极板，用于从发射端向接收端传输能量，P_2 和 P_4 为另一对极板，用于构建能量从接收端到发射端的返回路径。

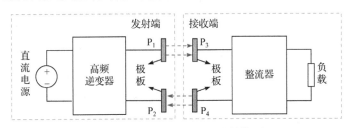

图 1.21 典型的 ECPT 系统结构图

与前面介绍的磁场耦合式无线电能传输(MCPT)系统对比可以发现，ECPT 系统的电路结构与 MCPT 系统的电路结构类似，唯一不同点是耦合机构，磁场耦合式通常采用由高频利兹线绕制成的线圈，而电场耦合式采用的大多为金属极板。MCPT 与 ECPT 的对比如表 1.3 所示。从表中可以看出，ECPT 系统除了在安全性与传输距离方面略有不足外，在其他方面相较于 MCPT 均具有明显优势。

表 1.3　MCPT 与 ECPT 的对比

项目	MCPT	ECPT
工作原理	磁场传能	电场传能
金属障碍物	无法穿越金属传能	可以穿越金属传能
成本和重量	为降低损耗，需用高频利兹线绕制线圈，成本高；为减少泄漏，需要铁氧体材料和屏蔽层，体积大、重量重	仅依靠廉价的金属极板就能实现电能传输，重量小，成本低
发热特性	线圈发热明显	极板发热较低
传输距离	近距离、中距离	近距离
电磁安全性	磁场泄漏对人体有一定危害性	电场泄漏直接引起人体神经电信号紊乱，危险性更大

1.2.6　微波电能传输技术

微波电能传输(MPT)技术以微波为载体，利用天线发射和接收电磁波能量，实现电能从发射端到接收端的无线传输，且传输距离大于一个波长。MPT 系统如图 1.22 所示，主要由微波发射端和微波接收端两部分组成。其中，微波发射端包括直流电源、微波发生器和发射天线，直流电经微波发生器转换成微波，再通过发射天线聚焦后向自由空间发射。微波接收端包括接收天线、整流电路和负载，接收天线接收的微波能量经整流电路转换为直流功率，供给负载使用。

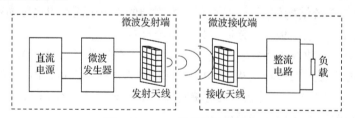

图 1.22　MPT 系统的示意图

MPT 技术具有传输功率大、传输距离远、空间传输效率高的优点，适用于大功率、远距离无线电能传输的场合，如飞机、卫星、太阳能电站等，但 MPT 技术目前发展尚不成熟，仍存在着设备体积庞大、天线定向性差等问题。同时，微波是频率在 300MHz～300GHz 的电磁波，对于存在金属介质的场合，仍会受到电磁干扰的影响。

1.2.7　激光电能传输技术

激光电能传输(LPT)技术以激光作为能量的载体，利用光伏效应，实现电能从发射端到接收端的无线传输。LPT 系统的示意图如图 1.23 所示，该系统主要由激光发射端和激光接收端两部分组成。其中，激光发射端通过激光电源将直流或工频交流电变换后激励激光器，激光器在一定电压下，将电能转换成激光，通过光束定向系统将激光发射到自由空间中；激光接收端通过光伏阵列将捕获到的激光转换成电能，经光伏变换器变换后为负载供电。

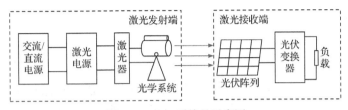

图 1.23 LPT 系统的示意图

　　LPT 技术具有方向性好、能量密度高、系统设备体积小等优点，与 MPT 技术类似，均适用于远距离的无线电能传输场合，如航天器、无人机、太阳能空间站等，但由于激光在自由空间的传输效率受大气环境影响严重，且在使用过程中必须保证发射端和接收端的完全对齐，故 LPT 系统的整体效率较低。此外，激光对金属具有切割效果，不能用于存在金属介质的场合。

1.2.8 超声波电能传输技术

　　超声波是频率高于 20kHz 的机械波，以其作为能量传输的载体，具有以下几个特点：①可在固体、液体、气体等任何介质中传播，在不同介质中的衰减系数大小排列为气体>液体>固体，即超声波在固体中的传输损耗最小；②定向性好，超声波的衍射现象不显著，在均匀介质中能够沿直线传播，容易得到定向而集中的超声波束；③在介质中传播不受电磁感应的影响。

　　因此，超声波电能传输(UPT)技术利用压电换能器的压电效应，实现电能和机械能之间的相互转换，从而达到无线传输电能的目的，且具有有效传输距离较长、传输功率大、传输效率高的特点。UPT 系统的示意图如图 1.24 所示，该系统主要由超声波发射端和超声波接收端构成。其中，超声波发射端通过超声电源将输入的直流或工频交流电转换成高频交流电后激励发射换能器，发射换能器将高频交流电转换成对应频率的机械波，然后以超声波的形式传递到介质中；接收换能器将接收到的超声波转换成相应频率的交流电，通过接收电路变换后为负载供电。

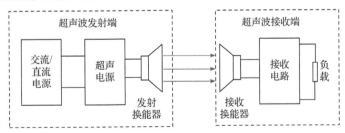

图 1.24 UPT 系统的示意图

　　从上述分析可见，对于一些金属密闭的军工场合，如核潜艇、压力容器、导弹等，UPT 技术因其独特的优势有着不可取代的作用。同时，超声波具有定向性好、对人体无辐射的特点，在植入式医疗设备领域具有广阔的应用前景。

1.3　无线电能传输技术的发展现状

1.3.1　商业化进程

1. 产业链

无线电能传输技术的产业链涵盖芯片、元器件、磁性材料、传输线圈、金属极板、模组制造、系统集成等，应用涵盖智能手机、电动汽车、智能穿戴、智能家居等领域。图 1.25 是无线电能传输的产业链。

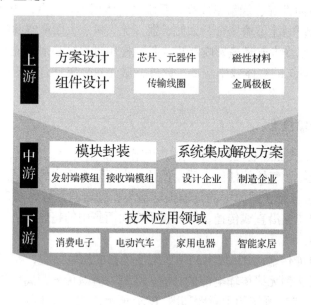

图 1.25　无线电能传输产业链

国外无线电能传输技术的产业链正逐步建立，美国的高通(Qualcomm)公司和韦特里西提(WiTricity)公司作为方案设计商，推动了消费电子和电动汽车的无线电能传输技术的产业化发展。国内无线电能传输技术的商业化进程也紧随其后，初步构建了一条较为完整的产业链。

2. 市场现状

近年来，无线电能传输技术产业化规模逐年扩大，如图 1.26 所示，2021 年总产业规模达 87.68 亿元。从细分市场来看，目前手机应用领域占主导优势，在苹果、华为、三星等大型厂商的引导下，智能手机无开放式接口要求的发展趋势，将进一步推动无线电能传输技术在手机领域的应用；然而伴随着自动驾驶技术的不断成熟，无线电能传输技术在新能源汽车中的应用，在可预见的未来将为该产业带来新的增长点；此外，随着产业链的完善以及技术持续提升，无线电能传输技术在智能家居和可穿戴设备等物联网相关的电子产品中的应用将日益增加，成为无线充电产业增长新的驱动力。下面分别介绍消费电子和电动汽车领域无线电能传输产品的市场发展状况。

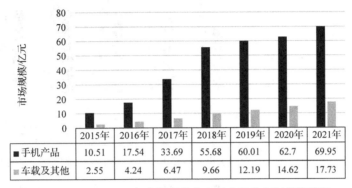

图 1.26　2015～2021 年中国无线充电行业细分市场规模情况

1) 消费电子领域

消费电子领域是目前无线电能技术产业化最好的领域，其中以手机无线充电器为代表的产品发展最为迅速。2009 年 1 月，Palm 在国际消费类电子产品展览会(International Consumer Electronics Show，CES)上公布全球首款实现无线充电的手机 Palm Pre；2015 年，三星发布配备了无线充电功能的 Galaxy S6 和 Galaxy S6 Edge 系列旗舰手机，并将该功能配置延续到了 S 系列和 Note 系列中；2017 年 9 月，苹果在发布三款无线充电 iPhone 机型的同时，推出了一款可为多个具有无线充电功能的苹果设备供电的无线充电板 AirPower，引起市场高度关注；2018 年 2 月，索尼 Xperia X Z2 发布；2018 年 3 月，小米 MIX 2S 发布；2018 年 10 月，华为 Mate 20 Pro 发布，不仅支持 15W 的无线充电，还创新地发布了 5W 的反向无线充电技术。目前，市场上的无线充电器品牌有三星、华为、小米、公牛、Mophie(墨菲)、Belkin(贝尔金)等。在工业和信息化部发布《无线充电(电力传输)设备无线电管理暂行规定》(下称"新规")之前，国内各大厂商的主要竞争方向是无线充电功率的提高，小米在 2021 年 8 月发布的风帆 100 无线充电产品可以达到 100W 的充电功率。2023 年 5 月工信部发布新规，移动便携式充电设备的额定传输功率被限制在 50W 以内，自此，关于功率的竞赛成为历史，各大厂商将在充电设备的便携性、稳定性及效率等方面持续发力。

图 1.27 给出了 2015～2021 年中国手机无线充电发射端和接收端细分市场规模情况，从图中可以看到，发射端市场供货量远远小于接收端的供货量，也就是说，大部分拥有无线充电接收终端的用户不一定拥有对应的发射端。造成这种现象的原因有两个：一方面是几乎所有用户都有充电器，且无线充电发射端的市场价格普遍比有线充电器价格高 3～5 倍，用户额外购买无线充电发射端的积极性不高；另一方面是有线充电器快充技术较为成熟，小米和华为等厂商均推出了充电功率高于 65W 的快充充电器，部分产品甚至还可以为笔记本电脑供电，相比之下，手机无线充电发射端在功率上难以与快充匹敌。此外，在用户体验方面也未能充分体现无线充电技术的灵活便捷性，绝大部分产品仍要求发射端和接收端精确对准方可使用。

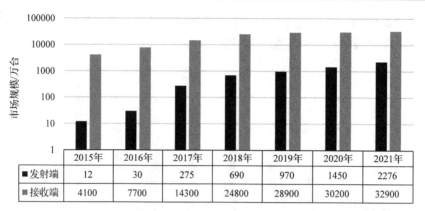

	2015年	2016年	2017年	2018年	2019年	2020年	2021年
■ 发射端	12	30	275	690	970	1450	2276
接收端	4100	7700	14300	24800	28900	30200	32900

图 1.27　2015～2021 年中国手机无线充电发射端和接收端细分市场规模

因此可以预计，随着各类消费电子产品无尾化和无接口化需求逐步落地，消费电子类无线充电器将迎来一个新的发展契机。

2) 电动汽车领域

提升续航里程和充电便利性是电动汽车发展主要面对的问题，因此，提高蓄电池容量、降低能耗、快充、换电和无线充电是电动汽车发展的关键技术。目前快充技术已日渐成熟，主要通过充电场地的布局来抢占市场，但是插拔充电枪的操作为电动汽车充电过程带来了极大的不便，因为充电枪及线缆通常重达数公斤，如果线缆长度不足，还需重新启停车辆调整停车位置。各大厂商针对这一问题提出了充电机器人的解决方案，可以自动插枪，如特斯拉的蛇形充电枪、大众的 e-smart connect 自动充电系统等，但这些应用离商业化仍有较大距离。换电技术可以极大程度地提高效率，但是换电模式重资产、电池标准化程度低、车企配合难度大，导致该技术的应用推广存在难度。而采用无线充电可以将电源和发射端隐蔽在地下，没有外露的连接器，彻底避免漏电、跑电等安全隐患，而且灵活便捷，故应用前景广阔，众多汽车厂商都在试图推进电动汽车无线充电商用进程。

电动汽车无线充电技术可分为静态和动态两类，目前家用电动汽车主要以静态无线充电技术为主，而像公共电动汽车这类行驶路线相对固定的场景则可以考虑使用动态无线充电技术。

静态无线充电技术最先列入各大电动汽车厂商研发计划，2007 年美国麻省理工学院(Massachusetts Institute of Technology，MIT)研究团队成立 WiTricity 公司，以磁耦合谐振技术为基础，与 Toyota、Audi 等车企合作开发电动汽车静态无线充电技术；2012 年，美国 Evatran 公司(现 Plugless Power 公司)完成了首次电动汽车无线充电现场试验，并于2014 年为雪佛兰 Volt 和日产 LEAF 提供了 3.3kW 电动汽车无线充电产品；2018 年 1 月，德国大陆集团发布可有效解决车辆充电兼容的 All Charge 无线充电系统，并且可以实现电动汽车双向充电；2018 年 7 月，BMW 投入无线充电系统生产，BMW 530e iPerformace PHEV 车型是第一款采用无线充电技术的量产车型，该款商业化的电动汽车无线充电系统有以下特点：一是技术指标有突破，充电距离约为 8cm，充电功率为 3.2kW，充电时长仅需 3.5h，充电效率高达 85%；二是改进了充电方式，用户只需通过手机 Wi-Fi 建立车辆与无线充电设备之间的通信联系，即可将车辆周围的俯视图显示在中控屏上，从而根据彩色线条提示将车辆停放在充电基座上，再按下充电启动按键即可开始充电，充电完成后系统也将自动关闭，大幅提升了充电易用性与便利性。国内方面，中兴通讯、安洁无线、华为等公司也陆续开展电动汽车无线充电技术的开发和产业化，但整体商业化进程较为缓慢。

动态无线充电可以在车辆行驶过程中实现充电，解决了电动汽车的续航和充电耗时问题。2013 年，韩国高等科学技术研究院(Korea Advanced Institute of Science and Technology, KAIST)建成世界上首条无线充电马路，路长 15km，可用于新型公交车无线供电，但是成本较高，抛开充电马路的基建，仅新型电动公交车的造价就接近 400 万元。我国开展电动汽车动态无线充电的研究基本与国外同步，2012 年，中国南方电网有限责任公司最先启动技术开发，2016 年建成了国内第一条电动汽车无线充电小型试验车道。然而，无线充电公路的造价惊人，国内高速公路平均每公里造价 500 万元，而无线充电公路平均每公里的造价高达 5200 万元。因此，性价比低是目前电动汽车动态无线充电产业化的主要阻碍之一。

电动汽车无线充电是新的技术风口，但是设计、配套、技术标准化、建设落地、使用维护、收费标准等多个环节仍不够清晰明确，且相关基础设施面临投入高、回报周期长的问题，电动汽车无线充电商业化短期内仍未看到落地的可能性。可以畅想，当汽车的无人自动驾驶实现后，汽车将自主为人类服务，如送取物品、接送人员、共享出行。相应地，自动寻找停车位、自动泊车、自动与电源建立连接、自动结算费用等功能成为充电过程自动化的必需品，无线充电必将成为实现这些功能的必不可缺的配置。

1.3.2　典型产品标准

标准的制定和实施是无线电能传输技术产业化和市场化的必经之路，也意味着该技术已经具有较高的产业成熟度。由于标准具有引导作用，掌握了标准的制定权意味着拥有行业的主动权和话语权，因此标准已成为各个国家、团体和企业竞争的焦点之一。目前已经发布或者列入制定计划的无线电能传输技术标准主要涉及电动汽车、消费电子和家用电器，不同领域的标准制定进程略有差异，下面对这三个领域的标准制定状况进行阐述。

1. 电动汽车

目前国际上主要有三个组织负责制定电动汽车无线充电产品的相关标准，分别为国际汽车工程师学会 SAE International(曾用名 Society of Automotive Engineers, SAE)、国际电工委员会(International Electrotechnical Commission, IEC)和国际标准化组织(International Organization for Standardization, ISO)。ISO 和 IEC 的编制成员基本相同，包括中国、美国、德国、日本、英国、法国等几十个国家，SAE 则由美洲地区主导。目前国际上被广泛接受和使用的电动汽车无线电能传输标准主要有 IEC 61980 和 SAE TIR J2954。鉴于 IEC 61980-2、IEC 61980-3、SAE TIR J2954 标准规范内容类似，IEC 和 SAE 正在尝试协调整合相关内容，避免造成矛盾。

ISO 在 2013~2015 年发布了 ISO 15118，对电动汽车充电的通信协议做出了相关规定，并在 2017 年 1 月发布 ISO 19363，提出了电动汽车无线充电的安全及互操作性要求 161-62J。

IEC 是世界上成立最早的国际性电工标准化机构，主要负责有关电气工程和电子工程领域中的国际标准化工作，旗下设有众多技术工作组。其中，负责电动汽车相关标准制定的工作组有 IEC/TC69 和 IEC/23H，车用无线充电技术相关规范工作就是由 IEC/TC69 工作组负责制定的，IEC 61980 于 2015 年首次发布，目前执行的是 2019～2020 年发布的版本。

　　SAE 也一直致力于开发电动汽车相关技术标准，主要聚焦于感应式及谐振式无线充电技术，并致力于建立让不同系统得以兼容使用的技术规范。SAE 发布的初版标准 SAE TIR J2954 在 2016 年 5 月正式发布，主要从互操作性、电磁兼容性(electromagnetic compatibility，EMC)、最低性能、安全性和测试几方面对轻型电动车辆的单向静态无线充电技术进行规范，并要求具有无线充电功能的车辆也能够通过 SAE J1772 插入式充电器进行充电，标准规定的通用频段为 85kHz(81.39～90kHz)，并按照功率等级将无线充电系统分为四个等级：3.7kW(WPT1)、7.7kW(WPT2)、11kW(WPT3)和 22kW(WPT4)。各等级采用固定规格的线圈，以此作为磁耦合的基线。2017 年 11 月更新的版本补充了电磁兼容性方面的规定。随后在行业反馈基础上，在 2019 年、2020 年、2022 年对该标准进行了升级和完善，内容包括动态充电、双向充电和电能发射装置嵌入安装方式等。目前接受 SAE TIR J2954 无线充电标准的汽车制造商已经有很多，包括宝马、福特、本田、捷豹、路虎、菲亚特-克莱斯勒、三菱、日产、丰田、比亚迪等多家汽车制造企业。

　　国内的电动汽车无线充电标准包括国家标准、地方标准、团体标准等。2020 年，国内首部关于电动汽车无线充电的国家标准 GB/T 38775 的第 1～4 部分(GB/T 38775.1—2020～GB/T 38775.4—2020)正式发布，包括通用要求、通信协议、特殊要求以及电磁环境限值与测试方法；随后在 2021 年正式发布第 5～7 部分(GB/T 38775.5—2021～GB/T 38775.7—2021)，补充了关于电磁兼容性及系统互操作性的要求及实验方法；在 2023 年正式发布第 8 部分(GB/T 38775.8—2023)，规定了功率等级超过 22kW 的电动商用车静态磁耦合无线充电系统的特殊要求。我国这一国家标准的发布与 IEC 61980、SAE TIR J2954 等国际标准形成呼应，构成世界范围内电动汽车无线充电系统国际标准的基石，同时有效规范和推进了我国电动汽车无线充电技术行业的进一步发展。

　　表 1.4 对目前国内外电动汽车无线充电标准进行了汇总，可以看到现行标准对电动汽车无线充电系统的技术要求、通信、互操作性、安全性测试等内容均作出了规定，电动汽车无线充电基础标准的制定基本上已完成，电动汽车无线充电技术有望在市场上广泛推广。

表 1.4　国内外电动汽车无线充电标准

主管部门	标准号	状态	发布日期	标准名称
ANFOR	NF C63-980-1*NF EN IEC 61980-1: 2021	现行	2021/01/08	电动汽车无线电能传输(WPT)系统第 1 部分：一般要求 Electric vehicle wireless power transfer (WPT) systems - Part 1: General requirements
	NF R57-202*NF EN ISO 19363: 2021	现行	2021/03/17	电动道路车辆-磁场无线电能传输-安全性和互操作性要求 Electrically propelled road vehicles - Magnetic field wireless power transfer - Safety and interoperability requirements
	NF C96-069-2*NF EN IEC 62969-2: 2018	现行	2018/04/27	半导体器件-汽车用半导体接口第 2 部分：汽车传感器用谐振无线电能传输的效率评估方法 Semiconductor devices - Semiconductor interface for automotive vehicles - Part 2: Efficiency evaluation methods of wireless power transmission using resonance for automotive vehicles sensors
DIN	DIN EN ISO 19363	现行	2021/02/01	电动道路车辆 - 磁场无线电能传输 - 安全性和互操作性要求 Electrically propelled road vehicles - Magnetic field wireless power transfer - Safety and interoperability requirements

续表

主管部门	标准号	状态	发布日期	标准名称
IEC	IEC 61980-1: 2020	现行	2020/11/19	电动汽车无线电能传输(WPT)系统第 1 部分：一般要求 Electric vehicle wireless power transfer (WPT) systems - Part 1: General requirements
	IEC TS 61980-2: 2019	现行	2019/06/13	电动汽车无线电能传输(WPT)系统第 2 部分：电动道路车辆(EV)与基础设施之间通信的特殊要求 Electric vehicle wireless power transfer (WPT) systems - Part 2: Specific requirements for communication between electric road vehicle (EV) and infrastructure
	IEC TS 61980-3: 2019	现行	2019/06/13	电动汽车无线电能传输(WPT)系统第 3 部分：磁场无线电能传输系统的特殊要求 Electric vehicle wireless power transfer (WPT) systems - Part 3: Specific requirements for the magnetic field wireless power transfer systems
	IEC 62969-2: 2018	现行	2018/03/08	半导体器件汽车用半导体接口第 2 部分：汽车传感器用谐振无线电能传输的效率评估方法 Semiconductor devices - Semiconductor interface for automotive vehicles - Part 2: Efficiency evaluation methods of wireless power transmission using resonance for automotive vehicles sensors
ISO	ISO 19363: 2020	现行	2020/04/03	电动道路车辆 - 磁场无线电能传输 - 安全性和互操作性要求 Electrically propelled road vehicles - Magnetic field wireless power transfer - Safety and interoperability requirements
SAE	J2954_202208	现行	2022/08/26	轻型插入式/电动汽车的无线电能传输和校准方法 Wireless power transfer for light-duty plug-in/electric vehicles and alignment methodology
	J2954/2_202212	现行	2022/12/16	重型电动汽车的无线电能传输 Wireless power transfer for heavy-duty electric vehicles
	J2847/6_202009	现行	2020/09/29	轻型插电式电动汽车与无线电动汽车充电站之间无线电能传输的通信 Communication for wireless power transfer between light-duty plug-in electric vehicles and wireless EV charging stations
	J2836/6_202104	现行	2021/04/09	插电式电动汽车无线充电通信的用例 Use cases for wireless charging communication for plug-in electric vehicles
福建省市场监督管理局	DB35/T 1875—2019	现行	2019/12/19	纯电动场(厂)内车辆无线充电系统性能要求及试验方法
广东省市场监督管理局	DB44/T 2099.1—2018	现行	2018/01/02	电动汽车无线充电系统 第 1 部分：通用要求
	DB44/T 2099.2—2018	现行	2018/01/02	电动汽车无线充电系统 第 2 部分：通信协议
	DB44/T 2099.3—2018	现行	2018/01/02	电动汽车无线充电系统 第 3 部分：磁耦合
	DB44/T 2099.4—2018	现行	2018/01/02	电动汽车无线充电系统 第 4 部分：接口
	DB44/T 2099.5—2018	现行	2018/01/02	电动汽车无线充电系统 第 5 部分：安全
	DB44/T 2099.6—2018	现行	2018/01/02	电动汽车无线充电系统 第 6 部分：管理系统
	DB44/T 2099.7—2018	现行	2018/01/02	电动汽车无线充电系统 第 7 部分：电能计量要求
	DB44/T 2099.8—2018	现行	2018/01/02	电动汽车无线充电系统 第 8 部分：地面设施

续表

主管部门	标准号	状态	发布日期	标准名称
广东省市场监督管理局	DB44/T 2099.9—2018	现行	2018/01/02	电动汽车无线充电系统 第9部分：车载设备
	DB44/T 2099.10—2018	现行	2018/01/02	电动汽车无线充电系统 第10部分：充电站
上海市市场监督管理局	DB31/T 1054—2017	现行	2017/06/23	电动汽车无线充电系统 第1部分：技术要求
	DB31/T 1055—2017	现行	2017/06/23	电动汽车无线充电系统 第2部分：设备要求
中国电力企业联合会	GB/T 38775.1—2020	现行	2020/04/28	电动汽车无线充电系统 第1部分：通用要求
	GB/T 38775.2—2020	现行	2020/04/28	电动汽车无线充电系统 第2部分：车载充电机和无线充电设备之间的通信协议
	GB/T 38775.3—2020	现行	2020/04/28	电动汽车无线充电系统 第3部分：特殊要求
	GB/T 38775.4—2020	现行	2020/04/28	电动汽车无线充电系统 第4部分：电磁环境限值与测试方法
	GB/T 38775.5—2021	现行	2021/10/11	电动汽车无线充电系统 第5部分：电磁兼容性要求和试验方法
	GB/T 38775.6—2021	现行	2021/10/11	电动汽车无线充电系统 第6部分：互操作性要求及测试 地面端
	GB/T 38775.7—2021	现行	2021/10/11	电动汽车无线充电系统 第7部分：互操作性要求及测试 车辆端
	GB/T 38775.8—2023	现行	2023/09/07	电动汽车无线充电系统 第8部分：商用车应用特殊要求
	GB/T 42711—2023	现行	2023/08/06	立体停车库无线供电系统 技术要求及测试规范
中国电机工程学会	T/CSEE 0035—2017	现行	2018/02/28	电动汽车充电设备环境适应性要求和试验方法
中国电源学会	T/CPSS 1010—2020	现行	2020/08/25	电动汽车运动过程无线充电方法
	T/CPSS 1001—2021	现行	2021/09/02	电动汽车动态无线充电系统技术要求
	T/CPSS 1002—2021	现行	2021/09/02	电动汽车无线充电系统车载充电机和无线充电设备之间的通信协议（第1部分：能量信号双通道近场通讯）
	T/CPSS 1001—2022	现行	2022/09/07	电动汽车大功率无线充电技术规范
中国工程建设标准化协会	T/CECS 611—2019	现行	2019/12/06	电动汽车无线充电设施技术规程

2. 消费电子

目前消费电子领域被广为接受的标准是 Qi 标准和 Rezence 标准。在 2015 年之前，国际上消费电子无线电能传输标准由三大联盟所掌控，分别是无线充电联盟(Wireless Power Consortium，WPC)、电力事务联盟(Power Matters Alliance，PMA)和无线电力联盟(Alliance for Wireless Power，A4WP)。

WPC 成立于 2008 年 12 月 17 日，是首个以感应耦合式无线电能传输技术为基础的无线充电技术标准化组织。2010 年 7 月，WPC 发布 Qi 标准。目前 WPC 的成员有 280 多家公司，知名企业包括苹果(Apple)、华硕(ASUS)、戴尔(Dell)、海尔、华为、LG、松下(Panasonic)、菲利普(Philips)、三星(Samsung)、索尼(Sony)和小米等。

PMA 是由宝洁和无线充电公司 Powermat 合资经营的 Duracell Powermat 公司发起的。PMA 标准与 Qi 标准一样都是采用感应耦合式无线电能传输技术，主要致力于为符合美国电气电子工程师学会(Institute of Electrical and Electronics Engineers，IEEE)标准的手机和电子设备打造无线电能传输标准。PMA 成员包括 AT&T、Google、星巴克等公司。

A4WP 是由三星(Samsung)、高通(Qualcomm)、英特尔(Intel)等公司于 2012 年创立的，其目标是为包括便携式电子产品和电动汽车等在内的无线充电设备设立技术标准。A4WP 采用的是磁耦合谐振无线电能传输技术，有别于 Qi 标准采用的感应耦合式无线电能传输技术。

2015 年 6 月，PMA 和 A4WP 合并为新的 AirFuel 联盟(AirFuel Alliance，AFA)。AFA 致力于整合感应和谐振两种无线电能传输技术，打造更加统一的无线充电标准。AFA 推出的 Rezence 是首个不受空间限制的且支持多个设备同时充电的高功率无线充电标准。

目前，针对消费电子的无线充电标准主要由 WPC 的 Qi 标准和 AFA 的 Rezence 标准两大标准体系分庭抗礼。虽然 Qi 标准和 Rezence 标准的解决方案都能够提供无线电能传输，但是目前这两种方法尚未兼容，导致同一台设备不能够同时支持两个标准。

此外，国家标准化管理委员会、中国通信工业协会和 IEC 发布了相关标准，还有部分标准章节已列入制定计划中。表 1.5 汇总了目前国内外关于消费电子无线电能传输的标准。

表 1.5 国内外消费电子无线电能传输标准

主管部门	发布标准号	状态	发布日期	标准名称
中国国家标准化管理委员会	GB/T 37132—2018	现行	2018/12/28	无线充电设备的电磁兼容性通用要求和测试方法
	GB/T 37687—2019	现行	2019/08/30	信息技术 电子信息产品用低功率无线充电器通用规范
	GB/T 40783.2—2022	现行	2022/10/12	信息技术 系统间远程通信和信息交换 磁域网 第 2 部分：带内无线充电控制协议
中国通信工业协会	T/CA 101—2018	现行	2018/12/31	移动终端无线充电装置 第 1 部分：安全性
	T/CA 102—2018	现行	2018/12/31	移动终端无线充电装置 第 2 部分：电磁兼容性
	T/CA 103—2018	现行	2018/12/31	移动终端无线充电装置 第 3 部分：环境适应性
	T/CA 104—2018	现行	2018/12/31	移动终端无线充电装置 第 4 部分：性能
IEC	IEC PAS 63095-1:2017	现行	2017/05/10	Qi 无线电能传输系统功率等级 0 规范.第 1 部分和第 2 部分：接口定义 The Qi wireless power transfer system power class 0 specification - Parts 1 and 2: Interface definitions
	IEC PAS 63095-2:2017	现行	2017/06/19	Qi 无线电能传输系统.功率等级 0 规范.第 2 部分：参考设计版本 1.1.2 The Qi wireless power transfer system - Power class 0 specification - Part 2: Reference Designs Version.1.1.2

主管部门	发布标准号	状态	发布日期	标准名称
IEC	IEC 63006:2019	现行	2019/10/14	无线电能传输(WPT)-术语表 Wireless power transfer (WPT) - Glossary of terms
	IEC 63245-1:2021	现行	2021/03/09	基于多磁共振的空间无线电能传输-第 1 部分：要求 Spatial wireless power transfer based on multiple magnetic resonances - Part 1: Requirements
	IEC 62827-1:2016	现行	2016/04/27	无线电能传输-管理-第 1 部分：常用组件 Wireless power transfer - Management - Part 1: Common components
	IEC 62827-2:2017	现行	2017/06/19	无线电能传输-管理-第 2 部分：多设备控制管理 Wireless power transfer - Management - Part 2: Multiple device control management
	IEC 62827-3:2016	现行	2016/12/14	无线电能传输-管理-第 3 部分：多电源控制管理 Wireless power transfer - Management - Part 3: Multiple source control management
	IEC TR 62905: 2018	现行	2018/02/06	无线电能传输系统的曝露评估方法 Exposure assessment methods for wireless power transfer systems
	IEC 63028:2017	现行	2017/06/19	无线电能传输 - AirFuel Alliance 谐振基线系统规范 (BSS) Wireless power transfer - AirFuel Alliance resonant baseline system specification (BSS)
	IEC TR 63231: 2019	现行	2019/08/22	无线电能传输技术中能量效率的考量 Consideration of energy efficiency in wireless power transfer technology
	IEC TR 63239: 2020	现行	2020/02/19	用于移动设备的射频波束无线电能传输 (WPT) Radio frequency beam wireless power transfer (WPT) for mobile devices
UL	UL 2738: 2018	现行	2018/01/12	用于低能耗产品的感应式电能发射器和接收器 Induction power transmitters and receivers for use with low energy products
WPC	Qi version2.0	现行	2023/04	Qi 标准版本 2.0

3. 家用电器及智能家居

无线电能传输技术在家用电器及智能家居领域也具有广泛的应用前景，仅从安全性方面考虑，采用无线电能传输技术的产品可以有效提供绝缘环境。此外，"无尾化"家居用品具有更高的便捷性和灵活性，因而具有广阔的市场前景。目前，应用无线电能传输技术的厨电、吸尘器、办公桌、床头柜等家电家居均具备产业化条件，我国为此也制定了部分标准文件，如表 1.6 所示。WPC 即将发布的"Ki 无线厨房"标准支持最高 2.2kW 的功率传输，能够满足大多数厨房电器的供电需求。

表 1.6　国内家用电器无线充电标准

主管部门	发布标准号	状态	发布日期	标准名称
中国轻工业联合会	GB/Z 41528—2022	现行	2022/07/11	无线供电厨房系统设计导则
	GB/T 34439—2017	现行	2017/10/14	家用电器 无线电能发射器

1.3.3 专利分布概况

对于现代企业而言，掌握关键技术专利意味着可以成为该技术的开拓者和先行者，并具有无限的商机，因此企业往往把专利布局视为生产和研发的先行策略。此外，从企业所申请的专利中也可获知企业的技术发展方向。

基于 Patsnap 专利分析平台，综合国内外广泛使用的无线电能传输近义词，进行专利检索，可得到无线电能传输技术领域的专利检索结果。截至 2023 年 12 月底，全球无线电能传输技术的相关专利申请总量为 212392 条(有效专利 109417 条，占比 51.52%)，其中发明专利为 116593 条(有效专利 40029 条，占比 34.33%)。图 1.28 给出了近 20 年来无线电能传输技术的发明专利申请及授权情况，可以发现，自 2007 年美国麻省理工学院学者在 *Science* 上发表关于 MCR-WPT 技术的文章后，全球掀起了无线电能传输技术的研究热潮，相关发明专利申请量从 2011 年开始快速增长，在 2019 年达到顶峰。由于近三年的发明专利未完全公开，故发明专利的授权率偏低。总体而言，无线电能传输技术目前仍然保持较高的研发热度，授权率的降低意味着当前技术同质化竞争越发激烈，技术创新难度增大。

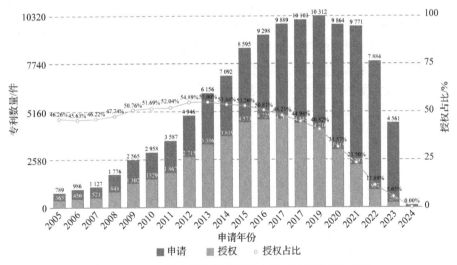

图 1.28　WPT 技术相关发明专利申请与授权量年度趋势

从无线电能传输技术相关发明专利的申请地域分布情况来看，中、美、日、韩四国以及欧洲的专利申请数量位于世界前列，说明无线电能传输技术受到多个科技大国的广泛关注并且吸引了大量研发投入，从地域分布上呈现多技术中心的局面。

调查结果显示，无线电能传输技术领域的专利申请人主要为企业，表 1.7 为相关企业发明专利申请数量排行榜，可见排名靠前的均为国外大型企业。我国无线电能传输技术领域的专利数量虽多，但是未见进入发明专利申请数量第一梯队的中国企业。主要原因是当前我国无线电能传输领域的企业数量虽多，但体量均较小，未能形成国际竞争力。另外，我国企业对技术知识产权的市场布局敏感度较低，这对于技术创新型企业的长远发展而言无疑是一个弊端。

表 1.7　WPT 技术相关发明专利申请数量企业排行榜

排名	企业	所在国家	发明专利申请数量/件
1	株式会社半导体能源研究所(SEL)	日本	5042
2	三星电子株式会社(Samsung)	韩国	3686
3	高通股份有限公司(Qualcomm)	美国	2833
4	苹果公司(Apple)	美国	2041
5	乐金电子公司(LG)	韩国	1672
6	伊诺特有限公司(LG Innotek)	韩国	1594
7	韦特里西提公司(WiTricity)	美国	1186
8	佳能株式会社(Canon)	日本	1010
9	英特尔公司(Intel)	美国	910

1.3.4　学术论文发表情况

在 Web of Science(WOS)、IEEE Xplore 和中国知网上检索与无线电能传输相关的中英文关键词,其中 WOS 仅检索 WOS 核心数据库,近 20 年与 WPT 相关的论文发表情况如图 1.29 所示。从图可见,WOS 平台拥有数量最多的论文,其次是 IEEE Xplore,中国知网虽有相当数量的期刊论文,但会议论文相对较少。这些信息反映了无线电能传输技术领域的学术贡献和研究活动的活跃程度,可见学术界比较重视无线电能传输技术的研究,学术交流活跃。

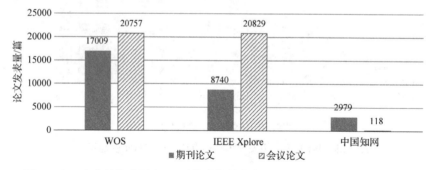

图 1.29　三大文献检索平台 WPT 技术领域学术论文发表总量(2004~2023 年)

图 1.30 为截至 2023 年 WPT 技术相关学术论文发表年度趋势图,可见从 2007 年起,学术论文的发表量开始逐年上升,与专利申请变化趋势一致,反映了学术界和工业界对无线电能传输领域的持续关注,也反映了无线电能传输技术的发展潜力。

1.3.5　产业化面临的问题

目前以 ICPT 和 MCR-WPT 为主的无线电能传输技术已经得到了比较广泛的应用,虽然国内外多家企业已经拥有全系列功率等级的电动汽车无线充电样机和小功率无线充电产品,且已有部分产品投入市场销售,但仍存在许多关键技术问题亟待解决,制约了无线电能传输产品的发展。

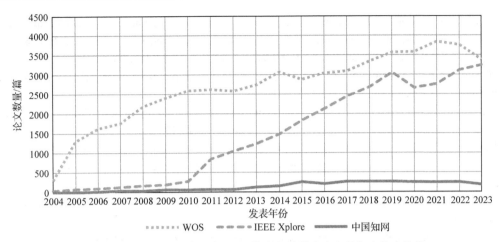

图 1.30　三大文献检索平台 WPT 技术相关学术论文的年度发表趋势

从产业化的角度而言，除了技术问题和价格因素之外，提升用户体验是推广无线电能传输技术应用的必经之路。无线充电产品的用户体验主要面临三大问题：一是发热问题，电子产品在充电过程中发热严重的现象，将使用户接受相关产品的意愿大打折扣；二是标准兼容问题，由于标准不完全兼容，不同品牌的无线充电设备不能通用；三是电磁干扰问题，目前尚未建立高频环境下准确的空间电磁场模型，也无法精确量化无线电能传输系统产生的高频电磁波对人体和环境的影响，电磁干扰的不确定性是无线电能传输技术的商业化和民用化的最大阻碍之一。因此，解决发热问题，统一产品标准，探索系统电磁环境的实际影响，消除人们的恐惧心理，才能进一步提高无线电能传输技术的接受程度，使其在不久的将来成为一种通用技术，走进人们的日常生活，给人们提供更方便、更安全的供电方式。

1.4　本 章 小 结

自 20 世纪特斯拉首次提出无线电能传输技术的概念至今，该技术得到了蓬勃发展，逐步应用到消费电子、电动汽车、家用电器、医疗设备、军事装备等不同领域，目前仍是 21 世纪的热门研究方向之一。本章重点介绍了不同类型无线电能传输技术的工作原理和基本特性，有助于全面把握无线电能传输技术的发展趋势。

参 考 文 献

[1] 张波, 疏许健, 黄润鸿. 感应和谐振无线电能传输技术的发展[J]. 电工技术学报, 2017, 32(18): 3-17.

[2] 张波, 黄润鸿, 疏许健. 无线电能传输原理[M]. 北京: 科学出版社, 2018.

[3] TESLA N. The transmission of electrical energy without wires[J]. Electrical world and engineer, 1904, 1: 21-24.

[4] BROWN W C. Adapting microwave techniques to help solve future energy problems[J]. IEEE transactions on microwave theory and techniques, 1973, 21(12): 753-763.

[5] YUGAMI H, KANAMORI Y, ARASHI H, et al. Field experiment of laser energy transmission and laser to electric conversion[C]//IECEC-97 proceedings of the thirty-second intersociety energy conversion engineering conference. Honolulu, 1997: 625-630.

[6] STEINSIEK F. Wireless power transmission experiment as an early contribution to planetary exploration missions[C]//54th international astronautical congress of the international astronautical federation, the international academy of astronautics, and the international institute of space law. Bremen, 2003.

[7] KAWASHIMA N, TAKEDA K, YABE K. Application of the laser energy transmission technology to drive a small airplane[J]. Chinese optics letters, 2007, 5(s1): 109.

[8] BECKER D E, CHIANG R, KEYS C C, et al. Photovoltaic-concentrator based power beaming for space elevator application[C]//AIP conference proceedings. Scottsdale, 2010: 271-281.

[9] 中国科协学会学术部. 无线电能传输关键技术问题与应用前景[M]. 北京: 中国科学技术出版社, 2012.

[10] ROSEN C A. Analysis and design of ceramic transformers and filter elements[D]. Syracuse: Syracuse University, 1956.

[11] KURS A, KARALIS A, MOFFATT R, et al. Wireless power transfer via strongly coupled magnetic resonances[J]. Science, 2007, 317(5834): 83-86.

[12] CURRY P. Underwater electric field communication system: US3265972A[P]. 1966-08-09.

[13] HU A P, LIU C, LI H L. A novel contactless battery charging system for soccer playing robot[C]//2008 15th international conference on mechatronics and machine vision in practice. Auckland, 2008: 646-650.

[14] DAI J J, LUDOIS D C. Single active switch power electronics for kilowatt scale capacitive power transfer[J]. IEEE journal of emerging and selected topics in power electronics, 2015, 3(1): 315-323.

[15] ASSAWAWORRARIT S, YU X F, FAN S H. Robust wireless power transfer using a nonlinear parity-time-symmetric circuit[J]. Nature, 2017, 546(7658): 387-390.

[16] RONG C, ZHANG B, WEI Z H, et al. A wireless power transfer system for spinal cord stimulation based on generalized parity-time symmetry condition[J]. IEEE transactions on industry applications, 2022, 58(1): 1330-1339.

[17] 张波, 荣超, 江彦伟, 等. 分数阶无线电能传输机理的提出及研究进展[J]. 电力系统自动化, 2022, 46(4): 197-207.

第 2 章　无线电能传输系统架构

无线电能传输系统的典型结构如图 2.1 所示，主要由直流电源、高频逆变器、补偿网络、耦合机构和负载五部分组成。通常直流电源从电网直接整流获得，负载由系统实际应用对象决定，因此无线电能传输系统的核心是高频逆变器、补偿网络和耦合机构。本章将详细介绍无线电能传输系统中常用高频逆变器的拓扑结构及其工作特性、补偿网络的结构及其工作特性、耦合机构的类型及特点、电能控制策略等内容。

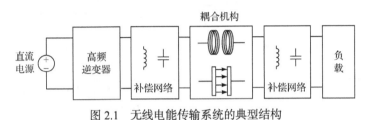

图 2.1　无线电能传输系统的典型结构

2.1　高频逆变器的选择

在无线电能传输系统中，高频逆变器的主要功能是为耦合机构提供高频交流信号[1]。一般情况下，高频逆变器的工作频率为 20kHz～20MHz，因此高频逆变器的设计面临以下挑战：①开关损耗大；②寄生参数的影响；③开关管驱动难。

目前适用于无线电能传输系统的高频逆变器主要有两大类型，分别为桥式逆变器和 E 类功率放大器及其衍生拓扑，下面介绍这两类逆变器的工作原理。

2.1.1　桥式逆变器

无线电能传输系统常用的桥式逆变器如图 2.2 所示，主要包括电压型全桥逆变器、电压型 D 类功率放大器、电流型全桥逆变器和电流型 D 类功率放大器。其中，电压型全桥逆变器和电压型 D 类功率放大器统称为电压型桥式逆变器，输入直流电源 U_{DC} 与大电容 C_F 并联，等效为电压源；电流型全桥逆变器和电流型 D 类功率放大器统称为电流型桥式逆变器，输入直流电源 U_{DC} 与大电感 L_F 串联，等效为电流源。

1. 电压型桥式逆变器

电压型桥式逆变器的输入端并联大电容，输出端通常接 LC 串联谐振网络。当谐振网络设计为呈感性时，开关管可以工作在零电压开关(zero voltage switching, ZVS)状态，减小了开通损耗。电压型桥式逆变器的软开关条件受负载影响不大，因而在不同负载下都能保持较高的效率，负载的适应性较强。由于电压型桥式逆变器适用于感性负载，因此需要为每个桥臂提供反向续流通道，开关管需外加反并联二极管。

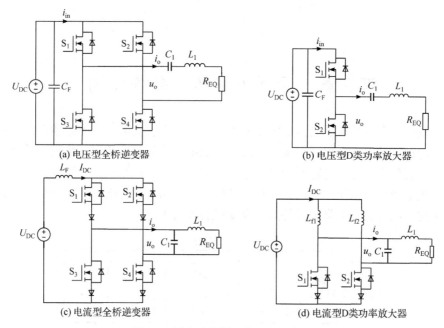

图 2.2　桥式逆变器的典型拓扑结构

电压型桥式逆变器的典型输入电流、输出电压和输出电流波形如图 2.3 所示。由图中可见，在 0～$T/2$ 期间，S_1、S_4 导通；在 $T/2$～T 期间，S_2、S_3 导通，逆变器输出电压 u_o 为幅值为 U_{DC} 的方波，带 RLC 串联谐振负载时，输出电流 i_o 为正弦波，可表示为 $I_m\sin\omega t$，其中 I_m 为输出电流的最大值。为避免上、下桥臂直通，电压型桥式逆变器上、下桥臂开关管的驱动信号需要设置死区时间。当开关频率很高时，死区时间需要设置得非常小，导致上、

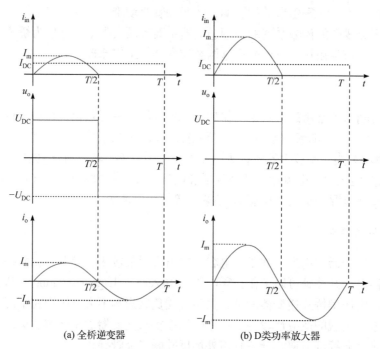

图 2.3　电压型桥式逆变器的电压、电流波形

下桥臂的驱动信号难以相互匹配。除桥臂直通风险外，电压型桥式逆变器的抗短路能力较差，当耦合线圈之间互感较小时，发射端等效为短路，也会威胁逆变器的安全运行。

以开关管 S_1 为例分析电压型全桥逆变器的开关管电压、电流应力，在 $0 \sim T/2$ 期间，S_1 导通，此时开关管两端电压为 0，流经开关管的电流与负载电流相同，为 $I_m \sin \omega t$；在 $T/2 \sim T$ 期间，S_1 关断，流经开关管的电流为 0，此时 S_2、S_3 导通，S_1 两端相当于接在输入电源两侧，因此，开关管的电压等于 U_{DC}。开关管的电压应力是指开关管所承受的电压最大值，即 U_{DC}。

开关管的电流应力是指流过开关管的电流最大值，即 I_m。已知电压型全桥逆变器的输入电流的波形如图 2.3(a)所示，设其平均值为 I_{DC}，故有

$$I_{DC} = \frac{2}{T} \int_0^{T/2} i_{in}(t) dt = \frac{2}{T} \int_0^{T/2} I_m \sin \omega t dt = \frac{2I_m}{\pi} \tag{2.1}$$

因此，考虑波形系数，开关管的电流应力为输入电流平均值 I_{DC} 的 $\pi/2$ 倍，即 $\pi I_{DC}/2$。

将电压型全桥逆变器的输出电压 u_o 展开成傅里叶级数，可得

$$u_o = \frac{4U_{DC}}{\pi} \left(\sin \omega t + \frac{1}{3} \sin 3\omega t + \frac{1}{5} \sin 5\omega t + \cdots \right) \tag{2.2}$$

其基波的幅值和有效值分别为 $U_{o1m} = \frac{4U_{DC}}{\pi} \approx 1.27 U_{DC}$，$U_{o1} = \frac{2\sqrt{2} U_{DC}}{\pi} \approx 0.9 U_{DC}$。

设 R_{EQ} 为逆变器的等效负载，则电压型全桥逆变器的输出功率为

$$P_o = \frac{U_{o1}^2}{R_{EQ}} = \frac{8U_{DC}^2}{\pi^2 R_{EQ}} \approx \frac{0.81 U_{DC}^2}{R_{EQ}} \tag{2.3}$$

类似地，可以求得电压型 D 类功率放大器的开关管电压应力等于 U_{DC}，电流应力为输入电流平均值 I_{DC} 的 π 倍(即 πI_{DC})，输出功率为

$$P_o = \frac{U_{o1}^2}{R_{EQ}} = \frac{2U_{DC}^2}{\pi^2 R_{EQ}} \approx \frac{0.203 U_{DC}^2}{R_{EQ}} \tag{2.4}$$

2. 电流型桥式逆变器

电流型桥式逆变器的输入串联大电感，等效为幅值为 I_{DC} 的电流输入源，输出接 LC 并联谐振网络。当谐振网络设计为呈容性时，开关管可以工作在零电流开关(zero current switching，ZCS)状态，减少了关断损耗。由于电流型桥式逆变器工作在容性负载下，每个桥臂会承受一定时间的反向电压，故开关管需要串联快速恢复二极管，以承受这一反压。快速恢复二极管的反向恢复时间与其容量成正比，即容量越大，反向恢复时间越长。因而在大功率场合下，二极管的反向时间较长，限制了逆变器频率的提高。

电流型桥式逆变器的开关管作用仅是改变直流电流的流通路径，因此其输出电流为幅值为 I_{DC} 的方波；在带 RLC 并联谐振网络时，输出电压为正弦波，可表示为 $U_m \sin \omega t$，其中 U_m 为输出电压最大值。电流型桥式逆变器的输出电流和电压波形如图 2.4 所示，其中，S_1、S_4 在前半周期导通，S_2、S_3 在后半周期导通。为避免上、下桥臂开路，电流型全桥逆变器上、下桥臂开关管的驱动信号需要设置死区时间。

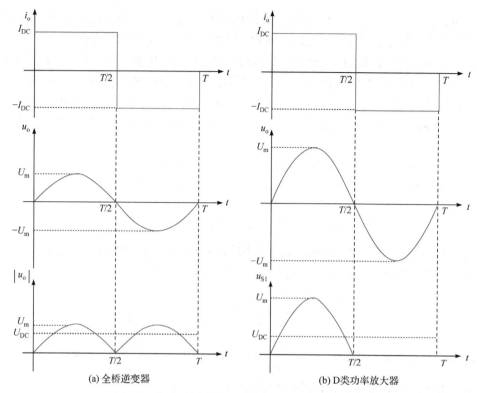

(a) 全桥逆变器　　　　　　　　　(b) D类功率放大器

图 2.4　电流型桥式逆变器的输出电压、电流波形

对比图 2.3(a)与图 2.4(a)可以发现，电压型全桥逆变器和电流型全桥逆变器的输出电压、电流波形相反，因此在分析电压应力和电流应力时，只需将电压型全桥逆变器的电压、电流互换即可，具体分析过程此处不再赘述。由此可得，电流型全桥逆变器的开关管电流应力与输入电流平均值 I_{DC} 相同，电压应力为输入电压 $\pi U_{DC}/2$。

将输入电流幅值为 I_{DC} 的电流型全桥逆变器的输出电流 i_o 展开成傅里叶级数得

$$i_o = \frac{4I_{DC}}{\pi}\left(\sin\omega t + \frac{1}{3}\sin 3\omega t + \frac{1}{5}\sin 5\omega t + \cdots\right) \tag{2.5}$$

其基波的幅值和有效值分别为 $I_{o1m} = \dfrac{4I_{DC}}{\pi} \approx 1.27 I_{DC}$，$I_{o1} = \dfrac{2\sqrt{2}I_{DC}}{\pi} \approx 0.9 I_{DC}$。

下面分析负载电压有效值 U_{o1} 和直流电压 U_{DC} 的关系。如果忽略电抗器 L_F 的损耗，则根据功率守恒定律 $U_{o1}\cdot I_{o1} = U_{DC}\cdot I_{DC}$，可以求得 $U_{o1} = \dfrac{\pi U_{DC}}{2\sqrt{2}} \approx 1.11 U_{DC}$。

RLC 并联谐振网络的总阻抗为

$$Z_{in} = \frac{\dfrac{1}{j\omega C_1}\cdot\left(R_{EQ}+j\omega L_1\right)}{\dfrac{1}{j\omega C_1}+\left(R_{EQ}+j\omega L_1\right)} = \frac{R_{EQ}+j\omega L_1}{1-\omega^2 L_1 C_1 + j\omega C_1 R_{EQ}} \tag{2.6}$$

由于此时 LC 电路满足谐振条件，即

$$C_1 = \frac{1}{\omega^2 L_1} \tag{2.7}$$

因此式(2.6)可以简化如下：

$$Z_{in} = \frac{(\omega L_1)^2 - j\omega L_1 R_{EQ}}{R_{EQ}} = \frac{(\omega L_1)^2}{R_{EQ}} - j\omega L_1 \tag{2.8}$$

由此可以求得电流型全桥逆变器的输出视在功率为

$$S_o = \frac{U_{o1}^2}{Z_{in}} = \frac{U_{o1}^2}{R_{EQ} + \frac{(\omega L_1)^2}{R_{EQ}}} + j\frac{\omega L_1 U_{o1}^2}{\left[\frac{(\omega L_1)^2}{R_{EQ}}\right]^2 + (\omega L_1)^2} \tag{2.9}$$

其有功输出功率为

$$P_o = \frac{U_{o1}^2}{R_{EQ} + \frac{(\omega L_1)^2}{R_{EQ}}} = \frac{\pi^2}{8} \cdot \frac{U_{DC}^2}{R_{EQ} + \frac{(\omega L_1)^2}{R_{EQ}}} \approx \frac{1.23 U_{DC}^2}{R_{EQ} + \frac{(\omega L_1)^2}{R_{EQ}}} \tag{2.10}$$

电流型 D 类功率放大器的分析方法类似，此处不再详述。

2.1.2　E 类功率放大器

1. 基本 E 类功率放大器

基本 E 类功率放大器是一种来自射频领域的单管开关功率放大器，其拓扑结构如图 2.5 所示。基本 E 类功率放大器的直流电源 U_{DC} 与扼流电感 L_F 串联，使输入电流保持恒定。电容 C_S 与开关管并联，与电感 L_1、电容 C_1 共同组成了 E 类功率放大器的谐振网络。通过设计电路参数，基本 E 类功率放大器可以同时实现零电压开关和零电压导数开关(zero voltage derivative switching，ZVDS)，即当开关管从关断状态转变为导通状态时，开关管两端电压等于零，以及当开关管从关断状态转变为导通状态时，开关管两端电压的导数等于零，因此，开关过程不产生损耗。

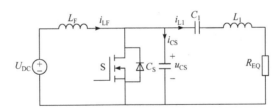

图 2.5　基本 E 类功率放大器电路

E 类功率放大器设计的关键在于谐振网络参数的计算，通常依据 Raab 公式[2,3]，且对 E 类功率放大器作了如下假设：①扼流电感足够大，使得电流 i_{LF} 近似等效为直流电流 I_{LF}；②发射线圈的品质因数 Q 足够大，使得负载电流 i_{L1} 为正弦电流；③忽略发射线圈和接收线圈的寄生电容[4]。

工程应用中，E 类功率放大器通常由品质因数 $Q = \dfrac{\omega L_1}{R_{EQ}}$ 来确定 L_1，Q 的取值一般为 5~20。当开关管 S 的占空比为 0.5 时，系统其他参数设计公式如下：

$$\begin{cases} C_{\mathrm{S}} = \dfrac{2}{\pi\left(1+\dfrac{\pi^2}{4}\right)\omega R_{\mathrm{EQ}}} \\[4mm] \tan\psi_0 = \dfrac{X_{\mathrm{EQ}}}{R_{\mathrm{EQ}}} = \dfrac{\pi}{8}\left(\dfrac{\pi^2}{2}-2\right) \\[4mm] C_1 = \dfrac{1}{\omega(\omega L_1 - R_{\mathrm{EQ}}\tan\psi_0)} \end{cases} \tag{2.11}$$

式中，$\omega = 2\pi f$ 为开关角频率，f 为开关频率；ψ_0 为阻抗网络理想阻抗角；$X_{\mathrm{EQ}} = \omega L_1 - \dfrac{1}{\omega C_1}$ 为谐振网络的总电抗；R_{EQ} 为电路等效负载电阻。

因此，对于确定的负载电阻 R_{EQ}，选取合适的 Q，可以确定 C_{S}、L_1、C_1 的值。由式(2.11)可知，若要满足 ZVS 和 ZVDS 条件，阻抗网络的理想阻抗角为 $\psi_0 = 49.052°$，能使阻抗网络满足理想阻抗角的负载电阻称为额定负载 R_{OP}。

当电路的实际工作负载 R_{EQ} 处于额定负载 R_{OP} 附近时，系统整体效率可以达到 95% 以上。当工作负载偏离额定负载时，E 类功率放大器的软开关工作状态将遭到破坏。图 2.6 反映了不同工作负载条件下，开关管电压在一个周期内的变化情况。当 $R_{\mathrm{EQ}} < R_{\mathrm{OP}}$ 时，开关管电压将提前下降到零，只实现了 ZVS 而没有实现 ZVDS，且开关管电压应力比理想工作状态时大；当 $R_{\mathrm{EQ}} > R_{\mathrm{OP}}$ 时，开关管工作在硬开关状态，将降低放大器效率，而且电压的突变会在电容 C_{S} 上产生很大的放电电流，容易烧毁开关管。因此，E 类功率放大器的负载适应性很差。E 类功率放大器在通信领域所接入负载通常为恒定负载，如天线负载，故通过参数设计可以实现高效率运行。而在 MCR-WPT 系统中，其接入负载具有很强的动态性。为提高 E 类功率放大器的负载适应性，许多解决方案被提出，如将无源电感、电容替换为饱和电感、可调电容，增加阻抗变换网络，利用 On-Off 控制取代 PWM 控制等。此外，还提出了在接收侧增加 DC-DC 变换器，通过改变占空比使得等效电阻 R_{EQ} 始终接近 R_{OP}，从而使系统整体效率保持在 90% 以上[4]。

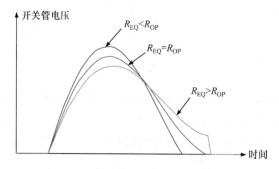

图 2.6　不同工作负载条件下 E 类功率放大器开关管电压波形

E 类功率放大器的优点是高频特性较好，非常适合工作在 MHz 级的频率下。当其工作在理想状态时，开关损耗近似为零；且开关管的寄生电容被并联电容 C_{S} 所吸收，开关管电压平滑变化，其变化率得到抑制，因此具有较好的电磁兼容性能；此外，E 类功率放大器结构简单，仅使用单个开关管，不存在驱动信号匹配的问题。然而，E 类功率放大器的功率输出能力较差，若输入电压较大，工作负载稍微超过额定负载就可能在开关管上产生很大的电压，进而产生大的尖峰电流；虽然 E 类功率放大器的输入端串联了大电感，抗短路能力较强，但要防止负载支路开路。

2. EF$_2$ 类功率放大器

EF$_2$ 类功率放大器电路如图 2.7 所示，相比 E 类功率放大器，EF$_2$ 类功率放大器的开关管多并联了一条 L_nC_n 支路。该支路的固有频率为系统工作频率的 2 倍，提供的电压二次谐波分量叠加在电容 C_S 的电压上，从而削减了开关管电压峰值，降低了开关管的电压应力，并提升了功率输出能力。不过 EF$_2$ 类功率放大器仍没有解决负载敏感性的问题，且谐振网络参数的设计要求相对 E 类功率放大器而言更加苛刻。

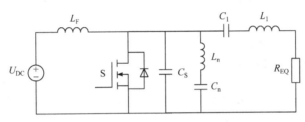

图 2.7　EF$_2$ 类功率放大器电路

3. 双 E 类功率放大器

将 E 类功率放大器拓展成推挽形式可以得到双 E 类功率放大器，如图 2.8 所示。两个开关管交替导通，输入到谐振网络的电压为全波波形。E 类功率放大器网络参数的设计方法可以直接应用于双 E 类功率放大器，只需把开关管的并联电容容值加倍即可。相比 E 类功率放大器，双 E 类功率放大器的功率输出能力得到了显著提升。在不提高开关管电压、电流应力的条件下，双 E 类功率放大器的输出电压基波提高了两倍，输出功率提升了 4 倍。但该电路需要增加一个开关管，提高了成本，同样对负载具有敏感性。

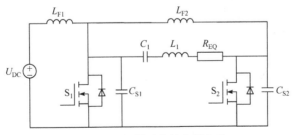

图 2.8　双 E 类功率放大器电路

2.1.3　高频逆变器的比较

不同类型高频逆变器的工作特性比较如表 2.1 所示，在实际应用中可根据不同的频率和功率场合选择合适的高频逆变器拓扑。

表 2.1　不同类型高频逆变器的工作特性对比

项目	电压型全桥逆变器	电流型全桥逆变器	电压型 D 类功率放大器	电流型 D 类功率放大器	基本 E 类功率放大器	EF₂ 类功率放大器	双 E 类功率放大器
开关管数量	4	4	2	2	1	1	2
开关管电压应力	U_{DC}	$\dfrac{\pi U_{DC}}{2}$	U_{DC}	πU_{DC}	$3.56 U_{DC}$	$2.316 U_{DC}$	$3.56 U_{DC}$
开关管电流应力	$\dfrac{\pi I_{DC}}{2}$	I_{DC}	πI_{DC}	I_{DC}	$2.86 I_{DC}$	$3.263 I_{DC}$	$1.43 I_{DC}$
输出功率	$\dfrac{0.81 U_{DC}^2}{R_{EQ}}$	$\dfrac{1.23 U_{DC}^2}{R_{EQ}+\dfrac{(\omega L_1)^2}{R_{EQ}}}$	$\dfrac{0.203 U_{DC}^2}{R_{EQ}}$	$\dfrac{4.935 U_{DC}^2}{R_{EQ}+\dfrac{(\omega L_1)^2}{R_{EQ}}}$	$\dfrac{0.577 U_{DC}^2}{R_{EQ}}$	$\dfrac{0.156 U_{DC}^2}{R_{EQ}}$	$\dfrac{2.307 U_{DC}^2}{R_{EQ}}$
主要应用频率	20～500kHz	20～500kHz	100kHz～10MHz	100kHz～20MHz	1～20MHz	1～20MHz	1～20MHz
主要应用功率	1～10kW	1kW～1MW	1W～1kW	1W～1kW	0.1～100W	0.1～100W	10W～1kW
软开关实现条件	输入阻抗呈弱感性	输入阻抗呈弱容性	输入阻抗呈弱感性	输入阻抗呈弱容性	输入阻抗角49.052°	输入阻抗角49.052°	输入阻抗角49.052°
短路、开路适应性	可开路，不可短路	可短路，不可开路	可开路，不可短路	可短路，不可开路	可短路，不可开路	可短路，不可开路	可短路，不可开路

注：U_{DC}、I_{DC} 分别为高频逆变器的输入电压、输入电流；R_{EQ} 为逆变器等效负载；L_1 为发射线圈电感；ω 为逆变器的工作角频率。

2.2　补偿网络的设计

2.2.1　ICPT 系统

在 ICPT 系统中，由于原边线圈和副边线圈之间耦合系数小，通常需要加入补偿网络以改善系统特性。补偿网络分为基本补偿网络和高阶补偿网络，其中基本补偿网络是指原边和副边均只采用一个电容进行补偿，而高阶补偿网络则是指原边或副边采用了多个电感、电容补偿元件。补偿网络的选择一般需要考虑以下几个方面[5]：

(1) 系统性能。加入补偿网络的主要目的是减小输入视在功率，也就是进行无功补偿，以提高系统传输效率和输出功率。

(2) 负载特性。根据需求实现系统输出电流或电压与负载解耦，即具有恒流(constant current，CC)或恒压(constant voltage，CV)特性。

(3) 系统稳定性。系统稳定工作的条件通常跟负载品质因数和补偿网络类型密切相关。

1. 基本补偿网络的设计

补偿电容与线圈的连接方式主要有串联(series，S)和并联(parallel，P)两种，因此，ICPT 系统的基本补偿结构有 4 种形式，即串联-串联(SS)、串联-并联(SP)、并联-串联(PS)和并联-并联(PP)，如图 2.9 所示。图中 M 为线圈之间的互感；L_1、R_1、L_2、R_2 分别为原边线圈、副边线圈的电感和等效内阻；C_1、C_2 分别为原边线圈和副边线圈的补偿电容；R_L 为等效负载电阻；u_s 为输入正弦电压。

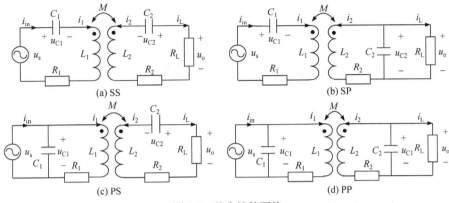

图 2.9　基本补偿网络

　　根据无功补偿的方法不同，ICPT 系统基本补偿网络的设计可分为系统无功全补偿和单独无功补偿两种[6]。

　　系统无功全补偿是指无论副边线圈采用何种补偿结构，副边线圈的补偿电容都设计为满足谐振条件，再使系统等效输入阻抗 Z_{in} 满足纯电阻特性，从而推导出原边线圈的补偿电容；单独无功补偿是指原边线圈和副边线圈的无功功率分别补偿为零，从而使得整个系统的无功功率为零。

　　相对于单独无功补偿，系统无功全补偿的设计方法较为简单，因此本节只讨论系统无功全补偿情况下的补偿网络设计。此外，一般情况下，由于副边线圈的内阻 R_2 很小，对输出功率的影响相对较小，故在分析时忽略 R_2。因此，在系统无功全补偿情况下，接收线圈的谐振条件为

$$\omega L_2 = \frac{1}{\omega C_2} \tag{2.12}$$

即无论补偿电容与副边线圈是采用串联还是并联结构，副边线圈的补偿电容 C_2 为

$$C_2 = \frac{1}{\omega^2 L_2} \tag{2.13}$$

1) SS 型补偿网络

　　当等效输入阻抗呈现纯电阻特性时，SS 型 ICPT 系统输入的无功功率为零，负载获得最大功率输出。

　　参见图 2.9(a)，SS 型 ICPT 系统的电路方程为

$$\begin{cases} i_1 R_1 + u_{C1} + L_1 \dfrac{di_1}{dt} + M \dfrac{di_2}{dt} = u_s \\[2mm] i_2 R_L + u_{C2} + L_2 \dfrac{di_2}{dt} + M \dfrac{di_1}{dt} = 0 \\[2mm] i_1 = C_1 \dfrac{du_{C1}}{dt} \\[2mm] i_2 = C_2 \dfrac{du_{C2}}{dt} \end{cases} \tag{2.14}$$

当系统稳定运行时，由于式(2.14)中所有变量都是同频正弦量，故可用以下相量方程表示

$$\begin{cases} \left[R_1 + j\left(\omega L_1 - \dfrac{1}{\omega C_1} \right) \right] \dot{I}_1 + j\omega M \dot{I}_2 = \dot{U}_{\mathrm{s}} \\ j\omega M \dot{I}_1 + \left[R_{\mathrm{L}} + j\left(\omega L_2 - \dfrac{1}{\omega C_2} \right) \right] \dot{I}_2 = 0 \end{cases} \tag{2.15}$$

式中，$\dot{U}_{\mathrm{s}}$ 为输入电压相量；$\dot{I}_1$、$\dot{I}_2$ 分别为流过原边线圈、副边线圈的电流相量；ω 为系统角频率。

由式(2.15)求得 $\dot{I}_1$、$\dot{I}_2$ 分别为

$$\begin{cases} \dot{I}_1 = \dfrac{Z_2 \dot{U}_{\mathrm{s}}}{R_1 Z_2 + (\omega M)^2} \\ \dot{I}_2 = -\dfrac{j\omega M \dot{U}_{\mathrm{s}}}{Z_1 Z_2 + (\omega M)^2} \end{cases} \tag{2.16}$$

式中，$Z_1 = R_1 + j\left(\omega L_1 - \dfrac{1}{\omega C_1} \right)$；$Z_2 = R_{\mathrm{L}} + j\left(\omega L_2 - \dfrac{1}{\omega C_2} \right)$。

由式(2.12)可得副边线圈的等效阻抗为

$$Z_2 = R_{\mathrm{L}} \tag{2.17}$$

进一步可得副边线圈的反射阻抗为

$$Z_{\mathrm{RF}} = \frac{(\omega M)^2}{R_{\mathrm{L}}} \tag{2.18}$$

则系统的等效输入阻抗为

$$Z_{\mathrm{in}} = Z_1 + Z_{\mathrm{RF}} = R_1 + j\left(\omega L_1 - \frac{1}{\omega C_1} \right) + \frac{(\omega M)^2}{R_{\mathrm{L}}} \tag{2.19}$$

要使系统的等效输入阻抗呈现纯电阻特性，还需满足

$$\mathrm{Im}(Z_{\mathrm{in}}) = \omega L_1 - \frac{1}{\omega C_1} = 0 \tag{2.20}$$

因此，可以归纳出 SS 型 ICPT 系统无功全补偿的条件如下

$$\begin{cases} \omega L_1 = \dfrac{1}{\omega C_1} \\ \omega L_2 = \dfrac{1}{\omega C_2} \end{cases} \tag{2.21}$$

由此得到原边线圈的补偿电容为

$$C_1 = \frac{1}{\omega^2 L_1} \tag{2.22}$$

此时系统的等效输入电阻为

$$Z_{\text{in}} = R_{\text{in}} = R_1 + \frac{(\omega M)^2}{R_L} \tag{2.23}$$

相应的负载电流为

$$\dot{I}_L = -\dot{I}_2 = \frac{\mathrm{j}\omega M \dot{U}_s}{Z_1 Z_2 + (\omega M)^2} = \frac{\mathrm{j}\omega M \dot{U}_s}{R_1 R_L + (\omega M)^2} \tag{2.24}$$

若忽略原边线圈内阻 R_1，则系统输出电流和输出电压为

$$\begin{cases} \dot{I}_L = \dfrac{\mathrm{j}\dot{U}_s}{\omega M} \\[3mm] \dot{U}_o = \dot{I}_L R_L = \dfrac{\mathrm{j}R_L \dot{U}_s}{\omega M} \end{cases} \tag{2.25}$$

由此可以看出，SS 型 ICPT 系统在无功全补偿情况下，具有恒流输出的特性。

综上可得 SS 型 ICPT 系统的输入功率为

$$P_{\text{in}} = \frac{U_s^2}{R_{\text{in}}} = \frac{R_L U_s^2}{R_1 R_L + (\omega M)^2} \tag{2.26}$$

以及输出功率为

$$P_o = I_L^2 R_L = \frac{(\omega M)^2 R_L U_s^2}{[R_1 R_L + (\omega M)^2]^2} \tag{2.27}$$

则传输效率为

$$\eta = \frac{P_o}{P_{\text{in}}} = \frac{\omega^2 M^2}{R_1 R_L + \omega^2 M^2} \tag{2.28}$$

2) SP 型补偿网络

参见图 2.9(b)，SP 型 ICPT 系统的电路方程如下

$$\begin{cases} i_1 R_1 + u_{C1} + L_1 \dfrac{\mathrm{d}i_1}{\mathrm{d}t} + M \dfrac{\mathrm{d}i_2}{\mathrm{d}t} = u_s \\[3mm] -i_L R_L + L_2 \dfrac{\mathrm{d}i_2}{\mathrm{d}t} + M \dfrac{\mathrm{d}i_1}{\mathrm{d}t} = 0 \\[3mm] i_1 = C_1 \dfrac{\mathrm{d}u_{C1}}{\mathrm{d}t} \\[3mm] i_2 = -\left(i_L + C_2 \dfrac{\mathrm{d}u_{C2}}{\mathrm{d}t} \right) = -\left(i_L + R_L C_2 \dfrac{\mathrm{d}i_L}{\mathrm{d}t} \right) \end{cases} \tag{2.29}$$

同理，式(2.29)可用以下相量方程表示

$$\begin{cases} \left[R_1 + \mathrm{j}\left(\omega L_1 - \dfrac{1}{\omega C_1} \right) \right] \dot{I}_1 + \mathrm{j}\omega M \dot{I}_2 = \dot{U}_s \\[3mm] \mathrm{j}\omega M \dot{I}_1 + \mathrm{j}\omega L_2 \dot{I}_2 - R_L \dot{I}_L = 0 \\[3mm] \dot{I}_L = -\dfrac{\dot{I}_L + \dot{I}_2}{\mathrm{j}\omega C_2 R_L} \end{cases} \tag{2.30}$$

式中，$\dot{I}_L$ 为负载电流相量。

由式(2.30)求得 $\dot{I}_1$、$\dot{I}_2$ 分别为

$$\begin{cases} \dot{I}_1 = \dfrac{Z_2 \dot{U}_s}{Z_1 Z_2 + (\omega M)^2} \\[4mm] \dot{I}_2 = -\dfrac{\mathrm{j}\omega M \dot{U}_s}{Z_1 Z_2 + (\omega M)^2} \end{cases} \tag{2.31}$$

式中，$Z_1 = R_1 + \mathrm{j}\left(\omega L_1 - \dfrac{1}{\omega C_1}\right)$；$Z_2 = \mathrm{j}\omega L_2 + \dfrac{1}{\dfrac{1}{R_L} + \mathrm{j}\omega C_2}$。

根据式(2.12)，可得副边线圈的等效阻抗为

$$Z_2 = \frac{(\omega L_2)^2 (R_L + \mathrm{j}\omega L_2)}{(\omega L_2)^2 + R_L^2} \tag{2.32}$$

由此可得副边线圈的反射阻抗为

$$Z_{RF} = \frac{(\omega M)^2}{Z_2} = \frac{M^2 R_L}{L_2^2} - \frac{\mathrm{j}\omega M^2}{L_2} \tag{2.33}$$

系统的等效输入阻抗为

$$Z_{in} = Z_1 + Z_{RF} = \left(R_1 + \frac{M^2 R_L}{L_2^2}\right) + \mathrm{j}\left(\omega L_1 - \frac{1}{\omega C_1} - \frac{\omega M^2}{L_2}\right) \tag{2.34}$$

要使系统的等效输入阻抗呈现纯电阻特性，还需满足

$$\mathrm{Im}(Z_{in}) = \omega L_1 - \frac{1}{\omega C_1} - \frac{\omega M^2}{L_2} = 0 \tag{2.35}$$

因此，可以归纳出 SP 型 ICPT 系统无功全补偿的条件如下

$$\begin{cases} \omega L_1 = \dfrac{1}{\omega C_1} + \dfrac{\omega M^2}{L_2} \\[4mm] \omega L_2 = \dfrac{1}{\omega C_2} \end{cases} \tag{2.36}$$

则得到原边线圈的补偿电容为

$$C_1 = \frac{L_2}{\omega^2 (L_1 L_2 - M^2)} \tag{2.37}$$

以及系统的等效输入电阻为

$$Z_{in} = R_{in} = R_1 + \frac{M^2 R_L}{L_2^2} \tag{2.38}$$

相应的负载电流为

$$\dot{I}_L = -\frac{\dot{I}_2}{1 + \mathrm{j}\omega C_2 R_L} = \frac{M L_2 \dot{U}_s}{M^2 R_L + R_1 L_2^2} \tag{2.39}$$

若忽略原边线圈内阻 R_1，则系统输出电流和输出电压为

$$\begin{cases} \dot{I}_{\mathrm{L}} = \dfrac{L_2 \dot{U}_{\mathrm{s}}}{M R_{\mathrm{L}}} \\[3mm] \dot{U}_{\mathrm{o}} = \dfrac{L_2 \dot{U}_{\mathrm{s}}}{M} \end{cases} \tag{2.40}$$

由此可以看出，SP 型 ICPT 系统在无功全补偿情况下，具有恒压输出的特性。

综上可得 SP 型 ICPT 系统的输入功率为

$$P_{\mathrm{in}} = \frac{U_{\mathrm{s}}^2}{R_{\mathrm{in}}} = \frac{L_2^2 U_{\mathrm{s}}^2}{R_1 L_2^2 + M^2 R_{\mathrm{L}}} \tag{2.41}$$

输出功率为

$$P_{\mathrm{o}} = I_{\mathrm{L}}^2 R_{\mathrm{L}} = \frac{M^2 L_2^2 R_{\mathrm{L}} U_{\mathrm{s}}^2}{(M^2 R_{\mathrm{L}} + R_1 L_2^2)^2} \tag{2.42}$$

则传输效率为

$$\eta = \frac{P_{\mathrm{o}}}{P_{\mathrm{in}}} = \frac{M^2 R_{\mathrm{L}}}{M^2 R_{\mathrm{L}} + R_1 L_2^2} \tag{2.43}$$

3) PS 型补偿网络

参见图 2.9(c)，PS 型 ICPT 系统的电路方程如下

$$\begin{cases} i_1 R_1 + L_1 \dfrac{\mathrm{d}i_1}{\mathrm{d}t} + M \dfrac{\mathrm{d}i_2}{\mathrm{d}t} = u_{\mathrm{s}} \\[3mm] i_2 R_{\mathrm{L}} + L_2 \dfrac{\mathrm{d}i_2}{\mathrm{d}t} + u_{C2} + M \dfrac{\mathrm{d}i_1}{\mathrm{d}t} = 0 \\[3mm] i_1 = i_{\mathrm{in}} - C_1 \dfrac{\mathrm{d}u_{C1}}{\mathrm{d}t} = i_{\mathrm{in}} - C_1 \dfrac{\mathrm{d}u_{\mathrm{s}}}{\mathrm{d}t} \\[3mm] i_2 = C_2 \dfrac{\mathrm{d}u_{C2}}{\mathrm{d}t} \end{cases} \tag{2.44}$$

式(2.44)对应的相量方程为

$$\begin{cases} (R_1 + \mathrm{j}\omega L_1)\dot{I}_1 + \mathrm{j}\omega M \dot{I}_2 = \dot{U}_{\mathrm{s}} \\[3mm] \mathrm{j}\omega M \dot{I}_1 + \left[R_{\mathrm{L}} + \mathrm{j}\left(\omega L_2 - \dfrac{1}{\omega C_2} \right) \right] \dot{I}_2 = 0 \\[3mm] \dot{I}_{\mathrm{in}} - \dot{I}_1 = \mathrm{j}\omega C_1 \dot{U}_{\mathrm{s}} \end{cases} \tag{2.45}$$

式中，$\dot{I}_{\mathrm{in}}$ 为输入电流相量。

由式(2.45)求得 $\dot{I}_1$、$\dot{I}_2$ 分别为

$$\begin{cases} \dot{I}_1 = \dfrac{Z_2 \dot{U}_{\mathrm{s}}}{Z_1 Z_2 + (\omega M)^2} \\[3mm] \dot{I}_2 = -\dfrac{\mathrm{j}\omega M \dot{U}_{\mathrm{s}}}{Z_1 Z_2 + (\omega M)^2} \end{cases} \tag{2.46}$$

式中，$Z_1 = R_1 + \mathrm{j}\omega L_1$；$Z_2 = R_L + \mathrm{j}\left(\omega L_2 - \dfrac{1}{\omega C_2}\right)$。

根据式(2.12)，可得副边线圈的等效阻抗为

$$Z_2 = R_L \tag{2.47}$$

由此可得副边线圈的反射阻抗为

$$Z_{RF} = \frac{(\omega M)^2}{R_L} \tag{2.48}$$

系统的等效输入阻抗为

$$Z_{in} = \cfrac{1}{\cfrac{1}{R_1 + \mathrm{j}\omega L_1 + Z_{RF}} + \mathrm{j}\omega C_1}$$

$$= \frac{[R_1 R_L + (\omega M)^2]R_L + \mathrm{j}\omega\{L_1 R_L^2(1 - \omega^2 L_1 C_1) - C_1[R_1 R_L + (\omega M)^2]^2\}}{R_L^2(1 - \omega^2 L_1 C_1)^2 + (\omega C_1)^2[R_1 R_L + (\omega M)^2]^2} \tag{2.49}$$

要使系统的等效输入阻抗呈现纯电阻特性，还需满足

$$\mathrm{Im}(Z_{in}) = \frac{\omega\{L_1 R_L^2(1 - \omega^2 L_1 C_1) - C_1[R_1 R_L + (\omega M)^2]^2\}}{R_L^2(1 - \omega^2 L_1 C_1)^2 + (\omega C_1)^2[R_1 R_L + (\omega M)^2]^2} = 0 \tag{2.50}$$

因此，可以归纳出 PS 型 ICPT 系统无功全补偿的条件如下

$$\begin{cases} \omega L_1 = \dfrac{1}{\omega C_1} - \dfrac{[R_1 R_L + (\omega M)^2]^2}{\omega L_1 R_L^2} \\ \omega L_2 = \dfrac{1}{\omega C_2} \end{cases} \tag{2.51}$$

则得到发射线圈的补偿电容为

$$C_1 = \frac{L_1 R_L^2}{(\omega L_1)^2 R_L^2 + [R_1 R_L + (\omega M)^2]^2} \tag{2.52}$$

以及系统的等效输入电阻为

$$Z_{in} = R_{in} = \frac{(\omega L_1)^2 R_L^2 + [R_1 R_L + (\omega M)^2]^2}{R_L[R_1 R_L + (\omega M)^2]} \tag{2.53}$$

相应的负载电流如下

$$\dot{I}_L = -\dot{I}_2 = \frac{\omega M[\omega L_1 R_L + \mathrm{j}(R_1 R_L + \omega^2 M^2)]\dot{U}_s}{(\omega L_1)^2 R_L^2 + [R_1 R_L + (\omega M)^2]^2} \tag{2.54}$$

若忽略线圈内阻 R_1，则系统输出电流和输出电压为

$$\begin{cases} \dot{I}_L = \dfrac{M(L_1 R_L + \mathrm{j}\omega M^2)\dot{U}_s}{\omega^2 M^4 + L_1^2 R_L^2} \\ \dot{U}_o = \dfrac{M R_L(L_1 R_L + \mathrm{j}\omega M^2)\dot{U}_s}{\omega^2 M^4 + L_1^2 R_L^2} \end{cases} \tag{2.55}$$

由此可以看出，PS 型 ICPT 系统在无功全补偿情况下，输出电流和输出电压均与负载有关，因此不具有恒流或恒压特性。

综上可得，PS 型 ICPT 系统的输入功率为

$$P_{in} = \frac{U_s^2}{R_{in}} = \frac{R_L[R_1 R_L + (\omega M)^2]U_s^2}{(\omega L_1)^2 R_L^2 + [R_1 R_L + (\omega M)^2]^2} \tag{2.56}$$

以及输出功率为

$$P_o = I_L^2 R_L = \frac{(\omega M)^2 R_L U_s^2}{(\omega L_1)^2 R_L^2 + [R_1 R_L + (\omega M)^2]^2} \tag{2.57}$$

则传输效率为

$$\eta = \frac{P_o}{P_{in}} = \frac{(\omega M)^2}{R_1 R_L + (\omega M)^2} \tag{2.58}$$

4) PP 型补偿网络

参见图 2.9(d)，PP 型 ICPT 系统的电路方程如下

$$\begin{cases} i_1 R_1 + L_1 \dfrac{di_1}{dt} + M \dfrac{di_2}{dt} = u_s \\ -i_L R_L + L_2 \dfrac{di_2}{dt} + M \dfrac{di_1}{dt} = 0 \\ i_1 = i_{in} - C_1 \dfrac{du_{C1}}{dt} = i_{in} - C_1 \dfrac{du_s}{dt} \\ i_2 = -\left(i_L + C_2 \dfrac{du_{C2}}{dt} \right) = -\left(i_L + R_L C_2 \dfrac{di_L}{dt} \right) \end{cases} \tag{2.59}$$

同样，式(2.59)可用以下相量方程表示

$$\begin{cases} (R_1 + j\omega L_1)\dot{I}_1 + j\omega M \dot{I}_2 = \dot{U}_s \\ j\omega M \dot{I}_1 + j\omega L_2 \dot{I}_2 - R_L \dot{I}_L = 0 \\ \dot{I}_{in} - \dot{I}_1 = j\omega C_1 \dot{U}_s \\ \dot{I}_L = -\dfrac{\dot{I}_L + \dot{I}_2}{j\omega C_2 R_L} \end{cases} \tag{2.60}$$

式中，$\dot{I}_{in}$ 为输入电流相量。

由式(2.60)求得 $\dot{I}_1$、$\dot{I}_2$ 分别为

$$\begin{cases} \dot{I}_1 = \dfrac{Z_2 \dot{U}_s}{Z_1 Z_2 + (\omega M)^2} \\ \dot{I}_2 = -\dfrac{j\omega M \dot{U}_s}{Z_1 Z_2 + (\omega M)^2} \end{cases} \tag{2.61}$$

式中，$Z_1 = R_1 + j\omega L_1$；$Z_2 = j\omega L_2 + \dfrac{1}{\dfrac{1}{R_L} + j\omega C_2}$。

根据式(2.12)，可得副边线圈的等效阻抗为

$$Z_2 = \frac{(\omega L_2)^2 (R_L + j\omega L_2)}{(\omega L_2)^2 + R_L^2} \tag{2.62}$$

由此可得副边线圈的反射阻抗为

$$Z_{RF} = \frac{(\omega M)^2}{Z_2} = \frac{M^2 R_L}{L_2^2} - \frac{j\omega M^2}{L_2} \tag{2.63}$$

系统的等效输入阻抗为

$$Z_{in} = \cfrac{1}{\cfrac{1}{R_1 + j\omega L_1 + Z_{RF}} + j\omega C_1}$$

$$= \frac{(R_1 L_2^2 + M^2 R_L)L_2^2 + j\omega\{L_2^2[L_2 - \omega^2 C_1(L_1 L_2 - M^2)](L_1 L_2 - M^2) - C_1(R_1 L_2^2 + M^2 R_L)^2\}}{[L_2^2 - \omega^2 C_1 L_2(L_1 L_2 - M^2)]^2 + \omega^2 C_1^2(R_1 L_2^2 + M^2 R_L)^2} \tag{2.64}$$

要使系统的等效输入阻抗呈现纯电阻特性，还需满足

$$Im(Z_{in}) = \frac{\omega L_2^2[L_2 - \omega^2 C_1(L_1 L_2 - M^2)](L_1 L_2 - M^2) - \omega C_1(R_1 L_2^2 + M^2 R_L)^2}{[L_2^2 - \omega^2 C_1 L_2(L_1 L_2 - M^2)]^2 + \omega^2 C_1^2(R_1 L_2^2 + M^2 R_L)^2} = 0 \tag{2.65}$$

因此，可以归纳出 PP 型 ICPT 系统无功全补偿的条件如下

$$\begin{cases} \omega L_1 = \dfrac{1}{\omega C_1} + \dfrac{\omega M^2}{L_2} - \dfrac{\left(R_1 + \dfrac{M^2 R_L}{L_2^2}\right)^2}{\omega L_1 - \dfrac{\omega M^2}{L_2}} \\ \omega L_2 = \dfrac{1}{\omega C_2} \end{cases} \tag{2.66}$$

则得到原边线圈的补偿电容为

$$C_1 = \frac{L_1 - \dfrac{M^2}{L_2}}{\omega^2 \left(L_1 - \dfrac{M^2}{L_2}\right)^2 + \left(R_1 + \dfrac{M^2 R_L}{L_2^2}\right)^2} \tag{2.67}$$

以及系统的等效输入电阻为

$$Z_{in} = R_{in} = \frac{\left[\omega^2\left(L_1 - \dfrac{M^2}{L_2}\right)^2 + \left(R_1 + \dfrac{M^2 R_L}{L_2^2}\right)^2\right]}{R_1 + \dfrac{M^2 R_L}{L_2^2}} \tag{2.68}$$

相应的负载电流如下

$$\dot{I}_L = -\frac{\dot{I}_2}{1+j\omega C_2 R_L} = \frac{ML_2[(R_1L_2^2+M^2R_L)-j\omega L_2(L_1L_2-M^2)]\dot{U}_s}{(R_1L_2^2+M^2R_L)^2+\omega^2 L_2^2(L_1L_2-M^2)^2} \tag{2.69}$$

若忽略线圈内阻 R_1，则系统输出电流和输出电压为

$$\begin{cases} \dot{I}_L = \dfrac{ML_2[M^2R_L-j\omega L_2(L_1L_2-M^2)]\dot{U}_s}{(M^2R_L)^2+\omega^2 L_2^2(L_1L_2-M^2)^2} \\[4mm] \dot{U}_o = \dfrac{ML_2R_L[M^2R_L-j\omega L_2(L_1L_2-M^2)]\dot{U}_s}{(M^2R_L)^2+\omega^2 L_2^2(L_1L_2-M^2)^2} \end{cases} \tag{2.70}$$

由此可以看出，PP 型 ICPT 系统在无功全补偿情况下，输出电流和输出电压均与负载有关，因此不具有恒流或恒压特性。

综上可得，PP 型 ICPT 系统的输入功率为

$$P_{in} = \frac{U_s^2}{R_{in}} = \frac{L_2^2(L_2^2 R_1+M^2 R_L)U_s^2}{\omega^2 L_2^2(L_1L_2-M^2)^2+(L_2^2 R_1+M^2 R_L)^2} \tag{2.71}$$

输出功率为

$$P_o = I_L^2 R_L = \frac{M^2 L_2^2 R_L U_s^2}{(L_2^2 R_1+M^2 R_L)^2+\omega^2 L_2^2(L_1L_2-M^2)^2} \tag{2.72}$$

则传输效率为

$$\eta = \frac{P_o}{P_{in}} = \frac{M^2 R_L}{L_2^2 R_1+M^2 R_L} \tag{2.73}$$

2. 基本补偿网络的比较

令 SS、SP、PS、PP 型 ICPT 系统的输出功率对互感的导数 $\dfrac{dP_o}{dM}=0$，可得对应于最大输出功率的互感值 M_{op}。根据变压器原理，$M=k\sqrt{L_1L_2}$，$0\leqslant k\leqslant 1$，故 $M_{op}\leqslant\sqrt{L_1L_2}$。由 M_{op} 进而得到最大输出功率对应的传输效率 η_{op}。根据以上分析，表 2.2 归纳了在无功全补偿情况下采用基本补偿网络 ICPT 系统的参数选择和输出特性。

表 2.2　无功全补偿情况下采用基本补偿网络 ICPT 系统的参数选择和输出特性

补偿网络类型	SS	SP	PS	PP
原边补偿电容 C_1	$\dfrac{1}{\omega^2 L_1}$	$\dfrac{L_2}{\omega^2(L_1L_2-M^2)}$	$\dfrac{L_1 R_L^2}{(\omega L_1)^2 R_L^2+[R_1R_L+(\omega M)^2]^2}$	$\dfrac{L_1-\dfrac{M^2}{L_2}}{\omega^2\left(L_1-\dfrac{M^2}{L_2}\right)^2+\left(R_1+\dfrac{M^2 R_L}{L_2^2}\right)^2}$
副边补偿电容 C_2	$\dfrac{1}{\omega^2 L_2}$	$\dfrac{1}{\omega^2 L_2}$	$\dfrac{1}{\omega^2 L_2}$	$\dfrac{1}{\omega^2 L_2}$
输出电流 $\dot{I}_L$	$\dfrac{j\omega M\dot{U}_s}{R_1 R_L+(\omega M)^2}$	$\dfrac{ML_2\dot{U}_s}{M^2 R_L+R_1 L_2^2}$	$\dfrac{\omega M[\omega L_1 R_L+j(R_1 R_L+\omega^2 M^2)]\dot{U}_s}{\omega^2 L_1^2 R_L^2+(R_1 R_L+\omega^2 M^2)^2}$	$\dfrac{ML_2[(R_1L_2^2+M^2R_L)-j\omega L_2(L_1L_2-M^2)]\dot{U}_s}{(R_1L_2^2+M^2R_L)^2+\omega^2 L_2^2(L_1L_2-M^2)^2}$

续表

补偿网络类型	SS	SP	PS	PP
输出电压 $\dot{U}_o$	$\dfrac{j\omega M R_L \dot{U}_s}{R_1 R_L + (\omega M)^2}$	$\dfrac{M L_2 R_L \dot{U}_s}{M^2 R_L + R_1 L_2^2}$	$\dfrac{\omega M R_L[\omega L_1 R_L + j(R_1 R_L + \omega^2 M^2)]\dot{U}_s}{\omega^2 L_1^2 R_L^2 + (R_1 R_L + \omega^2 M^2)^2}$	$\dfrac{M L_2 R_L[(R_1 L_2^2 + M^2 R_L) - j\omega L_2(L_1 L_2 - M^2)]\dot{U}_s}{(R_1 L_2^2 + M^2 R_L)^2 + \omega^2 L_2^2(L_1 L_2 - M^2)^2}$
输出特性(忽略 R_1)	恒流	恒压	无恒流恒压特性	无恒流恒压特性
输出功率 P_o	$\dfrac{(\omega M)^2 R_L U_s^2}{[R_1 R_L + (\omega M)^2]^2}$	$\dfrac{M^2 L_2^2 R_L U_s^2}{(M^2 R_L + R_1 L_2^2)^2}$	$\dfrac{(\omega M)^2 R_L U_s^2}{(\omega L_1)^2 R_L^2 + [R_1 R_L + (\omega M)^2]^2}$	$\dfrac{M^2 L_2^2 R_L U_s^2}{(L_2^2 R_1 + M^2 R_L)^2 + \omega^2 L_2^2(L_1 L_2 - M^2)^2}$
传输效率 η	$\dfrac{(\omega M)^2}{R_1 R_L + (\omega M)^2}$	$\dfrac{M^2 R_L}{M^2 R_L + L_2^2 R_1}$	$\dfrac{(\omega M)^2}{R_1 R_L + (\omega M)^2}$	$\dfrac{M^2 R_L}{M^2 R_L + L_2^2 R_1}$
最大传输功率时的互感 M_{op}	$\dfrac{\sqrt{R_1 R_L}}{\omega}$	$L_2\sqrt{\dfrac{R_1}{R_L}}$	$\dfrac{\sqrt[4]{R_1^2\left(R_1^2 + \omega^2 L_1^2\right)}}{\omega}$	$L_2\sqrt[4]{\dfrac{(\omega L_1)^2 + R_1^2}{(\omega L_2)^2 + R_L^2}}$
最大传输功率时的传输效率 η_{op}	50%	50%	$\dfrac{1}{\dfrac{R_1}{R_L}\sqrt{\dfrac{(\omega L_2)^2 + R_L^2}{(\omega L_1)^2 + R_1^2}} + 1}$	$\dfrac{1}{\dfrac{R_1}{R_L}\sqrt{\dfrac{(\omega L_2)^2 + R_L^2}{(\omega L_1)^2 + R_1^2}} + 1}$

由表 2.2 可得出以下结论。

(1) SS 型补偿网络原边补偿电容 C_1 的大小与线圈之间的互感和负载无关,可用于原、副边存在相对运动的场合,即使在耦合系数较小情况下也能实现能量的高效率传输。但在轻载或空载时,SS 型补偿网络的输入阻抗仅为原边线圈的内阻,存在短路危险。

(2) SP 型补偿网络原边补偿电容 C_1 的大小与原、副边线圈的互感 M 相关,且 M 值越大,C_1 也越大,因此 SP 型补偿网络适合于原、副边相对静止和负载变化较大的系统。与 SS 型类似,在空载情况下,SP 型补偿网络的输入阻抗仅为原边线圈的内阻,需采取限流措施。

(3) PS 和 PP 型补偿网络原边补偿电容 C_1 的大小既受原、副边线圈互感的影响,也受负载的影响,因此原边采取并联补偿的拓扑结构更适合于原、副边相对静止且负载相对固定的系统。

(4) 在无功全补偿的情况下,SS 型补偿网络的输出电流与负载无关,具有恒流输出特性;SP 型补偿网络的输出电压与负载无关,具有恒压输出特性;但 PS 和 PP 型补偿网络的输出电压和输出电流均与负载相关,不具有恒流或恒压输出特性。

(5) 对于 SS 和 SP 型补偿网络,在输出功率最大时,传输效率仅为 50%。对于 PS 和 PP 型补偿网络,传输效率通常可达 90%以上,但输出功率较小,因此设计时需综合考虑输出功率与传输效率。

3. 高阶补偿网络的设计

除了 SS、SP、PS、PP 4 种基本补偿网络外,SPS、LCL、LCC 等高阶补偿网络也受到了广泛的关注。

图 2.10 所示为常用的几种高阶补偿网络，图中，L_1、C_1、R_1 分别是原边线圈的自感、补偿电容和内阻；L_2、C_2、R_2 分别是副边线圈的自感、补偿电容和内阻；M 是互感；R_L 是负载电阻；L_{f1}、C_{f1} 分别为原边的附加谐振电感和附加谐振电容；L_{f2}、C_{f2} 分别为副边的附加谐振电感和附加谐振电容。

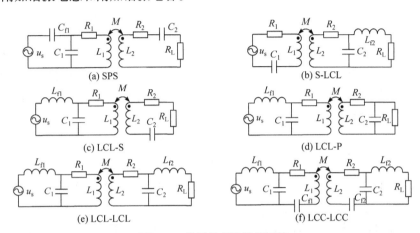

图 2.10　常用的高阶补偿网络

1) SPS 型补偿网络

图 2.10(a)所示的 SPS 型拓扑结构由 S 和 PS 两种基本补偿网络组合而成，故结合了 S 型拓扑和 PS 型拓扑的特点，其等效电路图如图 2.11 所示。其中，原边线圈的阻抗为 $Z_1 = R_1 + \mathrm{j}\omega L_1$，副边总阻抗为 $Z_2 = R_2 + R_L + \mathrm{j}\left(\omega L_2 - \dfrac{1}{\omega C_2}\right)$，副边等效到原边的等效阻抗为 $Z_{EQ} = \dfrac{(\omega M)^2}{Z_2}$。

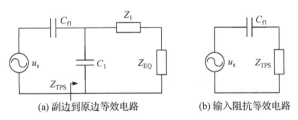

图 2.11　SPS 型补偿网络的等效电路

SPS 型补偿电容的设计将遵循以下过程。首先假设副边的谐振频率为 ω_2，故副边补偿电容 C_2 的大小为

$$C_2 = \frac{1}{\omega_2^2 L_2} \tag{2.74}$$

然后设计 PS 补偿网络的谐振电容 C_{1PS}，其定义为

$$C_{1PS} = \frac{L_2 C_2}{L_1 + \dfrac{M^4}{L_1 L_2 C_2 R_L^2}} \tag{2.75}$$

若谐振电容 $C_1 = C_{1PS}$，则整个系统将以谐振方式运行，此时无需电容 C_{f1}。

如图 2.11(a)所示，设原边线圈阻抗 Z_1 和副边反射到原边的等效阻抗 Z_{EQ} 之和为

$$Z_{11} = Z_1 + Z_{EQ} \tag{2.76}$$

由此得到图 2.11(b)中的阻抗 Z_{TPS} 为

$$Z_{TPS} = \frac{Z_{11}}{1 + j\omega C_1 Z_{11}} \tag{2.77}$$

ICPT 系统原、副边线圈的偏移通常会导致互感 M 的变化，根据式(2.75)可知，电容 C_1 的理想电容值 C_{1PS} 会发生变化。设 $C_1 = K_C C_{1PS}$，且 $K_C < 1$，此时系统输入阻抗 Z_{TPS} 的虚部不为零且呈现感性。为了保证系统能够谐振运行，需要设计 C_{f1} 的大小来消除输入阻抗 Z_{TPS} 的虚部，如下所示：

$$C_{f1} = \frac{1}{\omega \cdot \text{Im}(Z_{TPS})} \tag{2.78}$$

与 PS 型补偿网络相比，SPS 型补偿网络的输入阻抗受互感 M 的影响较小，其输出电压、电流和功率受互感 M 的影响也相对较小[7]。因此，选择合适的 K_C，即合适的电容 C_1，可以使输入阻抗、输出功率在互感 M 发生变化时保持稳定。当原边线圈和副边线圈的相对位置发生改变，即线圈之间的互感发生改变时，SPS 型 ICPT 系统的输出功率仍然可以保持在额定值附近。

2) S-LCL 型补偿网络

在 SP 型基本补偿网络的输出侧串联附加谐振电感 L_{f2}，可得到如图 2.10(b)所示的 S-LCL 型补偿网络，其等效电路模型如图 2.12 所示。

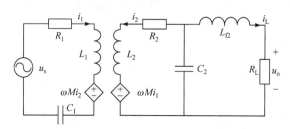

图 2.12　S-LCL 型补偿网络的等效电路

该等效电路的网孔电压方程为

$$\begin{cases} \dot{U}_s = \left(R_1 + j\omega L_1 + \dfrac{1}{j\omega C_1} \right)\dot{I}_1 + j\omega M \dot{I}_2 \\ \dot{U}_o = R_L \dot{I}_L = (R_2 + j\omega L_2)\dot{I}_2 + j\omega M \dot{I}_1 - j\omega L_{f2}\dot{I}_L \\ (R_2 + j\omega L_2)\dot{I}_2 + j\omega M \dot{I}_1 + \dfrac{1}{j\omega C_2}(\dot{I}_L + \dot{I}_2) = 0 \end{cases} \tag{2.79}$$

整理可得

$$\begin{cases} \dot{U}_s = R_1 \dot{I}_1 + \mathrm{j}\omega M \dot{I}_2 + \left(\mathrm{j}\omega L_1 + \dfrac{1}{\mathrm{j}\omega C_1}\right)\dot{I}_1 \\[3mm] \dot{U}_o = -\left(\dfrac{\dot{I}_L + \dot{I}_2}{\mathrm{j}\omega C_2} + \mathrm{j}\omega L_{f2}\dot{I}_L\right) \\[3mm] R_2 \dot{I}_2 + \left(\mathrm{j}\omega L_2 + \dfrac{1}{\mathrm{j}\omega C_2}\right)\dot{I}_2 + \mathrm{j}\omega M \dot{I}_1 + \dfrac{1}{\mathrm{j}\omega C_2}\dot{I}_L = 0 \end{cases} \tag{2.80}$$

当 $L_{f2} = L_2$ 且系统谐振时，有

$$\begin{cases} \mathrm{j}\omega L_1 + \dfrac{1}{\mathrm{j}\omega C_1} = 0 \\[3mm] \mathrm{j}\omega L_{f2} + \dfrac{1}{\mathrm{j}\omega C_2} = 0 \\[3mm] \mathrm{j}\omega L_2 + \dfrac{1}{\mathrm{j}\omega C_2} = 0 \end{cases} \tag{2.81}$$

设谐振频率 $\omega = \dfrac{1}{\sqrt{L_1 C_1}} = \dfrac{1}{\sqrt{L_2 C_2}}$，将式(2.81)代入式(2.80)，可得

$$\begin{cases} \dot{U}_s = R_1 \dot{I}_1 + \mathrm{j}\omega M \dot{I}_2 \\[3mm] \dot{U}_o = -\dfrac{1}{\mathrm{j}\omega C_2}\dot{I}_2 \\[3mm] R_2 \dot{I}_2 + \mathrm{j}\omega M \dot{I}_1 + \dfrac{1}{\mathrm{j}\omega C_2}\dot{I}_L = 0 \end{cases} \tag{2.82}$$

忽略内阻 R_1 和 R_2，可得

$$\begin{cases} \dot{U}_s = \mathrm{j}\omega M \dot{I}_2 \\[3mm] \dot{U}_o = -\dfrac{1}{\mathrm{j}\omega C_2}\dot{I}_2 = \mathrm{j}\omega L_2 \dot{I}_2 \\[3mm] \mathrm{j}\omega M \dot{I}_1 = -\dfrac{1}{\mathrm{j}\omega C_2}\dot{I}_L = \mathrm{j}\omega L_2 \dot{I}_L \end{cases} \tag{2.83}$$

此时输出电压和输出电流为

$$\begin{cases} \dot{U}_o = \dfrac{L_2 \dot{U}_s}{M} \\[3mm] \dot{I}_L = \dfrac{L_2 \dot{U}_s}{M R_L} \end{cases} \tag{2.84}$$

可见输出电压不随负载变化而变化，故 S-LCL 型补偿网络具有恒压特性。

3) LCL-S 型补偿网络

在 PS 型基本补偿网络的输入端串联附加谐振电感，可得到如图 2.10(c)所示的 LCL-S

型补偿网络，其等效电路模型如图 2.13 所示。

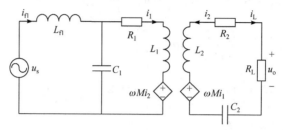

图 2.13　LCL-S 型补偿网络的等效电路

该等效电路的网孔电压方程为

$$
\begin{cases}
\dot{U}_s = j\omega L_{f1}\dot{I}_{f1} + \left(R_1 + j\omega L_1\right)\dot{I}_1 + j\omega M\dot{I}_2 \\[2mm]
\left(R_1 + j\omega L_1\right)\dot{I}_1 + j\omega M\dot{I}_2 = \dfrac{1}{j\omega C_1}\left(\dot{I}_{f1} - \dot{I}_1\right) \\[2mm]
\dot{U}_o = R_L\dot{I}_L = \left(R_2 + j\omega L_2 + \dfrac{1}{j\omega C_2}\right)\dot{I}_2 + j\omega M\dot{I}_1
\end{cases}
\tag{2.85}
$$

整理可得

$$
\begin{cases}
\dot{U}_s = -\dfrac{1}{j\omega C_1}\dot{I}_1 + \left(j\omega L_{f1} + \dfrac{1}{j\omega C_1}\right)\dot{I}_{f1} \\[2mm]
\dot{U}_o = R_2\dot{I}_2 + \left(j\omega L_2 + \dfrac{1}{j\omega C_2}\right)\dot{I}_2 + j\omega M\dot{I}_1 \\[2mm]
R_1\dot{I}_1 + \left(j\omega L_1 + \dfrac{1}{j\omega C_1}\right)\dot{I}_1 + j\omega M\dot{I}_2 = \dfrac{1}{j\omega C_1}\dot{I}_{f1}
\end{cases}
\tag{2.86}
$$

当 $L_{f1} = L_1$ 且系统谐振时，有

$$
\begin{cases}
j\omega L_{f1} + \dfrac{1}{j\omega C_1} = 0 \\[2mm]
j\omega L_2 + \dfrac{1}{j\omega C_2} = 0 \\[2mm]
j\omega L_1 + \dfrac{1}{j\omega C_1} = 0
\end{cases}
\tag{2.87}
$$

设谐振频率 $\omega = \dfrac{1}{\sqrt{L_1 C_1}} = \dfrac{1}{\sqrt{L_2 C_2}}$ ，将式(2.87)代入式(2.86)，可得

$$
\begin{cases}
\dot{U}_s = -\dfrac{1}{j\omega C_1}\dot{I}_1 \\[2mm]
\dot{U}_o = R_2\dot{I}_2 + j\omega M\dot{I}_1 \\[2mm]
R_1\dot{I}_1 + j\omega M\dot{I}_2 = \dfrac{1}{j\omega C_1}\dot{I}_{f1}
\end{cases}
\tag{2.88}
$$

忽略内阻 R_1 和 R_2，可得

$$\begin{cases} \dot{U}_s = -\dfrac{1}{j\omega C_1}\dot{I}_1 = j\omega L_1\dot{I}_1 \\[3mm] \dot{U}_o = j\omega M\dot{I}_1 \\[3mm] j\omega M\dot{I}_2 = \dfrac{1}{j\omega C_1}\dot{I}_{f1} = -j\omega L_1\dot{I}_{f1} \end{cases} \tag{2.89}$$

此时输出电压和输出电流为

$$\begin{cases} \dot{U}_o = \dfrac{M\dot{U}_s}{L_1} \\[3mm] \dot{I}_L = -\dot{I}_2 = \dfrac{M\dot{U}_s}{L_1 R_L} \end{cases} \tag{2.90}$$

可见输出电压不随负载变化而变化，故 LCL-S 型补偿网络具有恒压特性。

4) LCL-P 型补偿网络

在 PP 型基本补偿网络的输入端串联附加谐振电感 L_{f1}，可得到如图 2.10(d)所示的 LCL-P 型补偿网络，其等效电路模型如图 2.14 所示。

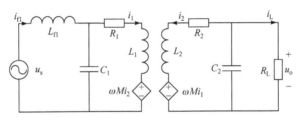

图 2.14　LCL-P 型补偿网络的等效电路

该等效电路的网孔电压方程为

$$\begin{cases} \dot{U}_s = j\omega L_{f1}\dot{I}_{f1} + (R_1 + j\omega L_1)\dot{I}_1 + j\omega M\dot{I}_2 \\[3mm] (R_1 + j\omega L_1)\dot{I}_1 + j\omega M\dot{I}_2 = \dfrac{1}{j\omega C_1}\left(\dot{I}_{f1} - \dot{I}_1\right) \\[3mm] \dot{U}_o = R_L\dot{I}_L = (R_2 + j\omega L_2)\dot{I}_2 + j\omega M\dot{I}_1 \\[3mm] (R_2 + j\omega L_2)\dot{I}_2 + j\omega M\dot{I}_1 + \dfrac{1}{j\omega C_2}\left(\dot{I}_L + \dot{I}_2\right) = 0 \end{cases} \tag{2.91}$$

整理可得

$$\begin{cases} \dot{U}_s = -\dfrac{1}{j\omega C_1}\dot{I}_1 + \left(j\omega L_{f1} + \dfrac{1}{j\omega C_1}\right)\dot{I}_{f1} \\[3mm] R_1\dot{I}_1 + \left(j\omega L_1 + \dfrac{1}{j\omega C_1}\right)\dot{I}_1 + j\omega M\dot{I}_2 = \dfrac{1}{j\omega C_1}\dot{I}_{f1} \\[3mm] R_2\dot{I}_2 + \left(j\omega L_2 + \dfrac{1}{j\omega C_2}\right)\dot{I}_2 + j\omega M\dot{I}_1 + \dfrac{1}{j\omega C_2}\dot{I}_L = 0 \end{cases} \tag{2.92}$$

当 $L_{f1}=L_1$ 且系统谐振时，有

$$\begin{cases} j\omega L_{f1} + \dfrac{1}{j\omega C_1} = 0 \\[2mm] j\omega L_1 + \dfrac{1}{j\omega C_1} = 0 \\[2mm] j\omega L_2 + \dfrac{1}{j\omega C_2} = 0 \end{cases} \tag{2.93}$$

设谐振频率 $\omega = \dfrac{1}{\sqrt{L_1 C_1}} = \dfrac{1}{\sqrt{L_2 C_2}}$，将式(2.93)代入式(2.92)，可得

$$\begin{cases} \dot{U}_s = -\dfrac{1}{j\omega C_1}\dot{I}_1 \\[2mm] R_1\dot{I}_1 + j\omega M\dot{I}_2 = \dfrac{1}{j\omega C_1}\dot{I}_{f1} \\[2mm] R_2\dot{I}_2 + j\omega M\dot{I}_1 + \dfrac{1}{j\omega C_2}\dot{I}_L = 0 \end{cases} \tag{2.94}$$

忽略内阻 R_1 和 R_2，可得

$$\begin{cases} \dot{U}_s = -\dfrac{1}{j\omega C_1}\dot{I}_1 = j\omega L_{f1}\dot{I}_1 \\[2mm] j\omega M\dot{I}_2 = \dfrac{1}{j\omega C_1}\dot{I}_{f1} = -j\omega L_1\dot{I}_{f1} \\[2mm] j\omega M\dot{I}_1 = -\dfrac{1}{j\omega C_2}\dot{I}_L = j\omega L_2\dot{I}_L \end{cases} \tag{2.95}$$

从而得到输出电流和输出电压为

$$\begin{cases} \dot{I}_L = \dfrac{M\dot{U}_s}{j\omega L_{f1}L_2} = \dfrac{M\dot{U}_s}{j\omega L_1 L_2} \\[2mm] \dot{U}_o = \dfrac{M\dot{U}_s R_L}{j\omega L_{f1}L_2} = \dfrac{MR_L\dot{U}_s}{j\omega L_1 L_2} \end{cases} \tag{2.96}$$

可见输出电流不随负载变化而变化，故 LCL-P 型补偿网络具有恒流特性。

5) LCL-LCL 型补偿网络

在 PP 型基本补偿网络的输入端和输出端分别串联附加谐振电感 L_{f1} 和 L_{f2}，可得到如图 2.10(e)所示的 LCL-LCL 型补偿网络，其等效电路模型如图 2.15 所示。

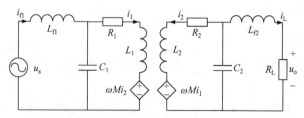

图 2.15　LCL-LCL 型补偿网络的等效电路

该等效电路的网孔电压方程为

$$
\begin{cases}
\dot{U}_s = j\omega L_{f1}\dot{I}_{f1} + (R_1 + j\omega L_1)\dot{I}_1 + j\omega M\dot{I}_2 \\
(R_1 + j\omega L_1)\dot{I}_1 + j\omega M\dot{I}_2 = \dfrac{1}{j\omega C_1}(\dot{I}_{f1} - \dot{I}_1) \\
\dot{U}_o = R_L\dot{I}_L = (R_2 + j\omega L_2)\dot{I}_2 + j\omega M\dot{I}_1 - j\omega L_{f2}\dot{I}_L \\
(R_2 + j\omega L_2)\dot{I}_2 + j\omega M\dot{I}_1 + \dfrac{1}{j\omega C_2}(\dot{I}_L + \dot{I}_2) = 0
\end{cases}
\tag{2.97}
$$

整理可得

$$
\begin{cases}
\dot{U}_s = -\dfrac{1}{j\omega C_1}\dot{I}_1 + \left(j\omega L_{f1} + \dfrac{1}{j\omega C_1}\right)\dot{I}_{f1} \\
\dot{U}_o = -\dfrac{1}{j\omega C_2}\dot{I}_2 - \left(j\omega L_{f2} + \dfrac{1}{j\omega C_2}\right)\dot{I}_L \\
R_1\dot{I}_1 + \left(j\omega L_1 + \dfrac{1}{j\omega C_1}\right)\dot{I}_1 + j\omega M\dot{I}_2 - \dfrac{1}{j\omega C_1}\dot{I}_{f1} = 0 \\
R_2\dot{I}_2 + \left(j\omega L_2 + \dfrac{1}{j\omega C_2}\right)\dot{I}_2 + j\omega M\dot{I}_1 + \dfrac{1}{j\omega C_2}\dot{I}_L = 0
\end{cases}
\tag{2.98}
$$

当 $L_{f1}=L_1$、$L_{f2}=L_2$ 且系统谐振时，有

$$
\begin{cases}
j\omega L_{f1} + \dfrac{1}{j\omega C_1} = 0 \\
j\omega L_{f2} + \dfrac{1}{j\omega C_2} = 0 \\
j\omega L_1 + \dfrac{1}{j\omega C_1} = 0 \\
j\omega L_2 + \dfrac{1}{j\omega C_2} = 0
\end{cases}
\tag{2.99}
$$

设谐振频率 $\omega = \dfrac{1}{\sqrt{L_1 C_1}} = \dfrac{1}{\sqrt{L_2 C_2}}$，将式(2.99)代入式(2.98)，可得

$$
\begin{cases}
\dot{U}_s = -\dfrac{1}{j\omega C_1}\dot{I}_1 \\
\dot{U}_o = -\dfrac{1}{j\omega C_2}\dot{I}_2 \\
R_1\dot{I}_1 + j\omega M\dot{I}_2 = \dfrac{1}{j\omega C_1}\dot{I}_{f1} \\
R_2\dot{I}_2 + j\omega M\dot{I}_1 = -\dfrac{1}{j\omega C_2}\dot{I}_L
\end{cases}
\tag{2.100}
$$

忽略内阻 R_1 和 R_2，可得

$$\begin{cases} \dot{U}_s = -\dfrac{1}{j\omega C_1}\dot{I}_1 = j\omega L_1 \dot{I}_1 \\[2ex] \dot{U}_o = -\dfrac{1}{j\omega C_2}\dot{I}_2 = j\omega L_2 \dot{I}_2 \\[2ex] j\omega M \dot{I}_2 = \dfrac{1}{j\omega C_1}\dot{I}_{f1} = -j\omega L_1 \dot{I}_{f1} \\[2ex] j\omega M \dot{I}_1 = \dfrac{1}{j\omega C_2}\dot{I}_{f2} = j\omega L_2 \dot{I}_L \end{cases} \qquad (2.101)$$

从而得到输出电流和输出电压为

$$\begin{cases} \dot{I}_L = \dfrac{M\dot{U}_s}{j\omega L_1 L_2} \\[2ex] \dot{U}_o = \dfrac{MR_L \dot{U}_s}{j\omega L_1 L_2} \end{cases} \qquad (2.102)$$

可见输出电流不随负载变化而变化，故 LCL-LCL 型补偿网络具有恒流特性。

6) LCC-LCC 型补偿网络

在 LCL-LCL 型补偿网络的原边线圈和副边线圈分别串入补偿电容 C_{f1} 和 C_{f2}，可得到如图 2.10(f)所示的 LCC-LCC 型补偿网络，其等效电路模型如图 2.16 所示。

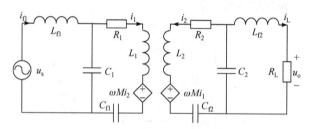

图 2.16　LCC-LCC 型补偿网络的等效电路

若电容 C_{f1} 与 C_{f2} 的取值满足：

$$\begin{cases} \omega L_1 - \dfrac{1}{\omega C_{f1}} = \omega L_{f1} \\[2ex] \omega L_2 - \dfrac{1}{\omega C_{f2}} = \omega L_{f2} \end{cases} \qquad (2.103)$$

则将图 2.16 简化为图 2.17。

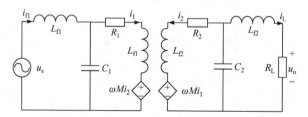

图 2.17　LCC-LCC 型补偿网络的简化等效电路

该等效电路的网孔电压方程为

$$\begin{cases} \dot{U}_s = j\omega L_{f1}\dot{I}_{f1} + (R_1 + j\omega L_{f1})\dot{I}_1 + j\omega M\dot{I}_2 \\ (R_1 + j\omega L_{f1})\dot{I}_1 + j\omega M\dot{I}_2 = \dfrac{1}{j\omega C_1}(\dot{I}_{f1} - \dot{I}_1) \\ \dot{U}_o = R_L\dot{I}_L = j\omega L_{f2}\dot{I}_{f2} + (R_2 + j\omega L_{f2})\dot{I}_2 + j\omega M\dot{I}_1 \\ (R_2 + j\omega L_{f2})\dot{I}_2 + j\omega M\dot{I}_1 + \dfrac{1}{j\omega C_2}(\dot{I}_L + \dot{I}_2) = 0 \end{cases} \quad (2.104)$$

整理可得

$$\begin{cases} \dot{U}_s = -\dfrac{1}{j\omega C_1}\dot{I}_1 + \left(j\omega L_{f1} + \dfrac{1}{j\omega C_1}\right)\dot{I}_{f1} \\ \dot{U}_o = -\dfrac{1}{j\omega C_2}\dot{I}_2 - \left(j\omega L_{f2} + \dfrac{1}{j\omega C_2}\right)\dot{I}_L \\ R_1\dot{I}_1 + \left(j\omega L_{f1} + \dfrac{1}{j\omega C_1}\right)\dot{I}_1 + j\omega M\dot{I}_2 - \dfrac{1}{j\omega C_1}\dot{I}_{f1} = 0 \\ R_2\dot{I}_2 + \left(j\omega L_{f2} + \dfrac{1}{j\omega C_2}\right)\dot{I}_2 + j\omega M\dot{I}_1 + \dfrac{1}{j\omega C_2}\dot{I}_L = 0 \end{cases} \quad (2.105)$$

当系统谐振时，有

$$\begin{cases} j\omega L_{f1} + \dfrac{1}{j\omega C_1} = 0 \\ j\omega L_{f2} + \dfrac{1}{j\omega C_2} = 0 \end{cases} \quad (2.106)$$

设谐振频率 $\omega = \dfrac{1}{\sqrt{L_{f1}C_1}} = \dfrac{1}{\sqrt{L_{f2}C_2}}$，将式(2.106)代入式(2.105)，可得

$$\begin{cases} \dot{U}_s = -\dfrac{1}{j\omega C_1}\dot{I}_1 \\ \dot{U}_o = -\dfrac{1}{j\omega C_2}\dot{I}_2 \\ R_1\dot{I}_1 + j\omega M\dot{I}_2 = \dfrac{1}{j\omega C_1}\dot{I}_{f1} \\ R_2\dot{I}_2 + j\omega M\dot{I}_1 = -\dfrac{1}{j\omega C_2}\dot{I}_L \end{cases} \quad (2.107)$$

忽略内阻 R_1 和 R_2，可得

$$\begin{cases} \dot{U}_s = -\dfrac{1}{j\omega C_1}\dot{I}_1 = j\omega L_{f1}\dot{I}_1 \\ \dot{U}_o = -\dfrac{1}{j\omega C_2}\dot{I}_2 = j\omega L_{f2}\dot{I}_2 \end{cases}$$

$$\begin{cases} \mathrm{j}\omega M\dot{I}_2 = \dfrac{1}{\mathrm{j}\omega C_1}\dot{I}_{\mathrm{f1}} = -\mathrm{j}\omega L_{\mathrm{f1}}\dot{I}_{\mathrm{f1}} \\ \mathrm{j}\omega M\dot{I}_1 = -\dfrac{1}{\mathrm{j}\omega C_2}\dot{I}_{\mathrm{L}} = \mathrm{j}\omega L_{\mathrm{f2}}\dot{I}_{\mathrm{L}} \end{cases} \tag{2.108}$$

从而得到输出电流和输出电压为

$$\begin{cases} \dot{I}_{\mathrm{L}} = \dfrac{M\dot{U}_{\mathrm{s}}}{\mathrm{j}\omega L_{\mathrm{f1}}L_{\mathrm{f2}}} \\ \dot{U}_{\mathrm{o}} = \dfrac{MR_{\mathrm{L}}\dot{U}_{\mathrm{s}}}{\mathrm{j}\omega L_{\mathrm{f1}}L_{\mathrm{f2}}} \end{cases} \tag{2.109}$$

可见输出电流不随负载变化而变化，故 LCC-LCC 型补偿网络具有恒流特性。

4. 高阶补偿网络的比较

表 2.3 列出了在输入电压 U_{s}、互感 M 恒定并忽略线圈内阻的情况下，几种典型高阶补偿网络的工作条件及输出特性。

表 2.3　高阶补偿网络的工作条件及其输出特性

补偿网络	等效电路	工作条件	输出电流 $\dot{I}_{\mathrm{L}}$	输出电压 $\dot{U}_{\mathrm{o}}$	输出特性
S-LCL	图 2.12	$\omega=\dfrac{1}{\sqrt{L_1C_1}}=\dfrac{1}{\sqrt{L_2C_2}},L_{\mathrm{f2}}=L_2$	$\dfrac{L_2\dot{U}_{\mathrm{s}}}{MR_{\mathrm{L}}}$	$\dfrac{L_2\dot{U}_{\mathrm{s}}}{M}$	恒压
LCL-S	图 2.13	$\omega=\dfrac{1}{\sqrt{L_1C_1}}=\dfrac{1}{\sqrt{L_2C_2}},L_{\mathrm{f1}}=L_1$	$\dfrac{M\dot{U}_{\mathrm{s}}}{L_1R_{\mathrm{L}}}$	$\dfrac{M\dot{U}_{\mathrm{s}}}{L_1}$	恒压
LCL-P	图 2.14	$\omega=\dfrac{1}{\sqrt{L_1C_1}}=\dfrac{1}{\sqrt{L_2C_2}},L_{\mathrm{f1}}=L_1$	$\dfrac{M\dot{U}_{\mathrm{s}}}{\mathrm{j}\omega L_1L_2}$	$\dfrac{MR_{\mathrm{L}}\dot{U}_{\mathrm{s}}}{\mathrm{j}\omega L_1L_2}$	恒流
LCL-LCL	图 2.15	$\omega=\dfrac{1}{\sqrt{L_1C_1}}=\dfrac{1}{\sqrt{L_2C_2}}$ $L_{\mathrm{f1}}=L_1,L_{\mathrm{f2}}=L_2$	$\dfrac{M\dot{U}_{\mathrm{s}}}{\mathrm{j}\omega L_1L_2}$	$\dfrac{MR_{\mathrm{L}}\dot{U}_{\mathrm{s}}}{\mathrm{j}\omega L_1L_2}$	恒流
LCC-LCC	图 2.16	$\omega=\dfrac{1}{\sqrt{L_{\mathrm{f1}}C_1}}=\dfrac{1}{\sqrt{L_{\mathrm{f2}}C_2}}$ $=\dfrac{1}{\sqrt{(L_1-L_{\mathrm{f1}})C_{\mathrm{f1}}}}=\dfrac{1}{\sqrt{(L_2-L_{\mathrm{f2}})C_{\mathrm{f2}}}}$	$\dfrac{M\dot{U}_{\mathrm{s}}}{\mathrm{j}\omega L_{\mathrm{f1}}L_{\mathrm{f2}}}$	$\dfrac{MR_{\mathrm{L}}\dot{U}_{\mathrm{s}}}{\mathrm{j}\omega L_{\mathrm{f1}}L_{\mathrm{f2}}}$	恒流

根据上述分析，并结合表 2.3，可得出以下结论。

(1) S-LCL 和 LCL-S 型补偿网络具有恒压输出特性；LCL-P、LCL-LCL 和 LCC-LCC 型补偿网络具有恒流输出特性。

(2) LCL 型补偿网络用于原边补偿时，可以实现原边线圈电流与负载、耦合系数解耦，产生恒定的原边线圈电流。在输入电压恒定且忽略线圈内阻情况下，LCL-S 型补偿网络可以实现电压、电流增益与负载之间解耦，具有恒压源特性，而 LCL-P 和 LCL-LCL 型补偿网络则具有恒流源特性。LCL 型补偿网络的缺点是外加的电感值大，增加了成本和体积。

(3) LCC-LCC 型补偿网络的原边电流和输出电流与负载无关，另外通过对补偿网络参数设计能够实现 ZVS，具有较高的系统效率。实际上，LCC 型补偿网络经过变化可以等效为 LCL 型补偿网络，因此当系统工作在谐振频率时，S-LCC、LCC-S、LCC-P、LCC-LCC 型的负载特性分别与 S-LCL、LCL-S、LCL-P、LCL-LCL 型的一致。

综上所述，不同的补偿网络有其各自的优缺点，对系统的传输特性影响也各不相同，可根据负载的无线供电需求选择合适的拓扑结构，以获得更好的传输性能。

2.2.2　MCR-WPT 系统

MCR-WPT 系统的传输原理和工作过程与 ICPT 系统不同，因此对补偿网络的要求也不同。如前一章所述，MCR-WPT 系统是基于能量耦合的原理来实现电能的无线传输，其传输特性取决于谐振频率、电磁场耦合强度和品质因数等多个因素，即取决于能量耦合强度。而 ICPT 系统则是从电磁耦合关系来构造无线电能传输系统，其传输特性仅取决于电磁场耦合强度。因此，MCR-WPT 系统比 ICPT 系统具有更好的电能传输特性，尤其是在传输距离方面。此外，MCR-WPT 系统的谐振条件使得非谐振物体不会吸收太多的电能，不会阻碍电能的传输，故在电磁兼容性和传输方向性方面，MCR-WPT 系统比 ICPT 系统有更大的优势。

对 MCR-WPT 系统的建模和分析可以采用耦合模理论或电路理论。基于耦合模理论的建模方法源于光学中光的传递规律，它以储能元件的电压、电流为复变量，能够反映能量传递的本质和过程，采用耦合模方程更适合描述 MCR-WPT 系统的能量耦合本质。基于电路理论的建模方法以电压、电流为变量，物理概念清晰，易于掌握，适用于低频和集中参数电路的分析与设计。为了便于与 ICPT 系统相比较，下面采用电路理论分析 MCR-WPT 系统的补偿网络。

1. 两线圈系统

两线圈 MCR-WPT 系统的等效电路如图 2.18 所示，系统的输出特性参见 1.2.2 节。

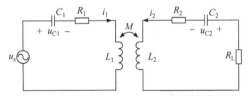

图 2.18　两线圈 MCR-WPT 系统的等效电路

2. 四线圈系统

四线圈 MCR-WPT 系统的等效电路如图 2.19 所示，该等效电路只考虑相邻线圈之间的互感，忽略不相邻线圈之间的互感。

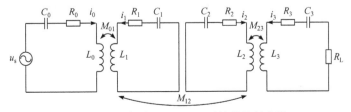

图 2.19　四线圈 MCR-WPT 系统的等效电路

根据 KVL，可得四线圈系统的电压方程为

$$
\begin{bmatrix} \dot{U}_s \\ 0 \\ 0 \\ 0 \end{bmatrix} = \begin{bmatrix} Z_0 & j\omega M_{01} & 0 & 0 \\ j\omega M_{10} & Z_1 & j\omega M_{12} & 0 \\ 0 & j\omega M_{21} & Z_2 & j\omega M_{23} \\ 0 & 0 & j\omega M_{32} & Z_3 \end{bmatrix} \begin{bmatrix} \dot{I}_0 \\ \dot{I}_1 \\ \dot{I}_2 \\ \dot{I}_3 \end{bmatrix}
\tag{2.110}
$$

式中，$M_{01} = M_{10}$；$M_{12} = M_{21}$；$M_{23} = M_{32}$；$Z_0 = R_0 + j\omega L_0 + \dfrac{1}{j\omega C_0}$；$Z_1 = R_1 + j\omega L_1 + \dfrac{1}{j\omega C_1}$；$Z_2 = R_2 + j\omega L_2 + \dfrac{1}{j\omega C_2}$；$Z_3 = R_L + R_3 + j\omega L_3 + \dfrac{1}{j\omega C_3}$。

由式(2.110)可以求得各个线圈的电流如下：

$$
\dot{I}_0 = \frac{\dot{U}_s}{Z_0}\left[1 - \frac{\omega^2 M_{01}^2 (Z_2 Z_3 + \omega^2 M_{23}^2)}{\omega^4 M_{01}^2 M_{23}^2 + Z_0 Z_1 Z_2 Z_3 + Z_2 Z_3 \omega^2 M_{01}^2 + Z_0 Z_1 \omega^2 M_{23}^2 + Z_0 Z_3 \omega^2 M_{12}^2}\right]
\tag{2.111}
$$

$$
\dot{I}_1 = \frac{-j\omega M_{01}(Z_2 Z_3 + \omega^2 M_{23}^2)\dot{U}_{in}}{\omega^4 M_{01}^2 M_{23}^2 + Z_0 Z_1 Z_2 Z_3 + Z_2 Z_3 \omega^2 M_{01}^2 + Z_0 Z_1 \omega^2 M_{23}^2 + Z_0 Z_3 \omega^2 M_{12}^2}
\tag{2.112}
$$

$$
\dot{I}_2 = \frac{-\omega^2 M_{01} M_{12} Z_3 \dot{U}_{in}}{\omega^4 M_{01}^2 M_{23}^2 + Z_0 Z_1 Z_2 Z_3 + Z_2 Z_3 \omega^2 M_{01}^2 + Z_0 Z_1 \omega^2 M_{23}^2 + Z_0 Z_3 \omega^2 M_{12}^2}
\tag{2.113}
$$

$$
\dot{I}_3 = \frac{j\omega^3 M_{01} M_{12} M_{23} \dot{U}_{in}}{\omega^4 M_{01}^2 M_{23}^2 + Z_0 Z_1 Z_2 Z_3 + Z_2 Z_3 \omega^2 M_{01}^2 + Z_0 Z_1 \omega^2 M_{23}^2 + Z_0 Z_3 \omega^2 M_{12}^2}
\tag{2.114}
$$

当系统处于谐振状态，即 $\omega_0 = \omega_1 = \omega_2 = \omega_3 = \omega$ 时，其中 $\omega_0 = \dfrac{1}{\sqrt{L_0 C_0}}$，$\omega_1 = \dfrac{1}{\sqrt{L_1 C_1}}$，$\omega_2 = \dfrac{1}{\sqrt{L_2 C_2}}$ 和 $\omega_3 = \dfrac{1}{\sqrt{L_3 C_3}}$，各线圈中的电流表达式为

$$
\dot{I}_0 = \frac{(1 + k_{12}^2 Q_1 Q_2 + k_{23}^2 Q_2 Q_3)\dot{U}_s}{R_0(1 + k_{01}^2 k_{23}^2 Q_0 Q_1 Q_2 Q_3 + k_{01}^2 Q_0 Q_1 + k_{12}^2 Q_1 Q_2 + k_{23}^2 Q_2 Q_3)}
\tag{2.115}
$$

$$
\dot{I}_1 = \frac{-jk_{01}\sqrt{Q_0 Q_1}(1 + k_{23}^2 Q_2 Q_3)\dot{U}_s}{\sqrt{R_0 R_1}(1 + k_{01}^2 k_{23}^2 Q_0 Q_1 Q_2 Q_3 + k_{01}^2 Q_0 Q_1 + k_{12}^2 Q_1 Q_2 + k_{23}^2 Q_2 Q_3)}
\tag{2.116}
$$

$$
\dot{I}_2 = \frac{-k_{01}k_{12}Q_1\sqrt{Q_0 Q_2}\dot{U}_s}{\sqrt{R_0 R_2}(1 + k_{01}^2 k_{23}^2 Q_0 Q_1 Q_2 Q_3 + k_{01}^2 Q_0 Q_1 + k_{12}^2 Q_1 Q_2 + k_{23}^2 Q_2 Q_3)}
\tag{2.117}
$$

$$
\dot{I}_3 = \frac{jk_{01}k_{12}k_{23}Q_1 Q_2\sqrt{Q_0 Q_3}\dot{U}_s}{\sqrt{R_0(R_3 + R_L)}(1 + k_{01}^2 k_{23}^2 Q_0 Q_1 Q_2 Q_3 + k_{01}^2 Q_0 Q_1 + k_{12}^2 Q_1 Q_2 + k_{23}^2 Q_2 Q_3)}
\tag{2.118}
$$

式中，$k_{01} = \dfrac{M_{01}}{\sqrt{L_0 L_1}}$；$k_{12} = \dfrac{M_{12}}{\sqrt{L_1 L_2}}$；$k_{23} = \dfrac{M_{23}}{\sqrt{L_2 L_3}}$；$Q_0 = \dfrac{\omega L_0}{R_0}$；$Q_1 = \dfrac{\omega L_1}{R_1}$；$Q_2 = \dfrac{\omega L_2}{R_2}$；$Q_3 = \dfrac{\omega L_3}{R_3 + R_L}$。

进而求得系统的输出功率为

$$P_{\mathrm{o}} = I_3^2 R_{\mathrm{L}} \tag{2.119}$$

传输效率为

$$\eta = \frac{R_{\mathrm{L}}}{R_3 + R_{\mathrm{L}}} \frac{(k_{01}^2 Q_0 Q_1)(k_{12}^2 Q_1 Q_2)(k_{23}^2 Q_2 Q_3)}{[(1+k_{01}^2 Q_0 Q_1)(1+k_{23}^2 Q_2 Q_3)+k_{12}^2 Q_1 Q_2](1+k_{12}^2 Q_1 Q_2 + k_{23}^2 Q_2 Q_3)} \tag{2.120}$$

2.3　耦合机构

2.3.1　磁耦合机构

磁耦合机构通常指的是发射线圈和接收线圈，具有高品质因数和均匀磁场的线圈是实现无线电能高效、稳定传输的重要保证，因此线圈设计是磁场耦合式无线电能传输技术的关键内容之一。在保证系统传输效率和满足耦合机构尺寸限制的前提下，优化设计耦合机构可以增加传输距离[8]。

1. 线圈结构

在系统的设计过程中，首先需要确定线圈的类型。通常情况下，磁场耦合式无线电能传输系统的发射线圈和接收线圈采用相同的线圈，以便于工艺制作和参数优化等，故只需设计发射线圈。目前常见的线圈结构主要为平面螺旋线圈、平面方形线圈、空间螺旋线圈以及空间方形线圈等。

1) 平面螺旋线圈

平面螺旋线圈如图 2.20 所示，其自感可以表示为

$$L = \frac{\mu_0 N^2 D_{\mathrm{a}}}{2}\left[\ln\left(\frac{2.46}{D_{\mathrm{b}}}\right)+0.2 D_{\mathrm{b}}^2\right] \tag{2.121}$$

式中，N 为平面螺旋线圈的匝数；$\mu_0 = 4\pi\times10^{-7}$ 为真空磁导率；$D_{\mathrm{a}} = \dfrac{D_{\mathrm{in}}+D_{\mathrm{o}}}{2}$ 为线圈的平均直径，D_{o} 为线圈的外径，$D_{\mathrm{in}} = D_{\mathrm{o}} - 2\big[(N-1)d_{\mathrm{s}}+w\big]$ 为线圈的内径，d_{s} 为匝间距，w 为线径；$D_{\mathrm{b}} = \dfrac{D_{\mathrm{o}}-D_{\mathrm{in}}}{D_{\mathrm{o}}+D_{\mathrm{in}}}$。

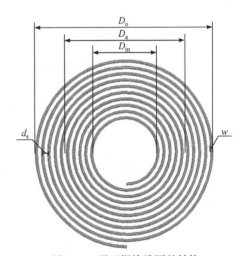

图 2.20　平面螺旋线圈的结构

同轴的两个相同平面螺旋线圈的互感为

$$M = \sum_{i=1}^{N}\sum_{j=1}^{N}\frac{\mu_0 r_i r_j}{4\pi}\oint \mathrm{d}\phi \oint \frac{\sin\theta\sin\phi + \cos\theta\cos\phi}{\sqrt{r_i^2 + r_j^2 + d^2 - 2r_i r_j(\sin\theta\sin\phi + \cos\theta\cos\phi)}}\mathrm{d}\theta \tag{2.122}$$

式中，$r_i = \dfrac{D_{\mathrm{in}}+w}{2}+(i-1)d_{\mathrm{s}}$；$r_j = \dfrac{D_{\mathrm{in}}+w}{2}+(j-1)d_{\mathrm{s}}$；$d$ 为线圈之间的距离。

定义耦合系数 $k = \dfrac{M}{L}$，根据式(2.121)及式(2.122)可知，平面螺旋线圈的耦合系数 k 与

平均直径 D_a、匝间距 d_s、线径 w 以及线圈之间的距离 d 有关。设匝数 $N = 10$，外径 $D_o = 30\text{cm}$，线径 $w = 0.2\text{cm}$，匝间距 $d_s = 0.3\text{cm}$，距离 $d = 30\text{cm}$，图 2.21 示出了平面螺旋线圈的耦合系数与线圈参数的关系曲线。

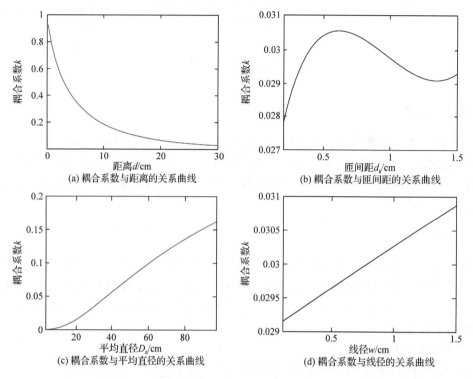

图 2.21　平面螺旋线圈的耦合系数与线圈参数的关系曲线

由图 2.21(a)可以看出随着距离的增加，平面螺旋线圈的耦合系数减小。根据图 2.21(b)可以发现，当距离固定时，随着匝间距的变化，平面螺旋线圈的耦合系数不是单调变化的，耦合系数具有一个极大值。因此，在实际绕制线圈时，可以选择该极大值点对应的匝间距。从图 2.21(c)可见当距离固定时，平面螺旋线圈的耦合系数随着平均直径的增大而增大。然而，线圈的平均直径受到应用场合中装置体积的限制。由图 2.21(d)可知当距离固定时，随着线径的增大，平面螺旋线圈的耦合系数随之增大。

2) 平面方形线圈

平面方形线圈如图 2.22 所示，其自感可以表示为

$$L = \frac{1.27\mu_0 N^2 l_a}{2}\left[\ln\left(\frac{2.07}{l_b}\right) + 0.18l_b + 0.13l_b^2\right]$$

(2.123)

式中，N 为匝数；$\mu_0 = 4\pi\times10^{-7}$ 为真空磁导率；$l_a = \dfrac{l_{in} + l_o}{2}$ 为平面方形线圈的平均边长，l_o 为平

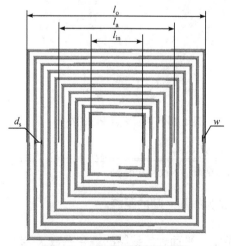

图 2.22　平面方形线圈的结构

面方形线圈的外侧边长，$l_{\text{in}} = l_{\text{o}} - 2\big[(N-1)d_{\text{s}} + w\big]$ 为平面方形线圈的内侧边长，d_{s} 为匝间距，w 为线径；$l_{\text{b}} = \dfrac{l_{\text{o}} - l_{\text{in}}}{l_{\text{o}} + l_{\text{in}}}$。

同轴的两个相同平面方形线圈的互感为

$$M = \sum_{i=1}^{N}\sum_{j=1}^{N}\frac{2\mu_0}{\pi}\left[\sqrt{2\left(a_i + a_j\right)^2 + d^2} + \sqrt{2\left(a_i - a_j\right)^2 + d^2} - 2\sqrt{2a_i^2 + 2a_j^2 + d^2}\right.$$

$$\left. -\left(a_i + a_j\right)\operatorname{artanh}\frac{a_i + a_j}{\sqrt{2\left(a_i + a_j\right)^2 + d^2}} - \left(a_i - a_j\right)\operatorname{artanh}\frac{a_i - a_j}{\sqrt{2\left(a_i - a_j\right)^2 + d^2}}\right. \qquad (2.124)$$

$$\left. +\left(a_i + a_j\right)\operatorname{artanh}\frac{a_i + a_j}{\sqrt{2a_i^2 + 2a_j^2 + d^2}} + \left(a_i - a_j\right)\operatorname{artanh}\frac{a_i - a_j}{\sqrt{2a_i^2 + 2a_j^2 + d^2}}\right]$$

式中，$a_i = \dfrac{l_{\text{o}} - w}{2} - (i-1)d_{\text{s}}$；$a_j = \dfrac{l_{\text{o}} - w}{2} - (j-1)d_{\text{s}}$；$d$ 为线圈之间的距离。

由式(2.123)及式(2.124)可以发现，平面方形线圈的耦合系数 k 与线圈之间的距离 d、匝间距 d_{s}、平均边长 l_{a} 以及线径 w 有关。设匝数 $N = 10$，外侧边长 $l_{\text{o}} = 30\text{cm}$，线径 $w = 0.2\text{cm}$，匝间距 $d_{\text{s}} = 0.3\text{cm}$，距离 $d = 30\text{cm}$，平面方形线圈的耦合系数与线圈参数的关系曲线如图 2.23 所示。由图 2.23(a)可以发现平面方形线圈的耦合系数随着距离的增大而减小，当距离小于 10cm 时，耦合系数斜率的绝对值较大，即在该区间内耦合系数对距离具有较强的敏感度。从图 2.23(b)可以看出当距离固定时，随着匝间距的增大，平面方形线圈的耦合系数先增大后减小再增大。耦合系数存在一个极大值点，通过将匝间距设置在该

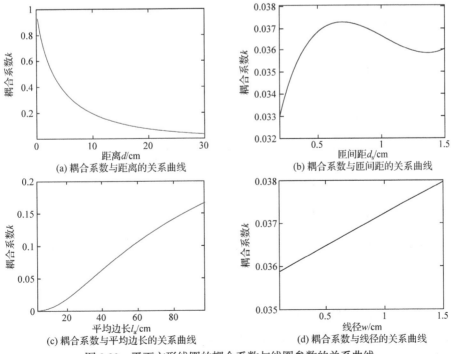

图 2.23　平面方形线圈的耦合系数与线圈参数的关系曲线

点处可以增加传输距离。由图 2.23(c)可以看出当距离固定时，通过增大平均边长可以提高耦合系数，即通过增大平均边长可以提高相同耦合系数下的传输距离。但是平均边长受到应用场合中装置体积的限制。根据图 2.23(d)可知当距离固定时，平面方形线圈的耦合系数随着线径的增大而增大，在实际应用中线径的选择还需要考虑线圈中的电流。

3) 空间螺旋线圈

图 2.24 示出了空间螺旋线圈，其中图 2.24(a)为空间螺旋线圈的主视图，图 2.24(b)为空间螺旋线圈的侧视图。空间螺旋线圈自感的表达式为

$$L = \frac{\mu_0 N^2 D K_s}{4\pi} \tag{2.125}$$

式中，N 为空间螺旋线圈的匝数；D 为空间螺旋线圈的直径；K_s 为空间螺旋线圈的系数，与线圈的高度和直径有关，具体表达式如下：

$$K_s = \frac{4\pi}{3}\left\{\sqrt{\beta^2+1}\left[K(k_n)+\frac{1-\beta^2}{\beta^2}E(k_n)\right]-\frac{1}{\beta^2}\right\} \tag{2.126}$$

式中，$\beta=\dfrac{h}{D}$，$h=(N-1)d_s+w$ 为空间螺旋线圈的高度，d_s 为匝间距，w 为线径；$k_n=1/\sqrt{\beta^2+1}$；$K(k_n)$ 为 k_n 的第一类完全椭圆积分；$E(k_n)$ 为 k_n 的第二类完全椭圆积分。

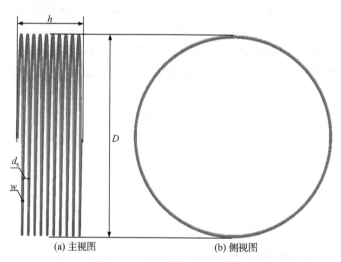

(a) 主视图　　　　　　　　　　(b) 侧视图

图 2.24　空间螺旋线圈的结构

同轴的两个相同空间螺旋线圈的互感可以表示为

$$M = \sum_{i=1}^{N}\sum_{j=1}^{N}\frac{\mu_0 r_t r_r}{4\pi}\oint d\phi\oint\frac{\sin\theta\sin\phi+\cos\theta\cos\phi}{\sqrt{r_t^2+r_r^2+d_{ij}^2-2r_t r_r(\sin\theta\sin\phi+\cos\theta\cos\phi)}}d\theta \tag{2.127}$$

式中，$d_{ij}=d+w+(N+j-i-1)d_s$；d 为线圈之间的距离；d_s 为匝间距；w 为线径；r_t 和 r_r 分别为发射侧和接收侧空间螺旋线圈的半径。

设匝数 $N=10$，直径 $D=30\text{cm}$，线径 $w=0.2\text{cm}$，匝间距 $d_s=0.3\text{cm}$，距离 $d=30\text{cm}$，根据式(2.125)、式(2.126)及式(2.127)，可以得到空间螺旋线圈的耦合系数 k 与线圈参数的

关系曲线,如图 2.25 所示。从图 2.25(a)可以发现随着距离的增大,空间螺旋线圈的耦合系数单调减小。由图 2.25(b)可以看出当距离固定时,空间螺旋线圈的耦合系数随着匝间距的增大而增大,这与平面螺旋线圈及平面方形线圈不同。根据图 2.25(c)可知当距离固定时,随着线圈直径的增大,空间螺旋线圈的耦合系数增大。因此,通过增加匝间距和线圈直径可以提高相同耦合系数下的传输距离。但是在实际应用中,匝间距和线圈直径的选择受到装置体积的限制。从图 2.25(d)可见空间螺旋线圈的耦合系数随着线径的增大而减小,这与平面螺旋线圈及平面方形线圈相反。

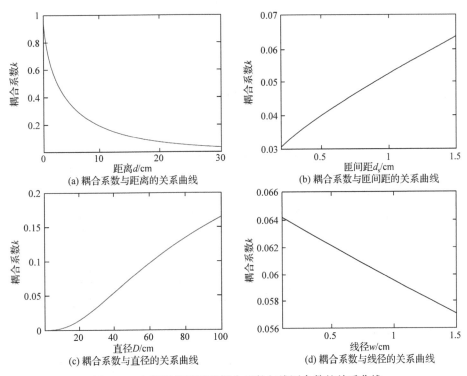

图 2.25 空间螺旋线圈的耦合系数与线圈参数的关系曲线

4)空间方形线圈

空间方形线圈的结构图如图 2.26 所示,其中图 2.26(a)为空间方形线圈的主视图,图 2.26(b)为空间方形线圈的侧视图。空间方形线圈的自感为

$$L = \frac{2\mu_0 N^2 l}{\pi}\left\{\ln(\gamma+\alpha) - (1-\gamma^2)\ln\frac{\gamma+\varepsilon}{\alpha} - \gamma^2\left[\frac{1}{3} - \frac{\sqrt{2}}{3} + \ln(1+\sqrt{2})\right]\right.$$
$$\left. + \frac{1}{3\gamma} - \frac{1}{3}(2-\gamma^2)\frac{\alpha}{\gamma} + \frac{1}{3}(1-\gamma^2)\frac{\varepsilon}{\gamma} + 2\gamma\arctan\frac{1}{\varepsilon}\right\} \tag{2.128}$$

式中,N 为空间方形线圈的匝数;l 为空间方形线圈底面的边长;$\gamma = \frac{l}{h}$;$h = (N-1)d_s + w$ 为空间方形线圈的高度;d_s 为匝间距;w 为线径;$\alpha = \sqrt{1+\gamma^2}$;$\varepsilon = \sqrt{1+2\gamma^2}$。

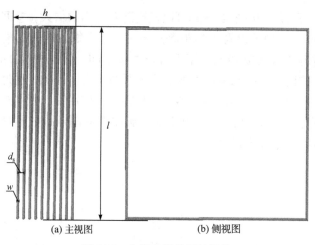

(a) 主视图　　　　　　　　　(b) 侧视图

图 2.26　空间方形线圈的结构

两个相同且同轴的空间方形线圈的互感为

$$M = \sum_{i=1}^{N} \sum_{j=1}^{N} \frac{2\mu_0}{\pi} \left[\sqrt{2(b_t+b_r)^2 + d_{ij}^2} + \sqrt{2(b_t-b_r)^2 + d_{ij}^2} - 2\sqrt{2b_t^2 + 2b_r^2 + d_{ij}^2} \right.$$

$$- (b_t+b_r)\operatorname{artanh}\frac{b_t+b_r}{\sqrt{2(b_t+b_r)^2 + d_{ij}^2}} - (b_t-b_r)\operatorname{artanh}\frac{b_t-b_r}{\sqrt{2(b_t-b_r)^2 + d_{ij}^2}} \qquad (2.129)$$

$$\left. + (b_t+b_r)\operatorname{artanh}\frac{b_t+b_r}{\sqrt{2b_t^2 + 2b_r^2 + d_{ij}^2}} + (b_t-b_r)\operatorname{artanh}\frac{b_t-b_r}{\sqrt{2b_t^2 + 2b_r^2 + d_{ij}^2}} \right]$$

式中，$b_t = b_r = \dfrac{l-w}{2}$；$d_{ij} = d + w + (N+j-i-1)d_s$，$d$ 为线圈之间的距离。

设匝数 $N = 10$，边长 $l = 30\text{cm}$，线径 $w = 0.2\text{cm}$，匝间距 $d_s = 0.3\text{cm}$，距离 $d = 30\text{cm}$，图 2.27 示出了空间方形线圈的耦合系数与线圈参数的关系曲线。由图 2.27(a)可知，空间方形线圈的耦合系数随着距离的增大而减小。从图 2.27(b)和(c)可见当距离固定时，随着匝间距和边长的增加，空间方形线圈的耦合系数增大，即在体积允许的条件下，可以通过增大匝间距和边长来提高相同耦合系数下的传输距离。根据图 2.27(d)可知，当距离固定时，空间方形线圈的耦合系数随着线径的增大而减小。

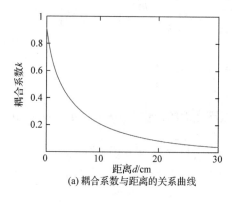

(a) 耦合系数与距离的关系曲线

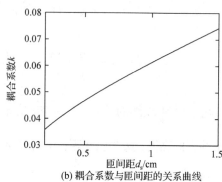

(b) 耦合系数与匝间距的关系曲线

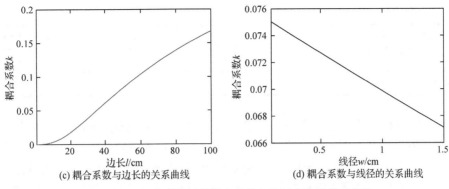

(c) 耦合系数与边长的关系曲线　　　　(d) 耦合系数与线径的关系曲线

图 2.27　空间方形线圈的耦合系数与线圈参数的关系曲线

图 2.28 示出了利用 Maxwell 有限元仿真软件建立的不同线圈结构的仿真模型。为了便于比较，不同线圈结构直径或边长的尺寸相同，并通过调整匝数使不同线圈结构的电感基本相同，不同线圈结构的参数列于表 2.4。

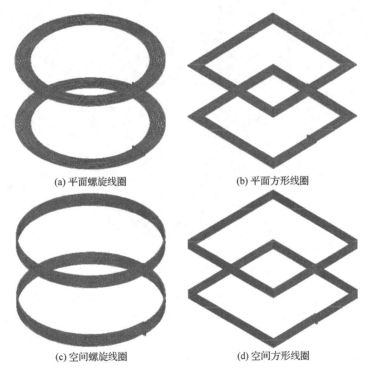

(a) 平面螺旋线圈　　　　　　　　(b) 平面方形线圈

(c) 空间螺旋线圈　　　　　　　　(d) 空间方形线圈

图 2.28　不同线圈结构的仿真模型

表 2.4　不同线圈结构的参数

线圈结构	平面螺旋线圈	平面方形线圈	空间螺旋线圈	空间方形线圈
直径或边长/cm	30	30	30	30
匝数	11	10	10	9
电感/μH	62.31	65.14	61.37	62.76

续表

线圈结构	平面螺旋线圈	平面方形线圈	空间螺旋线圈	空间方形线圈
匝间距/cm	0.3	0.3	0.3	0.3
线径/cm	0.2	0.2	0.2	0.2

设发射线圈与接收线圈的参数相同，图 2.29 示出了不同线圈结构的磁场分布。图中下方的线圈为发射线圈，上方的线圈为接收线圈，发射侧线圈的激励设置为 3A 的电流源。由图 2.29 可以看出，在发射侧线圈周围的磁感应强度较大，离发射侧线圈越远，磁感应强度越小，并且在没有磁性材料的情况下，发射侧线圈下方的磁感应强度较大，这可能会在电路板上产生涡流，影响系统的正常工作。因此，在实际应用中需要加入屏蔽层。

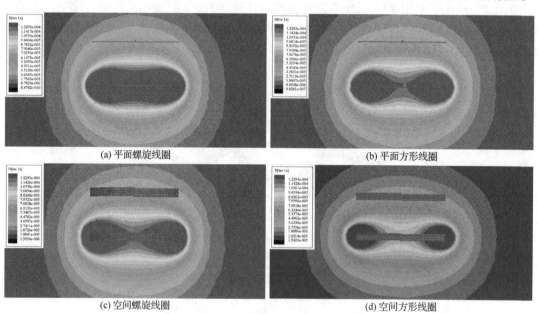

(a) 平面螺旋线圈　　　　　　　　　　　(b) 平面方形线圈

(c) 空间螺旋线圈　　　　　　　　　　　(d) 空间方形线圈

图 2.29　不同线圈结构的磁场分布

不同线圈结构的耦合系数仿真和理论计算结果如图 2.30 所示，可以看出仿真结果与理论结果基本一致。在相同的距离下，平面螺旋线圈的耦合系数最小，平面方形线圈和空间螺旋线圈的耦合系数非常接近，空间方形线圈的耦合系数最大。也就是说，在相同的耦合系数下，空间方形线圈的传输距离最长，平面螺旋线圈的传输距离最短。因此，为了获得较长的传输距离，可以选择空间方形线圈。鉴于空间方形线圈为空间立体结构，可以应用于水下无人航行器及油井等场合。平面方形线圈的耦合性能要优于平面螺旋线圈，与空间螺旋线圈的耦合性能接近，适用于一些结构紧凑的应用场合。

2. 线圈电阻

线圈内阻 R_s 主要包括直流电阻和交流电阻[9]。在低频环境下，R_s 主要由直流电阻决定，即

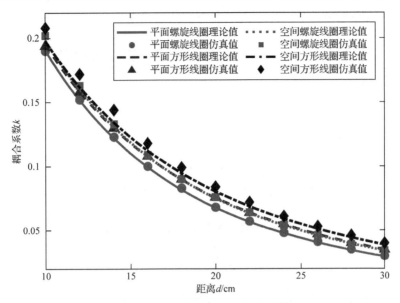

图 2.30 不同线圈结构的耦合系数

$$R_{\mathrm{s}} = R_{\mathrm{dc}} = \rho \frac{l}{A} \tag{2.130}$$

式中，ρ 为电阻率；l 为导线长度；A 为导线横截面积。

从式(2.130)可以看出，线圈内阻与导线横截面积成反比，因此在导线长度一定的条件下，应尽量选取粗导线，以减小线圈的欧姆损耗。

随着谐振频率的增加，受集肤效应、邻近效应和涡流效应的影响，导体的交流电阻增大。相邻导线结构如图 2.31 所示，由邻近效应引起的交流电阻表达式为

$$R_{\mathrm{prox}} = \frac{l}{\pi r \sqrt{1 - (a/D)^2}} \sqrt{\pi \mu f \rho} \tag{2.131}$$

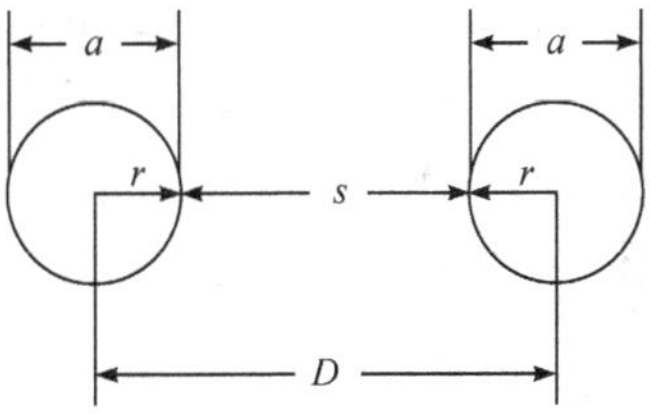

图 2.31 相邻导线结构示意图

式中，a 为线径；r 为导线半径；D 为相邻匝中心间距；f 为工作频率；l 为导线长度；μ 为磁导率；ρ 为电阻率。

根据式(2.131)，图 2.32 展示了单位长度铜导线的交流电阻 R_{prox} 在不同线径和工作频率下随比值 D/a 的变化规律。可以看到，D/a 越大，交流电阻越小，并且在不同频率或线径下，当 D 为线径 a 的 2～2.5 倍时，R_{prox} 基本保持不变。因此，在设计线圈时，相邻匝间距 $s = D - 2r$ 可设计为线径 a 的 1～1.5 倍，以获得较小的 R_{prox}。此外，还可以通过在铜导线表面覆盖铁、镍等磁性介质，减小由邻近效应引起的欧姆损耗，进而提高系统的效率。

由集肤效应引起的交流电阻表达式为

$$R_{\mathrm{skin}} = \frac{l \cdot \rho}{\pi \cdot a \cdot \delta} \tag{2.132}$$

式中，a 为导线直径；l 为导线长度；ρ 为电阻率；δ 为趋肤深度，其定义为

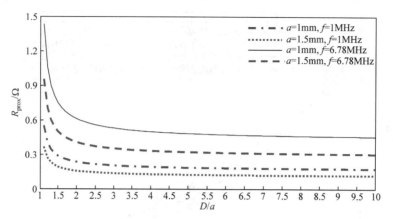

图 2.32　不同线径和频率下 R_{prox} 随 D/a 的变化曲线

$$\delta = \sqrt{\frac{\rho}{\pi\mu f}} = \sqrt{\frac{2\rho}{\omega\mu}} \qquad (2.133)$$

使用 Litz 线或空心导线能有效地改善集肤效应，但 Litz 线仅在一定的频率范围内有效，当频率大于 800kHz 时，Litz 线的邻近损耗将大于实心导线。

从上述线圈电感和电阻的计算公式可以看出，线圈电感和电阻的大小与线圈的形状、尺寸、匝数、匝间距以及频率等参数密切相关。在实际应用中，线圈的形状和大小需结合具体要求和空间大小进行设计。一般来说，增大线圈的匝数和外部尺寸可以增大线圈的电感，但线圈本身的损耗电阻也将增大，因此在增大电感值和降低内阻之间需要折中考虑，以实现最大的 Q 值。通常在确定线圈的形状和尺寸后，再通过反复迭代的方法分别对匝数、匝间距、导线半径等参数进行扫描以找到各参数的优化值，实现 Q 值的最大化。此外，在导线材料的选择上，由于超导材料可以有效地降低线圈的传输损耗，提高系统传输效率和增加传输距离，因此更多新型的超导材料有望被采用。

2.3.2　屏蔽层

为了降低线圈对非工作区域的电磁干扰，通常在线圈外侧加入屏蔽层。根据以上分析可知，平面方形线圈的体积小且耦合性能好。下面以平面方形线圈为例研究屏蔽层。

1. 屏蔽层结构

利用有限元仿真软件为平面方形线圈设计了四种屏蔽层结构，如图 2.33 所示。图中平面方形线圈的外侧边长为 30cm，内侧边长为 24.2cm，匝数为 10，匝间距为 0.3cm，线径为 0.2cm。屏蔽层的材料均设置为铁氧体，4 种屏蔽层的几何参数分别为：

(1) 方形屏蔽层的边长为 30cm，厚度为 0.2cm，线圈与屏蔽层之间的距离为 0.1cm；

(2) 环形屏蔽层的外侧边长为 30cm，内侧边长为 24.2cm，厚度为 0.2cm；

(3) 带边沿方形屏蔽层的边长为 30.6cm，厚度为 0.2cm，边沿长 0.5cm；

(4) 带边沿环形屏蔽层的外侧边长为 30.6cm，内侧边长为 23.6cm，厚度为 0.2cm，边沿长 0.5cm。

不同屏蔽层结构的磁场分布如图 2.34 所示。发射侧线圈及其屏蔽层位于下方，接收侧线圈及其屏蔽层位于上方，设发射侧线圈的激励电流为 3A。由图 2.34 可以看出，与环

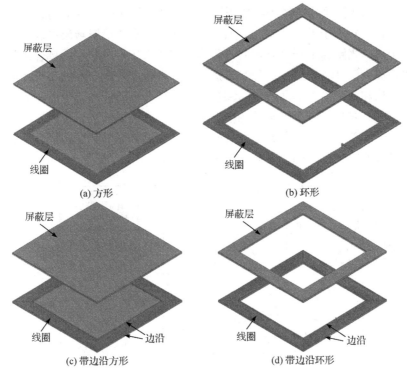

图 2.33 不同屏蔽层结构的仿真模型

形屏蔽层和带边沿环形屏蔽层相比,方形屏蔽层和带边沿方形屏蔽层下方的磁感应强度较小,屏蔽效果更好,并且带边沿环形屏蔽层的屏蔽效果要优于环形屏蔽层。

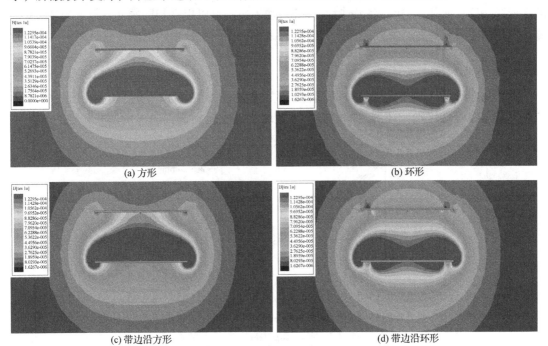

图 2.34 不同屏蔽层结构的磁场分布

图 2.35 示出了采用不同屏蔽层结构的耦合系数。当距离小于 30cm 时，方形和带边沿方形屏蔽层的耦合系数大于无屏蔽层，即加入方形和带边沿方形屏蔽层可以提高相同耦合系数下的传输距离。当距离小于 10cm 时，环形和带边沿环形屏蔽层的耦合系数大于无屏蔽层，但是当距离大于 10cm 时，环形和带边沿环形屏蔽层的耦合系数小于无屏蔽层。在同一距离下，方形和带边沿方形屏蔽层的耦合系数始终大于环形和带边沿环形屏蔽层。当距离小于 10cm 时，带边沿方形屏蔽层的耦合系数大于方形屏蔽层，带边沿环形屏蔽层的耦合系数大于环形屏蔽层。当距离大于 15cm 时，带边沿方形屏蔽层的耦合系数小于方形屏蔽层，带边沿环形屏蔽层的耦合系数小于环形屏蔽层。

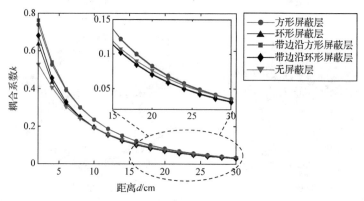

图 2.35　不同屏蔽层结构的耦合系数

综上可知，方形屏蔽层和带边沿方形屏蔽层可以提高相同耦合系数下的传输距离，且在相同的耦合系数下，方形屏蔽层和带边沿方形屏蔽层的距离始终大于环形屏蔽层和带边沿环形屏蔽层。此外，当距离较近时，屏蔽层加入边沿可以提高相同耦合系数下的传输距离，但是当距离较远时，屏蔽层加入边沿反而减小了相同耦合系数下的传输距离。

2. 屏蔽层厚度

图 2.36 给出了不同屏蔽层厚度的耦合系数。根据图 2.36 可以发现，当距离固定时，随着屏蔽层厚度的增加，线圈之间的耦合系数增加。也就是说，通过增加屏蔽层的厚度

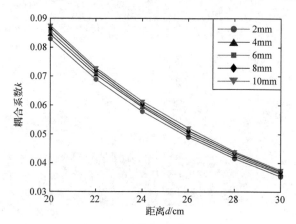

图 2.36　不同屏蔽层厚度的耦合系数

可以提高相同耦合系数下的传输距离。然而，增加屏蔽层的厚度，屏蔽层的体积、重量及成本也会增加。因此，在实际应用中，屏蔽层厚度的选择需要综合考虑耦合系数、屏蔽层体积、重量及成本等因素。

为了获得更好的屏蔽效果，通常在铁氧体屏蔽层的背面加入金属铝板。加入金属铝板后，方形屏蔽层的仿真模型如图 2.37 所示。图中，铝板的边长为 30cm，厚度为 0.1cm。图 2.38 示出了加入金属铝板后屏蔽层的磁场分布图，由图 2.38 可以看出，金属铝板下方的磁感应强度较小。

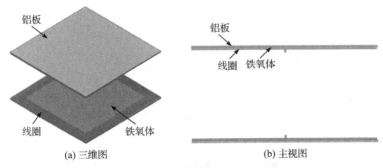

(a) 三维图　　　　　　　　　　　　　(b) 主视图

图 2.37　加入金属铝板后屏蔽层的仿真模型

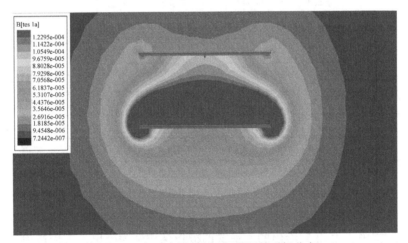

图 2.38　加入金属铝板后屏蔽层的磁场分布

图 2.39 给出了无屏蔽层、铁氧体屏蔽层及铁氧体加铝板屏蔽层 3 种情况下的耦合系数，可以看出在同一距离下，铁氧体加铝板屏蔽层与铁氧体屏蔽层的耦合系数基本相同，即加入铝板对耦合系数影响较小。

2.3.3　电场耦合机构

电场耦合机构是 ECPT 系统发射端与接收端能量耦合的关键元件，耦合机构的特性直接影响 ECPT 系统的传输性能[10]。

1. 极板结构

电场耦合机构通常由两对极板组成，常见的极板结构主要有平板式、圆盘式和圆筒式，

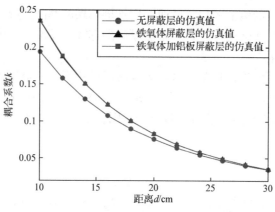

图 2.39　不同屏蔽情况下的耦合系数

三种极板的结构及性能对比见表 2.5。其中，P_1 和 P_2 为发射端极板，P_3 和 P_4 为接收端极板。P_1 和 P_3 为一对极板，用于从发射端向接收端传输能量，P_2 和 P_4 为另一对极板，用于构建能量从接收端到发射端的返回路径。

表 2.5　不同极板结构的对比

极板结构	平板式	圆盘式	圆筒式
结构图			
复杂程度	简单	较复杂	复杂
耦合电容	小	较小	大
抗偏移性	差	好	好
交叉耦合	有	有	无
应用领域	广泛	旋转类	旋转类

在平板式结构中，表 2.5 给出的水平式四极板结构最为简单，应用最为广泛。对水平式四极板结构进行优化，可得到垂直式四极板结构，又称层叠式结构，如图 2.40(a)所示。该结构能够增加同侧耦合电容值，从而降低系统的参数敏感性，有效节省电路元件和空间体积。由于层叠式结构的周围漏电场大小主要取决于外侧极板电压的高低，因此可以对层叠式结构进行改进，将低压极板置于外侧，高压极板置于内侧，如图 2.40(b)所示。改进层叠式结构不仅降低了系统的参数敏感性，而且降低了系统的电场泄漏，提高了系统的安全性。为了进一步增强耦合机构的抗偏移能力，一种矩阵型极板结构如图 2.40(c)所示，其中 P 极板为发射端，S 极板为接收端。无论负载位置如何，只要 S 极板位于 P 极板范围内，该系统就能保持稳定的电压输出，但要考虑不同极板间的交叉耦合。一种类似叶绿素细胞结构的接收极板阵列结构如图 2.40(d)所示，其中，矩形极板 S_x 为发射极板，六边形极板 P_{nm} 为接收极板阵列，但该系统需要为每个六边形极板配备接收电路，增加了成本和复杂度。

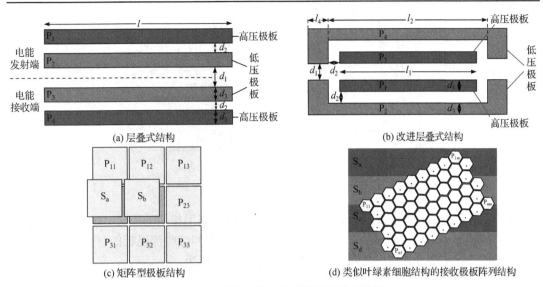

(a) 层叠式结构　　　　　　　　　　(b) 改进层叠式结构

(c) 矩阵型极板结构　　　　(d) 类似叶绿素细胞结构的接收极板阵列结构

图 2.40　不同类型的平板式耦合机构结构图

平板式极板结构中，除了四极板结构以外，还有两极板结构、六极板结构和多米诺极板结构，如图 2.41 所示。两极板结构是采用汽车底盘或者金属导体的对地电容构成电流返回路径，此类应用中只需要两块极板即可实现能量传递，能够有效地降低耦合机构数量。六极板结构是在四极板的基础上额外增加了两个屏蔽极板，能够大幅降低耦合机构的电场散射。多米诺极板结构在水平式四极板结构的中间插入一个中继器，包括一对耦合极板以及并联的谐振电感和电容，以实现传输距离的提升。

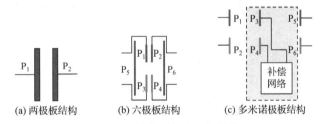

(a) 两极板结构　　　　(b) 六极板结构　　　　(c) 多米诺极板结构

图 2.41　其他平板式极板结构

2. 等效电路模型

一对带电平行极板之间的耦合电容值为

$$C_0 = \frac{\varepsilon S}{d} \tag{2.134}$$

式中，ε 为介电常数；S 为相对面积；d 为板间距。

可以看出，耦合电容值主要受耦合介质的介电常数、极板相对面积和两侧极板间距的影响。由于相对面积往往受到安装空间的限制，因此介电常数和板间距就成为影响耦合电容值的重要因素。由式(2.134)可得，其他参数一定时，板间距越小，电容值越大；介电常数越大，电容值越大。

常见的平板式耦合机构的耦合电容分布如图 2.42 所示，4 个极板之间共有 6 个交叉耦合电容。

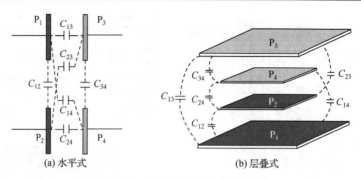

图 2.42　平板式极板的耦合电容

　　通过电路变换可将四极板耦合机构等效为与耦合电感模型相似的广义电容耦合模型，如图 2.43(a)所示。其中，C_P 和 C_S 分别定义为发射侧极板和接收侧极板的自电容，C_M 定义为发射侧极板和接收侧极板之间的互电容，其表达式分别为

$$\begin{cases} C_P = C_{12} + \dfrac{(C_{13} + C_{14})(C_{23} + C_{24})}{C_{13} + C_{14} + C_{23} + C_{24}} \\[3mm] C_S = C_{34} + \dfrac{(C_{13} + C_{23})(C_{14} + C_{24})}{C_{13} + C_{14} + C_{23} + C_{24}} \\[3mm] C_M = \dfrac{C_{13}C_{24} - C_{14}C_{23}}{C_{13} + C_{14} + C_{23} + C_{24}} \end{cases} \tag{2.135}$$

　　在完全对称的耦合机构中，可以认为 $C_{12} = C_{34}$，$C_{13} = C_{24}$，$C_{23} = C_{14}$，即有 $C_P = C_S$。通过计算各个电容之间的等效关系，可以进一步得到如图 2.43(b)所示的交叉耦合电容模型，各参数定义如下：

$$\begin{cases} C_{\text{int}1} = C_{\text{int}2} = C_{\text{in}} \cdot \dfrac{1}{1+H} \\[3mm] C_{S1} = C_{S2} = C_{\text{in}} \cdot \dfrac{H}{1-H^2} \end{cases} \tag{2.136}$$

其中，$C_{\text{in}} = C_{12} + \dfrac{C_{34}(C_{13} + C_{14})(C_{23} + C_{24}) + C_{13}C_{23}(C_{14} + C_{24}) + C_{14}C_{24}(C_{13} + C_{23})}{C_{34}(C_{13} + C_{14} + C_{23} + C_{24}) + (C_{13} + C_{23})(C_{14} + C_{24})}$；　$H = \dfrac{C_{13}C_{24} - C_{14}C_{23}}{C_{34}(C_{13} + C_{14} + C_{23} + C_{24}) + (C_{13} + C_{23})(C_{14} + C_{24})}$。

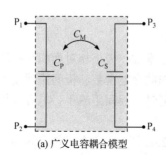
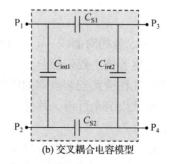

图 2.43　耦合极板的等效电路模型

2.4　控　制　策　略

在 WPT 系统的应用中，发射线圈和接收线圈之间不可避免地会出现距离变化或位置偏移，从而导致互感的变化。同时，负载通常具有一定的变化范围，在电能传输过程中可能会发生改变。由于 WPT 系统的传输功率与传输效率均与互感和负载有关，因此互感和负载的变化会造成输出功率和效率的不稳定。为了提高 WPT 系统的输出性能，常用的电能控制方法包括 DC-DC 变换器调压控制、高频逆变器输出功率控制、补偿网络可调谐振控制等。

2.4.1　DC-DC 变换器调压控制

DC-DC 变换器控制是指在 WPT 系统的发射端或者接收端加入 DC-DC 变换环节，以实现对输出的控制。系统结构如图 2.44 所示，一种方法是通过发射端的 DC-DC 变换调节高频逆变器的输入电压，实现 WPT 系统输出电压的线性调节；另一种方法是通过接收端的 DC-DC 变换调节负载的输出电压。

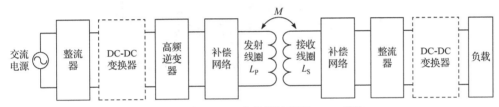

图 2.44　含 DC-DC 变换器控制的 WPT 系统

在发射端加入 DC-DC 变换环节能线性调节输出电压，在接收端加入 DC-DC 变换环节通过改变等效负载大小实现调压，在实际应用中，使用最多的是在发射端 DC-DC 调压。常用的 DC-DC 变换器有 Buck、Boost、Cuk 和 Buck-Boost 等。基于 DC-DC 变换器的输出控制技术，具有调功范围宽、控制可靠且控制精度较高等优点，但增加了一级电能变换，导致系统的整体效率降低，且增加了系统的体积和成本。

2.4.2　高频逆变器输出功率控制

高频逆变器的控制方式主要包括频率控制、移相控制和 On-Off 控制。频率控制通过改变频率进而调节输出功率；移相控制通过调节逆变器输出电压进而调节输出功率。On-Off 控制则是对逆变器的工作和关断的周期数进行调节，以调节输出平均功率[1]。

1. 频率控制

由 1.2.2 节的分析可知，两线圈 MCR-WPT 系统在耦合系数较大时，会出现功率分裂现象，即频率发生变化时输出功率出现 2 个波峰和 1 个波谷，其中波谷处对应的频率解是系统的固有谐振频率。根据图 2.45 所示的频率随耦合系数的变化曲线可知，MCR-WPT 系统的工作状态可分为过耦合、临界耦合和欠耦合三种状态。在过耦合区域(耦合系数 k 大于临界耦合系数 k_C)，系统有两个峰值频率点，位于系统固有谐振频率点的两侧；在弱耦合区域(耦合系数 k 小于临界耦合系数 k_C)，系统只有一个峰值频率点，即固有谐振频率。

因此，当系统处于过耦合时，频率控制的思想是在互感或耦合系数变化情况下，通过控制逆变器的工作频率，实现输出功率等于或接近功率最大值。当系统处于欠耦合时，频率控制的目的则是克服各种原因造成的失谐现象，保证系统处于谐振状态，而不是调节功率。目前制定的无线电能传输技术标准都对系统的工作频率做了规定，若要求系统工作频率固定或频率变化范围很窄，则频率控制不再适用。

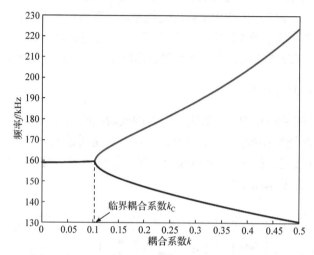

图 2.45   MCR-WPT 系统的频率与耦合系数的关系

2. 移相控制

移相控制是传统的电压型逆变器控制方法，主要应用于电压型全桥逆变器，其目的是使逆变器输出宽度为 θ 的交变电压方波。移相控制通过调节 θ 的大小可以改变逆变器输出电压的大小，当 $\theta=180°$ 时，输出电压最大，但对传输效率没有改善作用。

移相控制为定频控制，可以满足大部分的应用场合要求。然而，移相控制只能降低基波电压幅值，不能提升基波电压幅值，当 θ 较小时，逆变器输出电压的谐波含量会变得很大。

3. On-Off 控制

由于移相控制只适合桥式逆变器，而频率控制会改变 E 类功率放大器的谐振网络参数，导致 E 类功率放大器偏离理想的软开关工作状态，故上述两种控制方案均不适用于 E 类功率放大器。On-Off 控制是射频领域常用的一种控制方法，适用于 E 类功率放大器这类负载适应性较差的拓扑。如图 2.46 所示，On-Off 控制中，开关管的驱动信号 u_g 是将高频、低频信号求和后得到的。当低频信号 u_{gLF} 为高电平时，开关管的导通与关断取决于高频信号 u_{gHF}，此时逆变器处于正常工作状态；当低频信号 u_{gLF} 为低电平时，开关管保持关断，逆变器无输出。通过改变低频信号的占空比即可控制逆变器的平均输出功率。

由于 On-Off 控制可以在保持负载不变的情况下对功率进行调节，故逆变器可以始终工作在理想负载的状态。然而 On-Off 控制的缺点在于逆变器需要频繁启动和停机。为保证在每个工作和关断周期都可以达到稳态，系统需要具有较快的动态响应。在大功率应用场合，启动过程会产生很高的浪涌电流，缩短了开关管的寿命。间断式工作方式还会引入低频谐波，增加了滤波器的体积和尺寸。

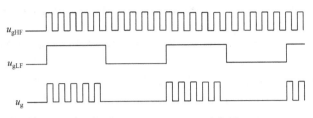

图 2.46　On-Off 控制的驱动信号

2.4.3　补偿网络可调谐振控制

WPT 系统的传输特性受电路参数的影响较大，当电路参数发生变化时，系统谐振频率也会变化，导致功率发生变化。因此，可在 WPT 系统的发射端或接收端的补偿网络中加入可调谐振元件，通过调节电路参数实现系统功率的调节。

可调谐振元件的拓扑结构如图 2.47 所示。通过调节开关的通断时间，可以调节等效电感或等效电容的大小，但该方法存在着体积大、成本高、控制复杂等问题，且调节的线性度差、精度不高。

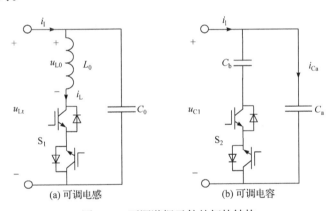

图 2.47　可调谐振元件的拓扑结构

2.5　本章小结

本章针对无线电能传输系统的典型架构，首先对适用于无线电能传输系统的高频逆变器进行了系统的梳理和归纳，分析了它们的拓扑结构和工作特性；然后分别介绍了 ICPT 系统和 MCR-WPT 系统的补偿网络，分析了一些常用补偿网络的工作特性；接着列举了无线电能传输系统的典型耦合机构，探讨了不同参数对耦合机构性能的影响；最后阐述了无线电能传输系统的控制策略，为无线电能传输系统的设计奠定了理论基础。

参 考 文 献

[1] 韩冲, 张波. 谐振式无线电能传输系统中高频逆变器的特性分析和参数设计[J]. 电工技术学报, 2018, 33(21): 5036-5050.

[2] RAAB F H. Idealized operation of the class E tuned power amplifier[J]. IEEE transactions on circuits and

systems, 1977, 24(12): 725-735.

[3] RAAB F H. Effects of circuit variations on the class E tuned power amplifier[J]. IEEE journal of solid-state circuits, 1978, 13(2): 239-247.

[4] 周佳丽, 张波, 谢帆. 磁谐振无线输电系统 E 类逆变电路分析[J]. 北京交通大学学报, 2015, 39(5): 112-117.

[5] 吴理豪, 张波. 电动汽车静态无线充电技术研究综述(下篇)[J]. 电工技术学报, 2020, 35(8): 1662-1678.

[6] 张波, 黄润鸿, 疏许健. 无线电能传输原理[M]. 北京: 科学出版社, 2018.

[7] VILLA J L, SALLAN J, OSORIO J F, et al. High-misalignment tolerant compensation topology for ICPT systems[J]. IEEE transactions on industrial electronics, 2012, 59(2): 945-951.

[8] 魏芝浩. 接收侧电路及耦合机构提高 PT 对称无线电能传输距离的机理和方法研究[D]. 广州: 华南理工大学, 2022.

[9] 曾玉凤, 丘东元, 张波. 磁谐振无线电能传输系统线圈设计综述[J]. 电源学报, 2019, 17(4): 94-104.

[10] 于宙, 肖文勋, 张波, 等. 电场耦合式无线电能传输技术的发展现状[J]. 电工技术学报, 2022, 37(5): 1051-1069.

第 3 章 无线电能传输系统功能需求

无线电能传输技术在工程实际应用中，必须满足稳定、可靠、安全的技术要求，而实现这些要求都离不开异物检测、电磁防护以及信息交互。本章将从异物检测技术、电磁兼容措施、电能与信息同传方法三个方面分别介绍无线电能传输系统的功能需求。

3.1 异物检测技术

随着 WPT 技术的推广，其应用环境也日趋复杂。在 WPT 系统周围的不同位置可能会出现各种不同材质的异物，对 WPT 系统产生影响或对金属异物和活体(或生物体)异物产生影响。根据磁导率的不同，金属异物可以分为两大类：第一类是磁导率约为 1 的非铁磁性金属异物，如金、银、铜等；第二类是磁导率远大于 1 的铁磁性金属异物，如铁、钴、镍等。在电磁场的作用下，非铁磁性金属主要产生涡流效应，磁滞效应忽略不计，但铁磁性金属既产生涡流效应也产生磁滞效应。涡流效应会使金属很快被加热至高温，极易导致火灾或烫伤人体。同时，涡流效应还会对 WPT 系统的工作状态产生很大的影响，如线圈等效内阻变大、等效电感变小、系统传输效率降低等。铁磁性金属异物引起的磁滞效应还会影响系统参数，如增大线圈等效电感、降低谐振频率、影响线圈互感等，从而使系统的传输效率和输出功率发生变化。

活体异物主要包括人和动物等生物体，由于生物体本身具有阻抗，电磁场可能会对生物体组织造成损害，特别是在中大功率的 WPT 系统中。同时，活体异物还会影响 WPT 系统的杂散参数，尤其是工作频率在 MHz 级的系统。当人体靠近高频线圈时，相当于在系统中引入一种有损介质，会引起谐振频率偏移和线圈品质因数降低，从而降低系统传输效率。

为了消除异物带来的生命安全和设备安全威胁，直接移除 WPT 系统的异物是最有效的解决方法，但移除异物的前提是准确检测和识别，因此需要探索和研究 WPT 异物检测技术，为 WPT 系统的安全运行奠定基础。下面介绍目前 WPT 系统常用的 3 种异物检测方法。

3.1.1 基于非电气参数的检测方法

基于非电气参数的检测方法一般需要在 WPT 系统中加入额外的传感器，如重力传感器、摄像头、红外热像仪、雷达传感器和磁阻传感器等。该方法可以用于独立检测 WPT 系统中的金属异物和活体异物，且不受系统电能传输状态的影响。基于重力传感器的方法是通过检测重力变化以识别侵入系统的异物，主要用于发射线圈或接收线圈水平放置的 WPT 系统，检测原理简单，但不能区分活体异物、金属和非金属异物，且难以识别大头针、锡纸等重量较轻的异物。基于摄像头的方法通过采集无线充电区域的图像，再利用图像识别算法检测选定区域的异物，可以有效识别各类异物，但易受环境光线干扰。基于红外热像仪的方法通过分析红外成像中的异常发热点可以检测金属异物和活体异物，不受环境光线干扰。但是，若所测物体与周围环境温差不大，则红外热成像的对比度就会降低，分辨细节能力变差，灵敏度变低。与摄像头、红外等传感器相比，雷达传感器穿透雾、烟、灰尘的能力强，抗干扰能力强，通过测量发射信号和接收信号之间的时延，一旦有异物进入系统，阻碍信号传输，其信号时延就会发生变化，从而判定异物的存在，但是难以识别体积小的异物。由于金属异物侵入系统时，其周围磁场分布会发生变化，利用高灵敏磁阻传感器可将微小的磁场变化转化为电压输出，从而识别金属异物的侵入。

基于非电气参数的检测方法在机场跑道等其他领域的异物检测中经常被采用，技术较为成熟。由于单个传感器一般无法覆盖全部的无线输电区域，因此需要不同传感器配合使用或安装多个传感器，成本极高，且占用了大量额外空间。

3.1.2　基于系统电气参数的检测方法

基于系统电气参数的检测方法直接利用系统的功率损耗、线圈电感、品质因数和线圈电流等电气参数进行检测。当 WPT 系统中存在金属异物时，发射线圈阻抗角会发生变化且品质因数会降低，通过对比异物侵入前后线圈阻抗角或品质因数的不同，实现金属异物的检测。然而，除了金属异物，电能传输时的扰动(如负载变化)也会影响线圈的参数，因此利用线圈参数检测异物只能应用于离线检测，即只能在电能传输前进行检测，当电能正在传输时，该方法的检测准确度不高。此外，由于金属异物上出现的涡流会导致系统产生额外的损耗，故还可以通过测量系统的功率损耗来在线判断是否存在金属异物。

该方法已被 Qi 标准采用，但是只适合于小功率应用场合，且易受线圈位置偏移和传输功率波动的影响而产生误动作，此外还需要双边通信。为了降低通信带来的成本，可以仅通过测量输入功率或发射线圈电流是否过高来检测金属异物，但只适用于特定的系统，如恒功率输出的系统。由于金属异物会导致系统的谐振频率发生偏移，故还可以通过测量谐振频率的偏移量进行异物检测，但体积小的金属异物难以识别。

与基于非电气参数的检测方法相比，基于系统电气参数的检测方法可以大幅降低检测成本和空间占用。然而，该方法一般只适用于金属异物的检测，并且只有在线圈相对异物较小或者低功率应用时，金属异物对系统电气参数的影响显著才容易被检测到，而在大线圈或中大功率场合中，相对较小的金属异物，如硬币、大头针等，对系统电气参数的影响并不显著。因此，基于系统电气参数的检测方法仅适合于小线圈小功率场合的应用，对于大线圈或中大功率 WPT 系统，灵敏度很低。

3.1.3　基于电磁场分布的检测方法

基于电磁场分布的检测方法一般需要添加额外的检测线圈。因为金属异物会影响周围的磁场分布，所以可以利用金属异物引起的检测线圈感应电压变化来识别[1]。检测线圈通常紧贴发射线圈安装，可以由多个大小相等的线圈反向串联构成，故发射线圈在检测线圈上产生的感应电压会相互抵消，使得总电压为零，而当金属异物侵入时，感应电压则不会为零。该方法一般将 PCB 线圈作为检测线圈，空间占用小，线圈结构容易实现，形状可调，可根据不同实际应用场合调整线圈排布，具有较广泛的实用性。

然而，该方法还存在一些问题：①当金属异物均匀分布于检测线圈中间时，各个检测线圈上产生的感应电压也会相互抵消，并不会产生异常信号，即为检测盲点。在检测盲点及其附近,异物检测的灵敏度极低,甚至检测不到。另外,当金属异物小于检测线圈单元时,异物检测的灵敏度仍然较低。②发射线圈产生的磁场不一定是均匀的,并且接收线圈的移动也会影响磁场分布,可能导致无异物时检测线圈的感应电压不一定为零,从而发生误动作,可靠性低。③由于各线圈单元反向串联,一般需要占用两层 PCB 空间。④活体异物会影响 WPT 系统周围的电场分布,并影响线圈杂散电容等杂散参数,基于电磁场分布的活体异物检测较难实现。

3.1.4 异物检测技术的挑战

目前的 WPT 异物检测技术难以实现高灵敏度,特别是对于体积小的异物,虽然体积小的异物对 WPT 系统影响较低,但异物受 WPT 系统影响较大。例如,体积小的金属异物对线圈相对较大的 WPT 系统不会造成太大影响,但由于体积小,其功率密度较大,温升反而比体积大的金属异物高,极易导致火灾。因此,WPT 异物检测技术需要具备高灵敏度以精准实现小体积异物的检测。

此外,基于非电气参数的检测方法易受系统环境影响,且难以覆盖整个充电区域;基于电气参数检测的方法容易受线圈位置偏移和传输功率浮动影响而产生误动作;而基于电磁场的检测方法由于检测线圈与发射线圈、接收线圈存在耦合,易与 WPT 系统相互影响。因此,WPT 异物检测系统在保证检测灵敏度的同时,还需要具有较强的抗干扰性以确保系统的可靠性。

3.2 电磁干扰与电磁兼容

随着 WPT 产品逐步走向市场,WPT 系统在电磁兼容性方面应当符合相关的标准和要求,以确保其在运行过程中不会对周围的电磁环境造成有害干扰,同时也能够抵抗来自外界环境的电磁干扰,确保系统正常运行。

3.2.1 WPT 系统对外界环境的影响

高功率射频电磁波会对人体健康产生有害影响已经是一种广泛的共识,因此,不同的国家、地区和组织制定了相关标准来规定电磁辐射的限值。目前国际上主流的电磁场曝露安全标准主要有两个:一是国际非电离辐射防护委员会(International Commission on Non-Ionizing Radiation Protection,ICNIRP)制定的《限制时变电场和磁场曝露导则(1Hz~100kHz)》(2010 年)和《限制电磁场曝露导则(100kHz-300GHz)》(2020 年),主要使用地区是欧洲和澳大利亚;二是 IEEE 发布的《关于人体曝露于电场、磁场和电磁场安全水平的 IEEE 标准(0Hz-300GHz)》(C95.1—2019),主要使用地区是美国、日本和加拿大。我国在 1988 年首次发布了《电磁辐射防护规定》(GB 8702—88)和《环境电磁波卫生标准》(GB 9175—88),此后为更加合理地管理电磁环境,在参考国际标准以及综合考虑我国电磁环境保护工作实践的基础上,在 2014 年对上述两个标准进行了合并和修订,颁布了《电磁环境控制限值》(GB 8702—2014)。

电磁曝露安全标准一般包括两种曝露限值:一是基本限值,二是最大允许曝露或参考限值。基本限值定义了阈值,高于该阈值,会有一些可预见的生物效应;参考限值是由于在一些情况下测量基本限值比较困难，故规定了远场条件下的入射电场强度、磁场强度或是入射功率密度。如果低于该参考限值，则是符合规定的；如果高于该参考限值，不一定违反规定，还需要通过额外的测试来确定其是否超过基本限值。

电磁曝露的环境可划分为公众曝露和职业曝露两种，公众曝露是指在公共环境中生活的大众群体受到的电磁辐射，一般情况下是很难发现或不知道自己已经受到曝露，并且没有保护措施。职业曝露是针对在特殊电磁环境中工作的职业人群，一般会有保护措施并受过一定的安全训练。根据曝露环境的不同，电磁曝露安全限值也不同。国标 GB 8702—2014 删除了职业曝露限值，规定的电磁环境中控制公众曝露的电场、磁场和电磁场(1Hz～300GHz)的场景限值见表 3.1。

表 3.1　公众曝露控制限值

频率范围	电场强度 $E/(V/m)$	磁场强度 $H/(A/m)$	磁通密度 $B/\mu T$
1Hz～8Hz	8000	$32000/f^2$	$40000/f^2$
8Hz～25Hz	8000	$4000/f$	$5000/f$
0.025kHz～1.2kHz	$200/f$	$4/f$	$5/f$
1.2kHz～2.9kHz	$200/f$	3.3	4.1
2.9kHz～57kHz	70	$10/f$	$12/f$
57kHz～100kHz	$4000/f$	$10/f$	$12/f$
0.1MHz～3MHz	40	0.1	0.12
3MHz～30MHz	$67/f^{1/2}$	$0.17/f^{1/2}$	$0.21/f^{1/2}$
30MHz～3000MHz	12	0.032	0.04
3000MHz～15000MHz	$0.22f^{1/2}$	$0.00059f^{1/2}$	$0.00074f^{1/2}$
15GHz～300GHz	27	0.073	0.092

注：频率 f 的单位为所在行中第一栏的单位。

3.2.2　外界环境对 WPT 系统的影响

实际应用中，还需考虑 WPT 系统周围电磁环境发生变化，导致系统参数的改变，如金属介质的引入会对 WPT 系统的线圈参数产生明显的影响，同时也会改变耦合线圈间磁场的分布，使得 WPT 系统的传输性能受到极大的影响。不同金属介质对 WPT 系统的影响效果是不同的，根据金属的磁导率不同，通常将金属介质分为非铁磁性金属介质和铁磁性金属介质。

1. 非铁磁性金属介质

当磁耦合线圈位于非铁磁性金属介质环境时，线圈中产生的交变电磁场会在金属介质表面感应出涡流，从而对线圈产生的磁场造成严重的干扰。当金属板位于发射线圈外侧时，金属板上感应出的涡流电流会使线圈的等效自感变小，由于此时谐振电容不变，引入非铁磁性金属板后，WPT 系统的实际谐振频率将大于原先设定的工作频率，造成系统实际传输效率大幅度降低。另外，随着金属板与线圈距离的不断加大，这种影响将会逐渐减小。

同时，非铁磁性金属介质也会对耦合线圈间的互感造成显著的影响。当金属板位于发射线圈外侧或接收线圈外侧时，由于非铁磁性金属介质的存在阻碍了线圈间磁场能量的正常流动，发射线圈耦合到接收线圈的磁力线数目大大减小，进而导致线圈间的互感变小，造成 WPT 系统传输性能的进一步下降。当金属板位于线圈两侧时，金属板对线圈互感的削弱作用更加明显，但随着金属板与线圈距离的增大，这种影响会逐渐减弱。

2. 铁磁性金属介质

铁磁性金属介质的磁导率远远大于非铁磁性金属介质，其对线圈产生磁场的作用机理与非铁磁性金属介质有较大的不同。由于存在磁滞效应等非线性约束的影响，其对线圈空间磁场分布影响的分析更加复杂。当磁耦合线圈位于铁磁性金属介质环境时，高磁导率的铁磁性金属介质会形成良好的磁通通道，同时形成较强的磁化矢量和感应磁场，会使耦合线圈的空间磁场得到有效的加强。

将铁磁性介质磁条均匀分布在线圈周围时，磁条的引入显著增大线圈的自感，线圈间的互感也会相应增大。与非铁磁性金属介质类似，由于谐振电容并未发生改变，此时系统的实际谐振频率将小于设定的工作频率，同时随着磁条数目的增加，实际谐振频率将进一步远离原有的谐振频率，但互感的增大一定程度上可以补偿谐振频率带来的影响。若 WPT 系统逆变器的输出具有谐振频率自动跟踪的功能，线圈间互感的增大有利于进一步提高 WPT 系统的传输性能。但需要指出的是，铁磁性金属介质的引入会增大系统之间的耦合，有可能造成 WPT 系统出现功率分裂现象，这对于 WPT 系统是不利的。

3.2.3　WPT 系统电磁环境建模及分析方法

磁场耦合式 WPT 系统的电磁兼容性分析主要是针对线圈间的耦合磁场，通过建立 WPT 系统的电磁环境模型，可以进一步探究 WPT 系统的辐射机理、磁场分布、电磁干扰现象以及电磁干扰抑制措施，从而指导 WPT 系统的电磁兼容性设计工作。在 WPT 系统电磁环境分析方法中，常见的解析计算方法主要包括矩量法(method of moments，MOM)、时域有限差分(finite difference time domain，FDTD)法以及准静态法。电磁仿真分析法则是借助电磁仿真软件的手段，通过设定合理的电磁环境模型和电磁场边界条件，进而研究 WPT 系统在特定电磁环境下的电磁分布和性能参数[2]。

矩量法(MOM)是一种广泛应用于电磁辐射效应、电磁兼容等领域的计算方法，主要应用于 WPT 电磁场生成源周围入射场的计算。

时域有限差分(FDTD)法是一种计算效率高的方法，可用于评估复杂非均匀介质结构(如人体解剖模型)的电磁曝露。由于复杂的组织结构可以直接在 FDTD 网格上呈现，局部介电特性可以直接赋值到有限差分方程，目前 FDTD 法已经成为电磁场数值计算的重要方法之一。采用 FDTD 法模拟 WPT 系统线圈结构，需要精细的网孔分辨率，其计算单次所需时间虽短，但重复次数较多，导致 FDTD 法模拟仿真需要较长的仿真时间。为了解决这个问题，通常先通过 MOM 或有限元法(finite element method，FEM)计算生成源周围的入射场，然后利用 FDTD 法开展网格区域内的计算仿真。

准静态法可以极大简化 WPT 系统电磁场计算的过程，该方法忽略了位移电流，认为源电场的电流分布不受人体的影响。在不考虑人体的情况下，首先通过 MOM 等计算方法确定源电场的场分布，然后通过准静态法计算出人体的感应电场和 SAR。此两步法在低频段具有较好的适应性，只需求解一次源的电流分布以及其产生的矢量势，而不需要对周围的空气区域建模，极大地减少了计算量。

商业软件 FEKO 和 ANSYS Maxwell 是最具有代表性的两款电磁仿真软件。FEKO 是世界上第一款将 MOM 推向市场的商业软件，并在此基础上进一步引入了多层快速多极子，同时也支持 FEM 的电磁仿真计算。ANSYS Maxwell 则是目前最通用的电磁仿真软件，该软件通过高精度的有限元法来分析各种静态、频域和时变磁场及电场。与 FEKO 相比，ANSYS Maxwell 具有更友好的操作界面和更简便的操作流程，可以快速有效地进行电磁仿真。

3.2.4 WPT 系统电磁干扰抑制措施

为了有效抑制 WPT 系统的电磁干扰，使其满足 ICNIRP 等电磁兼容导则，需要采用电磁干扰抑制措施。电磁屏蔽技术是目前 WPT 系统电磁辐射抑制的主要措施，包括无源屏蔽技术、有源屏蔽技术以及谐振屏蔽技术等，此外还有从骚扰源进行抑制的扩频技术，下面对上述几种电磁干扰抑制措施进行介绍。

1. 无源屏蔽技术

无源屏蔽技术是指使用金属屏蔽材料对耦合线圈产生的高频交变磁场进行屏蔽，该技术目前已经成为 WPT 系统最常用的电磁干扰抑制手段。无源屏蔽技术使用的金属屏蔽材料主要包括铁磁性金属屏蔽材料和非铁磁性金属屏蔽材料。铁磁性金属屏蔽材料可以为耦合线圈产生的磁场提供一条高磁导率的通道，有利于减小线圈产生的漏磁场；而非铁磁性金属屏蔽材料通过导电材料产生反向的涡流磁场，从而对原磁场进行一定程度的抵消。由于两种金属屏蔽材料都会显著改变 WPT 系统的电气参数，故需要考虑屏蔽体对原有 WPT 系统传输性能的影响。同时，两种金属屏蔽材料对线圈自感和互感数值的影响方向相反，且屏蔽效果各有不同，实际应用中往往采用两种金属屏蔽材料相结合的方式来对 WPT 系统的电磁干扰进行有效的抑制。

2. 有源屏蔽技术

由于无源屏蔽技术采用的金属屏蔽材料通常水平放置在线圈外侧，故对线圈水平方向上的漏磁场没有明显的抑制作用。有源屏蔽技术则是一种能有效消除水平方向电磁干扰的方法，其基本原理是利用带有激励源的抑制线圈产生与原磁场方向相反的磁场，进而实现对特定位置漏磁场的有效削弱。在实际应用中，有源屏蔽技术可与无源屏蔽技术相结合，进而实现全方位的电磁辐射屏蔽，但也存在设计复杂以及影响主磁场能量传输效果等问题。

3. 谐振屏蔽技术

谐振屏蔽技术通过在接收线圈外侧放置与接收线圈垂直的屏蔽线圈，可以在不增加激励源的情况下，借助原磁场在屏蔽线圈感应出的反向抵消磁场，对入射磁场进行有效的削弱。该技术将线圈产生的漏磁场作为无功谐振回路的激励源，解决了有源屏蔽中存在的功率下降问题，同时屏蔽线圈的布置更为灵活，因此具有更广泛的应用前景，能够适用于不同工况下的 WPT 系统。与有源屏蔽技术相似，谐振屏蔽技术在实际应用中往往和无源屏蔽技术相结合，共同实现对泄漏磁场的全方位电磁屏蔽，但也存在控制方法复杂、参数难以设计的问题。

4. 扩频技术

目前对 WPT 系统电磁干扰抑制的研究大多集中在对辐射磁场的电磁屏蔽，而扩频技术的运用则可以有效地从辐射源源头抑制谐波噪声。通过改变载波频率的方式，使得谐波噪声的功率谱密度分布在更宽的频率范围内，改善空间电磁场的频率谱，进而有效抑制了低次谐波分量。

与正常谐振工况相比，扩频调制增加了无功电流，但扩频降噪的效果要比无功电流引起的噪声更为明显。另外，由于扩频技术是通过软件算法实现的，与其他屏蔽技术相比，可以在不增加新的硬件结构的前提下，有效从源头降低 WPT 系统的电磁干扰，未来具有一定的应用前景。

值得注意的是，目前对 WPT 系统电磁兼容的研究都是在谐振状态，且在发射和接收两侧的线圈完全对准下进行的。但在实际应用过程中，环境因素、负载变动、线圈偏移或线圈过耦合等因素都会导致 WPT 系统脱离原有的工作状态。以线圈偏移为例，当磁耦合线圈发生横向偏移时，将造成电磁场的严重畸变，会使得某些位置的电磁干扰明显加强。环境因素等导致的线圈自感系数发生变化，也会使得 WPT 系统偏离原有的谐振状态，使得电磁场的分布与谐振状态存在差异。因此，ICPT 和 MCR-WPT 系统的电磁干扰抑制措施需要进一步深入研究。

3.3　电能与信息同传

在实际应用中，WPT 系统的发射端与接收端之间不仅需要建立电能传输通道，而且同时需要建立数据通信链路以实现闭环控制和信息交互。电磁场既可以作为能量载体，又可以作为信息媒介，故本质上近场磁耦合链路可同时传输电能与信息而不需要引入额外的通信链路。

无线电能与信息同传(simultaneous wireless power and information transfer，SWPIT)系统架构如图 3.1 所示，其实时通信内容可分为两大类：①电能控制数据，包括接收侧电压、电流、功率大小等，主要用于系统的闭环控制、状态监测、最大效率/功率跟踪控制等；②系统运行状态数据，与系统整体实现的功能及用途有关，如发射端发送的功能控制命令、接收端传感器采集的系统工作数据等。

为提高通信速率并降低信息流与能量流之间的相互影响，SWPIT 系统可基于电力电子器件的开关控制特性对待传信息进行数字调制。在系统实现方面，由于 SWPIT 系统是基于线圈间的磁场耦合实现能量与信息的同时传输，故既可令能量流与信息流共用一条磁耦合链路(一对线圈)进行传输，即共享链路型，又可令能量流与信息流使用多条磁耦合链路(多对线圈)独立传输，即分离链路型。下面将分别介绍 SWPIT 系统的调制原理以及电路实现方案。

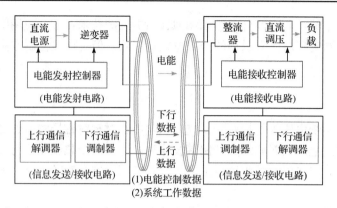

图 3.1　SWPIT 系统架构

3.3.1　调制原理

现代通信系统为提升信息传输的可靠性,会采用数字调制对信息进行处理。数字调制就是将二进制数字序列映射成一组相应的信号波形,这些信号波形的差别主要在于幅度、相位、频率,或是两个或多个参数的组合,最终用载波信号不同的特征代表二进制数据流并在物理信道上传输。

SWPIT 系统同样引入数字调制对信息流进行处理,根据数字调制采取的载波介质特性,调制方式主要分为三种,具体的方式如图 3.2 所示[3]。

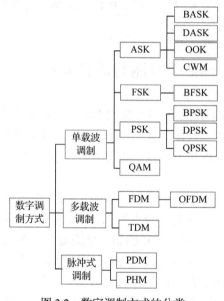

图 3.2　数字调制方式的分类

(1) 单载波调制。信息基于单个载波进行调制,利用载波的幅值、频率、相位、宽度等区分比特 0 和比特 1。

(2) 多载波调制。信息基于多个载波进行调制,然后并行传输,使用频分复用将信道带宽划分给多个子载波以避免符号间串扰,子载波的调制方式与单载波调制相同;或者采用时分复用,令信息载波与能量载波分时传输。

(3) 脉冲式调制。利用脉冲的相关特征(如谐波特性或者时间延迟)进行数据调制。

1. 单载波调制

单载波调制使用正弦信号作为信息载体，设载波的数学表达式为

$$s_m(t) = A_m \cos(2\pi f_c t + \varphi_c) \tag{3.1}$$

式中，A_m 为幅值；f_c 为频率；φ_c 为相位。

若分别改变载波信号的幅值、频率、相位中的一个参数，即可实现幅移键控(amplitude shift keying，ASK)、频移键控(frequency shift keying，FSK)、相移键控(phase shift keying，PSK)。若同时改变两个参数，如幅值和相位，即为正交振幅调制(quadrature amplitude modulation，QAM)。

1) 幅移键控

幅移键控的信号波形可以表示为

$$s_{\mathrm{ASK}}(t) = A_m \cos(2\pi f_c t), \quad m = 1, 2, \cdots, M, \quad 0 \leqslant t \leqslant T \tag{3.2}$$

式中，$A_m(1 \leqslant m \leqslant M)$ 表示第 m 个载波的幅度。

SWPIT 系统应用最为广泛的为二进制幅值键控(binary ASK，BASK)调制，即 $M = 2$。如图 3.3 所示，BASK 的数字调制采用高低两个不同幅值分别代表比特 1 和比特 0。设载波的最高与最低幅值分别为 A_{H} 与 A_{L}，即有

$$s_{\mathrm{BASK}}(t) = \begin{cases} A_{\mathrm{H}} \cos(2\pi f_c t), & \text{比特1} \\ A_{\mathrm{L}} \cos(2\pi f_c t), & \text{比特0} \end{cases} \tag{3.3}$$

BASK 调制的抗干扰能力由载波幅值的大小差异决定，可定义 BASK 的调制深度为

$$m_{\mathrm{ASK}} = \left| \frac{A_{\mathrm{H}} - A_{\mathrm{L}}}{A_{\mathrm{H}} + A_{\mathrm{L}}} \right| \times 100\% \tag{3.4}$$

调制深度 m_{ASK} 决定了 BASK 的抗干扰能力，m_{ASK} 越大，载波幅值差异越大，解调时越易从中恢复信息，抗干扰能力越强；m_{ASK} 越小，载波幅值差异越小，抗干扰能力越弱，解调时信号易受噪声影响，可能难以从中恢复信息。ASK 常采用非相干解调，其调制与解调实现较简单，故使用较多，但当 ASK 调制用于共享链路型 SWPIT 系统时会影响电能传输功率与效率，同时普通 ASK 的抗干扰能力较弱，为此可使用衍生的改进幅值类调制。

为提升 ASK 调制的抗干扰能力，可使用开关键控(on-off keying，OOK)提升调制深度。如图 3.3 所示，由于 OOK 在传输比特 0 时完全无功率传输，故对电能传输影响较大，适用于载波注入式以及分离链路型系统。为抑制 OOK 对电能传输的影响，可采取载波宽度调制(carrier width modulation，CWM)，即改变单个调制周期内载波的占空比。为提高载波利用率与通信速率，可进一步采用多进制调制，如四级载波宽度调制(quad-level CWM，QCWM)；还可采用差分幅值键控(differential ASK，DASK)抑制电路暂态响应，利用载波前后的相对幅值差的变化调制信息。

2) 频移键控

频移键控的信号波形可以表示为

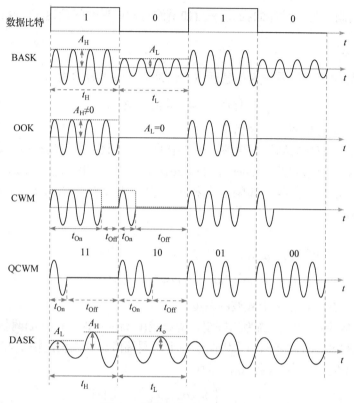

图 3.3　幅值调制类方案原理

$$s_{\text{FSK}}(t) = A\cos(2\pi f_c t + 2\pi m\Delta f t), \quad 1 \leqslant m \leqslant M, \quad 0 \leqslant t \leqslant T \tag{3.5}$$

式中，Δf 为频率偏移基数；m 表示频率偏移数量。

　　FSK 可用不同频率的载波表示比特 0 和比特 1，SWPIT 系统中常使用二进制频移键控(binary FSK，BFSK)，即 $M = 2$，采用 2 个不同频率的载波来代表比特 0 和比特 1。设高频率为 f_{H}，低频率为 f_{L}，则有

$$s_{\text{BFSK}}(t) = \begin{cases} A\cos(2\pi f_{\text{H}}t), & \text{比特1} \\ A\cos(2\pi f_{\text{L}}t), & \text{比特0} \end{cases} \tag{3.6}$$

BFSK 的数字调制过程如图 3.4 所示。

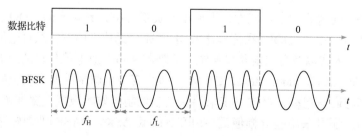

图 3.4　频率调制类方案原理

BFSK 的抗干扰能力与高低载波频率差异有关，可定义 BFSK 的调制深度为

$$m_{\text{BFSK}} = \left| \frac{f_{\text{H}} - f_{\text{L}}}{f_{\text{H}} + f_{\text{L}}} \right| \times 100\% \tag{3.7}$$

调制深度 m_{BFSK} 决定了 BFSK 的抗干扰能力，m_{BFSK} 越大，载波频率差异越大，抗干扰能力越强；反则反之。FSK 采用非相干解调即可达到极低的误码率，解调实现较简单，但 FSK 会影响电路的谐振状态。

3) 相移键控

相移键控则是利用载波相位的不同进行数据调制，其信号波形可以表示为

$$s_{\text{PSK}} = A\cos\left[2\pi f_c t + \frac{2\pi}{M}(m-1) \right] \tag{3.8}$$

定义相位 $\theta_m = \dfrac{2\pi(m-1)}{M}$，$1 \leqslant m \leqslant M$，$M$ 是不同的相位数。SWPIT 系统中常用的是二进制相移键控(binary PSK，BPSK)，即 $M = 2$，采用 2 个不同的相位来代表比特 0 和比特 1。BPSK 调制原理如图 3.5 所示，一般采用 0 和 π 相位，其载波表达式为

$$s_{\text{BPSK}}(t) = \begin{cases} A\cos(2\pi f_c t), & \text{比特1} \\ A\cos(2\pi f_c t + \pi), & \text{比特0} \end{cases} \tag{3.9}$$

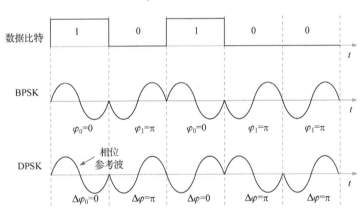

图 3.5　相位调制类方案原理

BPSK 可能出现"倒 π"现象，导致相位模糊，为此可采用图 3.5 所示的差分相移键控(differential PSK，DPSK)。DPSK 以前一周期的载波相位作为参考，使用载波的前后相位差来进行数据调制，若相位差变化则为比特 0，不变则为比特 1，其数学表达式为

$$\Delta\varphi = \begin{cases} 0, & \text{比特1} \\ \pi, & \text{比特0} \end{cases} \tag{3.10}$$

为提高载波利用率，可进一步采用多个不同相位或相位差的载波进行多进制调制，同时传递多个数据位以提高通信速率，如 $M = 4$ 的正交相移键控(quaternary PSK，QPSK)。PSK 调制一般采用相干解调，需要同步参考波，故 PSK 解调实现较为复杂；DPSK 则可采用非相干解调；PSK 载波利用率较高，可有效利用磁耦合信道带宽。

4) 正交振幅调制

正交振幅调制同时对两个正交载波进行幅度调制，也可以看作同时对一个载波的幅值和相位进行调制以代表不同的二进制流。QAM 对应的信号载波数学表达式为

$$s_{\text{QAM}} = A_{mp}\cos\left(2\pi f_c t\right) - A_{mq}\sin\left(2\pi f_c t\right) = A_m \cos\left(2\pi f_c t + \theta_m\right), \quad m = 1,2,\cdots,M \quad (3.11)$$

式中，$A_m = \sqrt{A_{mp}^2 + A_{mq}^2}$ 为等效合成正弦载波的幅值，A_{mp} 与 A_{mq} 分别为对应的两个正交载波的幅值；$\theta_m = \arctan\left(A_{mq}/A_{mp}\right)$ 为等效载波的相位。

具有 M_1 个不同幅值的载波与 M_2 个不同相位的载波相结合，共有 $M = M_1 M_2$ 种可能，称为 M-QAM。PSK 与 ASK 调制，可以看作 QAM 的一种最简单的形式。严格意义上的 QAM，M 至少为 4，4-QAM 原理如图 3.6 所示，可同时传输两位数据，其形成的载波无固定的包络波形，相位不连续，一般采用相干解调。QAM 易实现多进制调制，载波利用率极高。

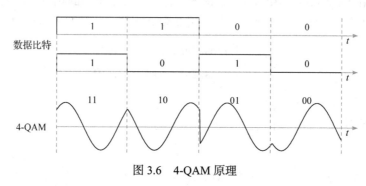

图 3.6　4-QAM 原理

2. 多载波调制

为利用同一个信道传输不同的信号载波，实现信道复用，同时降低信号间的符号串扰，可在频域内对信号传输通道进行频段划分，即频分复用(frequency-division multiplex，FDM)；也可在时域对信号传输时间段进行时域划分，即时分复用(time-division multiplex，TDM)。

1) 频分复用

如图 3.7 所示，FDM 可利用低频段(kHz 级)进行电能传输，高频段(MHz 级)进行信息传输。其中电能载波频率为 f_p，而信息既可采取频率为 f_m 的单载波实现半双工通信，也可采取频率相差不大的双载波 f_{m1} 与 f_{m2} 实现全双工通信。为最大限度地利用磁耦合信道的有限带宽提升通信速率，可将高频信道带宽划分为若干个子信道，采用多个子载波同时对数

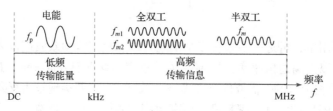

图 3.7　FDM 原理

据进行调制并行传输，即多载波调制。目前，SWPIT 系统主要采用基于正交频分复用(orthogonal FDM，OFDM)的多载波调制方式。

低频电能载波与高频信息载波在频域内相互独立且满足正交性，故在共用磁耦合链路传输时，相互串扰较小。设磁耦合信道总带宽为 W，子信道数量为 N，则子信道分到的带宽为

$$\Delta f = \frac{W}{N} \tag{3.12}$$

设各子载波的数学表达式为

$$s_k(t) = \cos(2\pi f_k t), \quad k = 1, 2, \cdots, N \tag{3.13}$$

式中，f_k 是第 k 个子载波的中心频率。

由于各子信道载波频率不同，相邻子载波频率相差 Δf，故满足：

$$\int_0^T \cos(2\pi f_k t + \varphi_k)\cos(2\pi f_j t + \varphi_j) = 0 \tag{3.14}$$

式中，$f_k - f_j = \dfrac{n}{T}$，T 为符号周期。由该式可见，各子载波在频域内互不相关且满足正交性。

SWPIT 系统可采用 FDM 技术实现基于共享链路的双工通信。每个子载波一般采用相同调制方式，以保证并行传输时符号速率是一致的，可用的调制方式包括所有的单载波调制方式。FDM 可提供较高的通信速率，同时不影响电能传输，抗干扰能力较强；但 FDM 一般需要使用高频变压器将高频信息载波注入低频电能载波或从中提取信息，导致通信电路体积较大，不利于系统小型化与集成化。

2) 时分复用

时分复用(TDM)的原理图见图 3.8，SWPIT 系统使用 TDM 的主要目的是令能量载波与信息载波在不同时段分开传输，故信息载波单独传输可实现较高的符号比率，主要用于共享链路系统。为保证能量传输的稳定性，信息传输时间 t_m 不能过长，大部分时间(即 t_p)用于传输能量。为减小传输能量与信息切换时的暂态响应，功能切换时刻一般选择电流为0 的时刻。

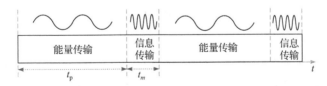

图 3.8　TDM 原理

3. 脉冲式调制

脉冲式调制基于特定脉冲序列，可利用脉冲的相位、幅值等特征完成数字调制。脉冲式调制因为不需要载波，故又称无载波式调制，其优势在于通信速率高且功耗低；但脉冲式调制对信道带宽要求较高，一般需要单独的物理链路进行数据传输，故常用于分离链路型 SWPIT 系统。目前已有的脉冲式调制方法主要有脉冲延时调制(pulse delay modulation，PDM)、脉冲谐波调制(pulse harmonic modulation，PHM)，它们均应用于植入式医疗设

备，数据调制与解调芯片集成度较高。

1) 脉冲延时调制

PDM 利用精确控制时间延迟的窄脉冲序列进行数据调制，接收侧进行数据解调时需要同步时钟作为脉冲相位偏移延时的参考。PDM 需要同时采用两个磁耦合链路，分别同步传输信息与电能，其原理如图 3.9 所示，信息发射系统在一个时钟周期内定时发送正负脉冲代表比特 1，若不发送脉冲则代表比特 0，其中时钟周期 t_p 决定通信速率，脉冲相位延迟时间为 t_d，正负脉冲发送相差时间为 $t_p/2$。信息接收系统则利用电能载波恢复时钟信号作为相位参考波，并检测信息波形的相位偏移时间，若信号载波与电能载波恢复的参考时钟存在相位偏差，则为比特 1，否则为比特 0。PDM 需采用相干解调，通信误码率严格依赖于时序。

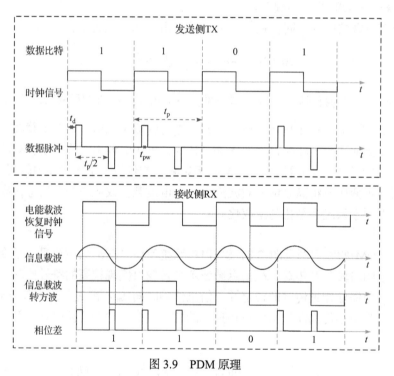

图 3.9　PDM 原理

2) 脉冲谐波调制

PHM 原理如图 3.10 所示，使用具有特定时间延迟和振幅的脉冲序列进行数据调制，基于开关键控抑制符号间干扰。信息发射系统发送的窄脉冲包含初始化脉冲与抑制脉冲，其中初始化脉冲幅值大于抑制脉冲，脉冲经磁耦合链路传输后，会在信息接收侧电路引发衰减振荡。发射系统若发送窄脉冲，则代表比特 1，若不发送则代表比特 0；接收侧系统通过检测是否激发了脉冲衰减振荡来还原信息。PHM 可采用非相干解调，对线圈的 Q 值无限制。

综上分析，单载波调制因其实现方式简单，故应用较为广泛；多载波调制的应用与研究较少，脉冲式调制应用范围有限。各类型调制方案及其适用情况如表 3.2 所示，其中单载波调制的不同方案的对比见表 3.3。由于不同调制方案所需的调制电路复杂度、信息发

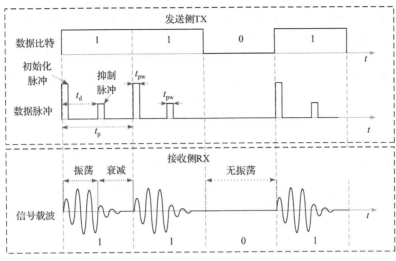

图 3.10　PHM 原理

射功率、信道条件各不相同，故在实际工程设计中需要根据传输距离、通信速率、传输功率与效率以及信噪比(signal-to-noise ratio，SNR)等要求选择调制方案，以兼顾传能效率与通信带宽。

表 3.2　各类型调制方案的比较

类型	适用系统	优点	不足
单载波调制	能量调制型共享链路系统 分离链路系统	相对简单 适用范围广	通信速率有限 不适合大功率能量调制型系统
多载波调制	载波注入型共享链路系统 分离链路系统	通信速率高 可适用于大功率应用	调制与解调电路简单 适用电路有限
脉冲式调制	分离链路型系统	通信速率极高 功耗低，可高度集成	适用场景有限 仅适合小功率

表 3.3　单载波调制方案的比较

类型	调制电路	解调要求	优点	不足
幅移键控(ASK)	主动/被动通信皆较多	非相干解调	调制与解调电路简单	抗干扰能力弱
频移键控(FSK)	主动通信多 被动通信较少	非相干解调	误码率低，解调简单	影响谐振状态
相移键控(PSK)	主动通信较多 被动通信较少	相干解调(DPSK 除外)	误码率低 载波利用率高	调制与解调实现复杂
正交振幅调制(QAM)	主动通信	相干解调	多进制传输 载波利用率高	解调与调制实现复杂

3.3.2　调制与解调电路

　　SWPIT 系统可在已有磁场耦合式 WPT 电路拓扑的基础上，通过添加信息调制与解调电路实现传能与通信。由于能量流与信息流既可共用一条磁耦合链路(一对线圈)进行传输,也可使用多条磁耦合链路(多对线圈)独立传输,故 SWPIT 系统根据使用的物理通道数量(线圈对数)分为共享链路型和分离链路型两大类[4]。

共享链路型 SWPIT 系统架构如图 3.11 所示,使用单个磁耦合通道实现能量与信息同时传输。其电路实现方式包括:利用能量载波传输信息使电能信息融合传输,即能量调制系统;或者将信息载波注入能量载波,并在频域分离电能与信息,即基于频分复用的分频传输系统;或者令信息载波与能量载波分时传输并进行功能切换,即基于时分复用的分时传输系统。

分离链路型 SWPIT 系统架构如图 3.12 所示,使用 2 对或 3 对线圈构成多个磁耦合通道,分别传输能量和信息。根据是否共用发射线圈,分离链路型 SWPIT 系统又可分为多发射多接收型(传能与通信使用独立线圈)、单发射多接收型(传能与通信使用相同发射线圈)。

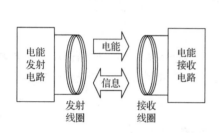

图 3.11　共享链路型 SWPIT 系统结构

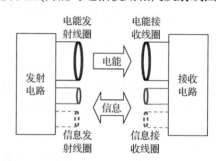

图 3.12　分离链路型 SWPIT 系统结构

下面分别阐述共享链路型与分离链路型系统的不同电路拓扑结构以及能量与信息同时传输的实现原理。

1. 共享链路型

在共享链路型 SWPIT 系统中,能量流与信息流共用唯一的磁耦合链路,可基于一个载波或多个载波完成传输。共享链路型拓扑仅使用一对线圈即可完成通信与传能,可在已有的 WPT 拓扑基础上做少量改进以增加信息传输的功能。目前,该类拓扑研究较多,且已有成功的商业应用案例。该类拓扑既可直接利用能量载波完成信息传输,即单载波式融合传输系统,也称直接能量调制系统;也可采用时分复用或频分复用的方式令信息流与能量流在时域或频域内分离传输,减小信息流与能量流之间的相互干扰,即分时传输或分频传输系统,基于频分复用的系统也称为载波注入式系统。

1) 融合传输(能量调制)

融合传输式 SWPIT 系统中能量流与信息流共用一个载波(单载波调制),利用可控开关器件直接对能量载波(电压、电流)的幅值、频率、相位等波形特征进行数据调制,从而使信息流与能量流融合传输,故又称直接能量调制。该类型电路拓扑实现电能与信息同时传输的结构与原理最为简单,可最大限度地复用已有 WPT 系统中的可控开关作为数据调制电路。单载波系统为降低误码率,发射端与接收端一般采用半双工通信,为正确区分下行通信(电能发射端→电能接收端)信息与上行通信(电能接收端→电能发射端)信息,需利用电压/电流载波的不同特征分别进行调制,单载波调制需控制的传能电路部分如图 3.13 所示。

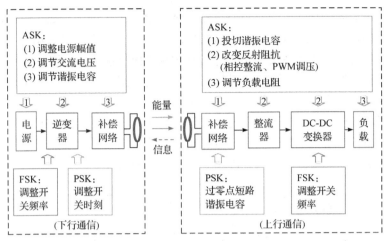

图 3.13　单载波融合传输式(能量调制)SWPIT 系统

　　理论上融合传输(能量调制)系统中上下行数据的调制方式可采用幅值调制(ASK)、频率调制(FSK)、相位调制(PSK)等单载波调制方式的排列组合,继而可衍生出多种不同类型的拓扑,但实际受限于电路实现可行性、能量传输效率与信道带宽等因素,故有较高应用价值的拓扑主要有:①电能发射端采用 FSK,接收端采用 ASK,称为调频-调幅型;②电能发射、接收端皆采用 QAM,基于移相全桥构成对称双向能量流动系统,称为移相全桥型。

　　调频-调幅型 SWPIT 系统电路拓扑如图 3.14 所示,下行通信时电能发射端可通过调整逆变器的开关频率实现 FSK 以发送控制信息,而电能接收端可以检测感应电压的频率来解调信息;上行通信时电能接收端电路可通过控制调制电阻/电容的通断来改变反射阻抗的大小,实现 ASK 反馈负载信息,而电能发射端可以检测感应电流的幅值来解调信息。因解调滤波器存在暂态响应时间,为降低误码率一般一个数据位(bit)的调制需持续多个载波周期。该类型拓扑的电路实现与控制都较为简单,但信息传输会对功率传输造成不良影响,且通信速率受限于开关频率,故不可能很高,同时解调误码率会受负载与传输距离的变化影响,故只适用于对通信带宽要求不高的中小功率应用场合。无线充电联盟(WPC)主推的 Qi 标准在手机无线充电领域广泛应用该类型拓扑。

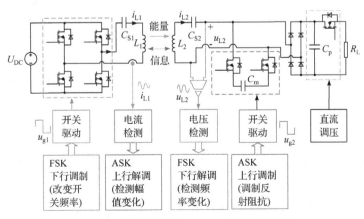

图 3.14　调频-调幅型 SWPIT 系统电路拓扑

　　移相全桥型拓扑基于感应式链路实现双向能量流动与半双工通信,电路拓扑如图 3.15

所示。电能发射端与接收端都基于全桥变换器，使用相移脉宽调制(phase shift pulse-width modulation，PS-PWM)技术控制电能传输与数据调制，其中信息传输采用 2-QAM，控制全桥变换器的开关时刻以实现数据调制，电能发射端与接收端通过检测补偿电容的电压幅值变化来完成数据解调。该拓扑可采用模糊自适应控制调整系统工作频率以提高线圈抗偏移能力，利用实时通信进行最大功率或最大效率传输追踪控制，并提供过流保护等功能，同时可根据负载电能储量情况通过握手通信选择能量流动方向。该类型拓扑的电路实现与控制较复杂，信息传输对功率传输会有一定影响，通信速率同样受限于开关频率，适用于电动汽车充电等需双向能量流动与信息传输的大功率应用场合。

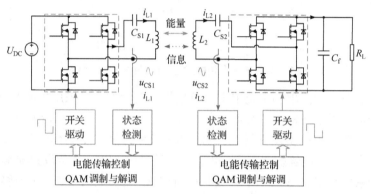

图 3.15　移相全桥型 SWPIT 系统电路拓扑

2) 分频传输(载波注入)

共享链路型 SWPIT 系统可使用频分复用(FDM)实现电能与信息同时传输，同时适用于感应式链路与谐振式链路。该类系统可使用多个不同频率的载波分别传输能量与信息，但共用磁耦合通道，低频载波用于传能，高频载波用于通信，一般使用高频变压器或互感器将信息载波注入功率载波或从中提取出来，故称分频传输(载波注入)式系统。高频信息载波发生器可采用电力电子变换器以提高信息载波发射能量，从而提高信噪比并降低通信误码率。信息载波能量相对较高，通信时需要额外消耗 1～2W 功率，故仅适用于能量传输功率较大的应用；对于小功率应用而言，过大的通信功耗会降低系统整体效率。

根据信息载波在电路中注入/提取的位置的不同，可将分频传输式系统电路拓扑分为串联注入式与并联注入式，如图 3.16 所示。串联载波注入式系统架构中，高频通信变压器串联接入线圈与补偿网络之间，故高频信息以串联方式注入或提取；并联载波注入式系统架构中，高频通信变压器并联接入线圈与补偿网络之间，故高频信息以并联方式注入或提取。对于分频传输式系统而言，电能发射端、接收端进行双工通信(双向信息发送与接收)时，需要准确分离不同载波信号(即上行信息载波、下行信息载波以及电能载波)，目前信号分离主要有以下三种方式：

(1) 开关切换分离。载波信号的注入/提取共用 1 对变压器或互感器，利用可控开关切换至对应的信息接收或发送电路，仅能实现半双工通信。

(2) 双工器分离。载波信号的注入/提取共用 1 对变压器或互感器，利用滤波器构成的双工器同时进行信息接收与发送，经滤波分离后送至对应电路解调，可实现全双工通信。

(3) 变压器分离。载波信号的注入/提取使用 2 对变压器或互感器分别独立进行，利用滤波器分离信号且发送与接收不共用电路,可实现全双工通信。

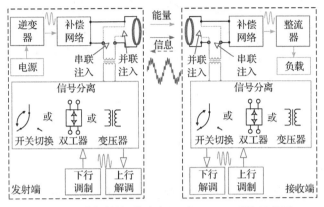

图 3.16　分频传输(载波注入)式 SWPIT 系统示意图

3) 分时传输(时分复用)

时分复用(TDM)令能量与信息在不同时段分开传输,可根据通信带宽需求在不同调制方式的通信电路间进行切换。一种根据通信速率需求采用不同通信方式的 SWPIT 系统如图 3.17 所示。当通信速率要求不高时,使用低速数据通信电路(如基于能量载波调制通信);而当有大量数据传输时,可采用高速数据通信电路(如基于 OFDM 的载波注入式通信)。系统可利用开关进行相应功能切换,高速通信时电能传输与信息传输分时进行,以降低能量载波与信息载波间的干扰,该拓扑低速通信速率为数 Kbit/s,但高速通信速率可达数 Mbit/s。

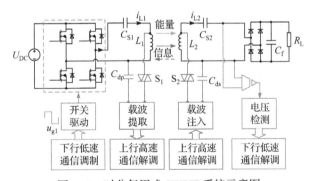

图 3.17　时分复用式 SWPIT 系统示意图

2. 分离链路型

分离链路型 SWPIT 系统使用多个磁耦合链路分别独立传输能量流和信息流,二者不共用线圈,信息调制可使用不同性质的载波。信息传输可使用正弦载波并利用其幅值、频率相位等特征进行数据调制;或者利用三角载波的基波分量传输能量,利用谐波传输信息;还可基于脉冲信号(无载波调制)进行信息传输,使用特定的脉冲序列并利用脉冲的位置、相位等特征进行数据调制。分离链路型 SWPIT 系统可根据双工通信与信道带宽要求使用不同数量的磁耦合链路,系统架构如图 3.18 所示,根据使用的线圈数量分为多发射多接收和单发射多接收两大类。

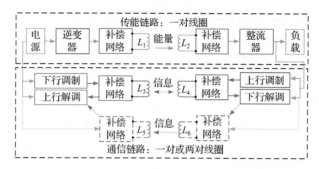

图 3.18　分离链路型 SWPIT 系统架构

1) 多发射多接收型

多发射多接收型指传能与通信分别使用独立的线圈，既可采用三条独立通道(三对线圈)分别独立传输能量、上行信息、下行信息，也可采用两通道(两对线圈)分别传输电能与信息。信息调制常采用正弦载波调制或脉冲调制，通信速率较快且相互干扰较小。

多发射多接收型分离链路系统中，最常见的为两发射、两接收线圈系统，即通信与传能各采用一对线圈。该类系统由于构造了两条独立的磁耦合链路，故又称双链路分离式系统。典型的系统拓扑如图 3.19 所示，下行通信与传能基于能量载波进行 FSK 调制，而上行通信则使用单独的通信链路以提高通信速率，并利用电能载波恢复解调所需的同步时钟信号，可采用 BPSK 或 BASK 调制。

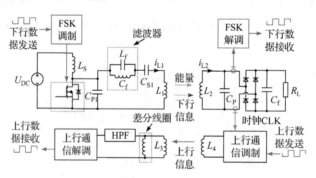

图 3.19　双链路分离式 SWPIT 系统电路拓扑

多发射多接收型分离链路系统也可采用三对发射与接收线圈分别为电能传输、上行信息、下行信息构建独立的物理通道，电路拓扑如图 3.20 所示。采用三对线圈可最大限度地提升通信速率，并且信息调制方式多种多样，不受限制，传能与通信电路参数设计可解耦且自由度较高。脉冲式调制(PDM 与 PHM)也可用于分离链路型系统，可有效降低系统通信功率损耗并实现高速可靠通信。

2) 单发射多接收型

单发射多接收型指传能与通信共用一个发射线圈，但采用不同的线圈对电能与信息载波进行接收与分离。信息调制常采用非正弦载波(三角载波)，利用基波传输能量、谐波传递信息。

单发射多接收型分离链路系统拓扑如图 3.21 所示。该系统使用三角电流载波的基波分量传递功率，使用其三次谐波分量传递信息，利用移相全桥控制谐波的幅值或频率实现信息调制。该系统的优点在于通信功能与负载条件可准解耦控制，通信对传能效率影响较小，但仅能实现下行通信。

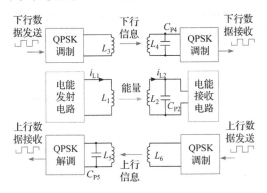

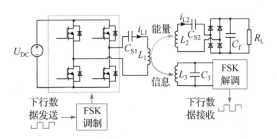

图 3.20　三链路分离式 SWPIT 系统电路拓扑　　　　图 3.21　三角波调制 SWPIT 系统电路拓扑

　　由于分离链路型系统采用多对线圈构建物理通道，线圈之间不免存在交叉耦合，进行电路参数设计时必须考虑其影响。可令传能载波与通信载波采用不同频率或采取特殊线圈布局来抑制交叉耦合带来的不良影响。分离链路型系统的优势在于采用物理通道隔离来降低通信与传能的相互影响，因而可提供较高的信道带宽，传能电路与通信电路的参数设计可独立进行，电路控制较简单；其缺点在于需要使用多个线圈且线圈间存在交叉耦合。在人体植入式医疗设备中分离链路型系统使用较多，因该类应用所需电能功率较小，且更加重视通信速率以反馈工作信息，故电能传输效率非首要考虑因素。

　　从上述分析可见，SWPIT 系统电路拓扑有多种实现方式，如图 3.22 所示。各种方式皆有其优缺点与适用场景。分离链路型系统常用于对通信带宽要求较高的场合，其优势在于信息与电能相互影响较小、电路设计与控制较简单、数据传输速率较快、实现双工通信较容易，不足在于使用多个线圈增加系统成本、线圈间存在交叉耦合，导致传能与通信互相影响、线圈位置需特殊摆放，故自由度不高；共享链路型系统可令能量与信息融合传输、分频传输或者分时传输，其中

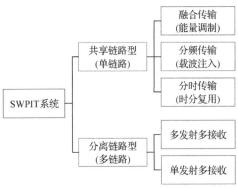

图 3.22　SWPIT 系统实现方式与分类

融合传输系统的通信速率受限于开关频率故无法提高，且通信会对传能效率与质量造成不良影响，但电路设计与控制相对简单，传能与通信的电路复用度较高，适用于小功率应用。分频传输系统中通信载波频率与磁耦合链路带宽共同决定通信速率，通信与传能相互独立，因而可有效提升通信速率，但需引入额外的变压器或互感器以及高频载波发生器进行载波注入/提取，电路参数设计以及控制都较为复杂，适用于中大功率应用。分时传输系统可在不同调制方式间切换，同时可利用非电能传输时间进行通信，提高磁耦合链路的利用率，但电能传输在时间上不连续会对传能效率与电能质量造成一定影响。因此，共享链路型系统常用于对系统体积敏感的场合，可降低系统体积与成本、实现双工通信；但电路设计与控制较为复杂、通信速率有限、传能与通信相互影响等。

不同类型 SWPIT 电路拓扑的总结见表 3.4,内容包括线圈数量、类型、调制方式、拓扑优缺点、适用场合。实际应用中并没有完美统一的电路方案能够满足所有应用场景的需求,在进行系统设计时需要根据电能传输功率、信息传输速率、电路系统体积、电能传输距离等参数要求,选择合适的电路拓扑类型与信息调制方案,尽可能兼顾电能转换效率与信息传输速率。

表 3.4　SWPIT 系统电路实现方案的比较

线圈数量	类型	调制方式	优点	缺点	适用场合
2~3 对(分离链路型)	线圈平面布局(同轴、相邻)	载波无限制全双工或半双工通信	系统体积小通信带宽高电路设计简单	线圈间存在交叉耦合	对通信带宽要求高的应用(如植入式医疗设备、专用集成电路(application specific integrated circuit,ASIC)芯片)
	线圈立体布局(正交)		交叉耦合较小通信带宽高	线圈位置自由度低	对交叉耦合敏感的应用(如植入式医疗设备)
1 对(共享链路型)	融合传输(能量调制)	单载波调制半双工通信	电路设计与控制都较简单、可小型化	通信速率受限于开关频率,通信会影响传能	中小功率应用(如手机、植入式医疗设备、近场通信(near field communication,NFC)/射频识别(radio frequency identification,RFID)等)
	分频传输(载波注入)	多载波调制全双工通信	通信与传能串扰小通信速率较快	电路设计与控制复杂,变压器增大体积	大功率应用(如电动汽车等)
	分时传输(时分复用)	载波无限制半双工通信	系统简单无串扰	通信影响传能,需进行功能切换	信息与电能无须同时传输的应用(如水下设备等)

3.4　本章小结

本章较系统地总结了无线电能传输系统的主要功能需求,并比较了现有技术方案的优缺点,为设计完整的无线电能传输系统提供了参考。

参 考 文 献

[1] LU J H, ZHU G R, MI C C. Foreign object detection in wireless power transfer systems[J]. IEEE transactions on industry applications, 2022, 58(1): 1340-1354.
[2] 沈栋, 杜贵平, 丘东元, 等. 无线电能传输系统电磁兼容研究现况及发展趋势[J]. 电工技术学报, 2020, 35(13): 2855-2869.
[3] 李建国, 张波, 荣超. 近场磁耦合无线电能与信息同步传输技术的发展(上篇): 数字调制[J]. 电工技术学报, 2022, 37(14): 3487-3501.
[4] 李建国, 张波, 荣超. 近场磁耦合无线电能与信息同步传输技术的发展(下篇): 电路拓扑[J]. 电工技术学报, 2022, 37(16): 3989-4003.

第4章　便携式设备无线充电技术

近年来，随着智能手机、可穿戴设备等便携式设备的蓬勃发展，相配套的无线充电产品的研发和商业化推广成为一个热点。目前市场上大部分便携式设备无线充电产品采用感应耦合式 ICPT 和磁耦合谐振式 MCR-WPT 技术，少量利用射频(radio frequency，RF)技术。为此，本章针对便携式设备无线充电系统的实际应用需求，首先介绍了磁场耦合式无线充电系统架构、平面线圈设计、异物检测和电磁兼容等关键技术；接着介绍了国内外便携式设备无线充电产品和行业标准；最后指出了便携式设备无线充电技术未来可能的研究方向与其中存在的挑战。

4.1　便携式设备无线充电系统关键技术

4.1.1　系统架构

磁场耦合式便携式设备无线充电系统的基本结构如图 4.1 所示[1]，电能传输部分具体包括工频整流电路、DC-DC 变换电路、高频逆变电路、补偿网络、耦合线圈、高频整流电路、电压调节电路等部分。在发射端，通过调节前级 DC-DC 变换电路、高频逆变电路的电压和频率等参数，可以提升系统效率和控制输出功率。在接收端，可利用二极管构成不控整流电路，再通过电压调节电路进行阻抗变换和电压调整，可以稳定负载供电电压和提升系统效率。

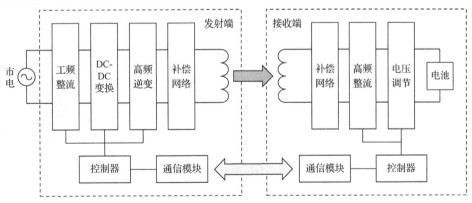

图 4.1　便携式设备无线充电系统基本结构

4.1.2　平面线圈设计

对于便携式设备的无线充电系统，在充电时对发射端与接收端摆放位置要求不应过于严格，设计上要满足抗偏移性的要求。同时接收线圈体积要小巧紧凑，不过分占用设备空间。

为了解决设备偏移的问题，Qi 标准给出了三种充电对准方式：①通过磁铁引导定位，如图 4.2(a)所示；②通过移动发射线圈实现定位，如图 4.2(b)所示；③发射侧使用线圈阵列，如图 4.2(c)所示[2]。前两种方式需要特定的机械结构，通过磁力吸引或者机械移动来定位。第三种方式仅需要针对发射线圈进行设计，线圈阵列可以在充电器表面形成垂直磁通量，利用多路开关与位置检测装置，相应地激活位于接收线圈下方的发射线圈，使接收线圈在水平方向自由地拾取能量。

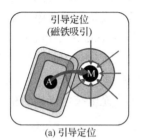 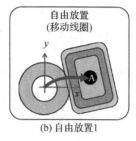 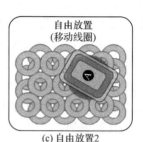

(a) 引导定位　　　　　　(b) 自由放置1　　　　　　(c) 自由放置2

图 4.2　Qi 标准对准方式[2]

单层的螺旋线圈阵列通常存在"磁场下垂"的现象，即在三个线圈相接处磁场强度出现最低值，而在线圈中心处磁场强度出现最高值。如图 4.3(a)所示，使用六角螺旋线圈阵列，并根据每一层六角螺旋线圈阵列各个位置产生磁通密度大小的不同，进行三层堆叠设计，可以消除上述现象，在水平面产生均匀磁场。若将六角螺旋线圈阵列改为圆形螺旋线圈阵列，则可以减小导线的电阻，增大均匀磁场的面积。由于三层线圈阵列存在一定的散热问题，故提出了双层矩形螺旋线圈阵列的结构，如图 4.3(b)所示，通过平移或旋转第一层矩形螺旋线圈阵列得到第二层矩形螺旋线圈阵列。这种设计方法虽然不能产生完全均匀磁场，但在一定程度上消除了磁场下垂现象，得到的平均磁通密度与三层六角螺旋线圈阵列相当。另一种双层矩形结构如图 4.3(c)所示，与图 4.3(b)的不同之处在于该结构的第一

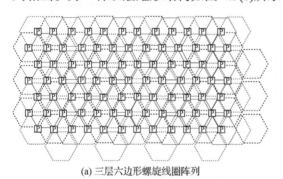

(a) 三层六边形螺旋线圈阵列

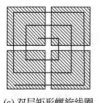

平移　　　　　旋转

(b) 双层矩形螺旋线圈阵列

(c) 双层矩形螺旋线圈

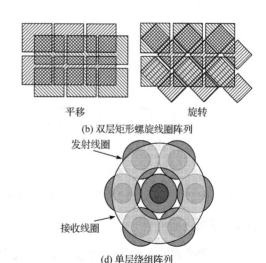

发射线圈

接收线圈

(d) 单层绕组阵列

图 4.3　线圈阵列结构[1]

层采用单个矩形大线圈，第二层采用矩形线圈阵列，使整个充电表面的磁场强度近似均匀，不会出现凹陷。此外，一种带铁氧体磁芯的单层绕组阵列结构如图 4.3(d)所示，小线圈为发射线圈，多个发射线圈构成绕组阵列，大线圈为接收线圈。在这种结构下，无论接收线圈位于充电表面的什么位置，它都完全包围至少一个发射线圈，可通过激活局部的发射线圈进行充电，保证自由定位功能。发射线圈的形状不仅仅局限于圆形线圈，还可以是任意多边形，因此发射线圈的设计有一定的自由度。

4.1.3　异物检测

便携式设备无线充电系统的损耗主要包括自身电路的损耗、线圈的损耗以及屏蔽层材料的损耗。当磁场内存在金属异物时，还会产生额外的损耗，使系统的传输效率下降。电磁感应现象产生的涡流会引起金属物体的温度升高，测试表明，即使是 Qi 标准下 5W 的功率也会使小型金属物体快速升温，且温升会超出 ISO 的安全标准，因此需要对外来异物进行检测。

便携式设备无线充电系统的异物检测方法可以分为以下四种：

(1) 功率差值法。首先对系统的功率损耗进行分析或实际测量，得到一个正常功率损耗的阈值；然后检测发射侧功率与接收侧功率，得到两者之间的功率差值，并与事先确定的功率损耗阈值相比较，当功率差值大于功率阈值时，判定存在金属异物，系统停止工作。该方法成本低廉且有效、操作简单，目前 Qi 标准已经采用该方法进行异物检测。

(2) 系统参数检测。当系统在正常工作状态下运行时，系统参数基本保持在一个稳定的范围内。当有金属异物进入时，由于磁场分布受到影响，会导致系统参数出现变化。因此，可以通过检测接收线圈的品质因数、谐振频率，或是检测发射侧的电压和电流，并与预先设定的系统正常运行电流和电压数值进行比较，确定系统工作过程中是否有金属异物进入。

(3) 辅助电路检测。辅助检测电路本质上也属于一种传感器，相对于外加传感器，辅助电路可以直接与线圈一起印刷在 PCB 上或者嵌入发射线圈内，故对系统的体积和成本不会造成太大影响。辅助检测电路的工作原理与系统参数检测相似，当金属异物进入后，异物与辅助线圈发生耦合，会造成辅助电路参数的变化，出现电压波动，因此可以通过检测辅助电路参数变化来判断是否有异物进入。与系统参数检测相比，辅助电路检测具有更高的灵敏度。辅助检测电路采用的线圈结构如图 4.4 所示，主要包括非重叠线圈组、对称平衡线圈、梳状电容等。

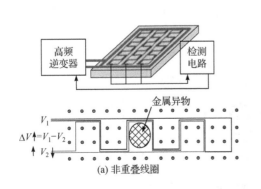
(a) 非重叠线圈

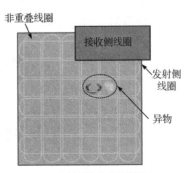
(b) 正交放置的非重叠线圈组

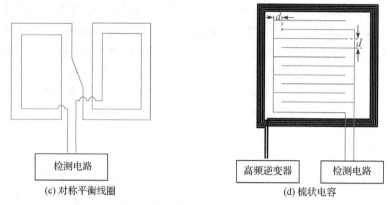

(c) 对称平衡线圈　　　　　　　　　　(d) 梳状电容

图 4.4　辅助检测电路结构[1]

（4）瞬态能量衰减法。该方法通过观测发射线圈在短暂充电后的能量衰减过程，并与正常无金属异物的能量衰减过程相比较，当电压或电流的衰减速度超过某一正常阈值时，可判定有金属异物进入。

4.1.4　电磁兼容

由于便携式设备在人们日常生活中经常使用，故其无线充电系统的电磁安全成为一个必须要关注的问题，下面分别从电磁曝露和电磁屏蔽两方面进行介绍。

1. 电磁曝露

基于磁耦合原理的便携式设备无线充电装置主要使用近场，通过远场测量的标准相对保守，通常可以通过人体解剖模型、数值分析以及实验方法来确定无线电能传输对人体所带来的影响。研究发现，当线圈平行于人体时，人体受到的影响最大。以功率为 5W、工作频率为 100kHz 的便携式设备无线充电装置为例，当充电中的便携式设备被拿起时，手部曝露符合 IEEE 和 ICNIPR 的规定，结果如图 4.5 所示。

2. 电磁屏蔽

便携式设备无线充电系统一般采用无源屏蔽的方法，使系统整个工作过程满足现行电磁曝露标准的要求。如果使用磁性材料进行屏蔽，需要在发射线圈和接收线圈中分别添加小型的薄片型铁磁材料，但这种做法影响了设备的小型化和轻薄化。此外，金属导体具有

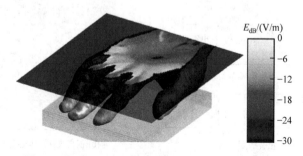

图 4.5　曝露于 5W WPT 系统下用户手部电场分布[1]

一定的屏蔽效果，对于很多便携式设备，其金属材料外壳会对设备的无线充电效果造成一定的影响。例如，手机常用的铝质外壳在 6.78MHz 频率下的趋肤深度为 31μm，趋肤深度远远小于设备外壳厚度，由于趋肤效应的影响，磁场很难穿透铝质封闭外壳进行功率传输。因此，一种针对手机的金属后壳结构被提出，该设计如图 4.6 所示，利用手机后壳的相机与闪光灯的开口并结合线圈设计，将金属外壳作为接收线圈的一部分，使具有金属外壳的设备也可以正常地进行无线电能传输。

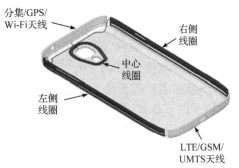

图 4.6　带有线圈的金属后壳[3]

4.2　便携式设备无线充电技术的产业现状

4.2.1　产品化发展

将无线电能传输技术用于移动电话的充电最早可以追溯到 2001 年，随后相关概念产品层出不穷。2008 年，松下电器(Panasonic)在 "CEATEC JAPAN 2008" 上展出了超薄型充电模块，采用绕线型线圈，厚度小于 1mm，效率为 70%左右；同年，三美电机(Mitsumi)的电磁感应式非接触便携设备充电系统在 "MITSUMI SHOW 2008" 上展出，其功率为 2.5W(5V/500mA)；2009 年，Mojo Mobility 在 "COMPUTEX SHOW" 上展示了与 Intel 合作的代号为 "Moorestown" 的移动互联网充电设备，称其采用了 NFP(near field power)技术。此外，还有 Palm 推出的 Touchstone 充电底座、Splash Power 推出的 Splash pads，以及 Fulton 的 eCoupled 技术、高通的 eZone 技术、Powercast 的 RF 技术。

随着无线电能传输技术的进一步成熟，同时得益于智能手机和可穿戴设备的大幅度增长，越来越多的公司相继投入到便携式设备无线充电产品的研发与生产中，如国内的微鹅科技、海尔集团、品胜、绿联、倍思等，国外的 Belkin、Mophie 等，这些公司以提供相应的配套设备或解决方案为主，产品大部分遵循 Qi 标准。但少部分公司则自主设计了相关芯片，如英集芯、易冲无线、劲芯微、凌通、瀚为矽科等；部分智能手机和可穿戴设备制造商也相继自主开发配套的无线充电产品，如华为、苹果、小米、三星、索尼等。图 4.7 给出了上述部分公司用于便携式设备的无线充电产品。

(a) 微鹅科技无线充电板　　(b) 苹果无线充电底座　　(c) 小米无线充电底座　(d) 华为反向无线充电手机

图 4.7　部分便携式设备无线充电产品

4.2.2 相关标准

1. Qi 标准

Qi 标准是由 WPC 于 2010 年发布的一项为移动电子设备制定的无线充电标准,现行版本为 2023 年推出的 Qi 2.0,目前已有 350 多个品牌及其 9000 多种产品获该标准认证。

Qi 标准主要基于磁感应耦合无线电能传输原理,且支持磁耦合谐振技术。由于 Qi 标准采用了向下兼容的设计,所以符合旧版本标准的设备同样可以继续使用,不会被淘汰。Qi 标准适用于 5～15W 的无线功率传输,其中 5W 普充的工作频率为 110～205kHz,15W 快充的工作频率为 6.78MHz。接收侧和发射侧之间的通信采用带内通信的方式,其中接收侧的信号调制方式采用幅移键控(ASK),发射侧则使用频移键控(FSK)。另外,为了确定是否有异物存在,标准中规定发射侧必须接收到由接收侧发出的相应信息。图 4.8 给出了 Qi 标准规定的系统结构。

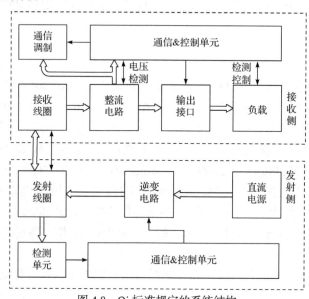

图 4.8　Qi 标准规定的系统结构

2. AFA 标准

目前,AFA 标准致力于两个方向,以磁耦合谐振技术为主,同时还有射频技术。无论是磁耦合谐振技术还是射频技术,对于充电装置和被充电设备之间的位置要求不是十分严格。相对于 Qi 标准,设备拥有更高的空间自由度。其中,磁谐振技术主要关注厘米级别的应用场景,这一工作距离与电磁感应技术的工作距离高度重合,射频技术则适用于米级别的应用场景。采用磁谐振技术的设备谐振频率为 6.78MHz±15kHz,并采用 2.4GHz 的蓝牙作为接收单元和发射单元的带外通信手段,图 4.9 给出了 AFA 标准规定的系统结构。

3. 国内标准

目前国内市场上便携式设备无线充电产品主要以 Qi 标准产品为主,由中国通信工业

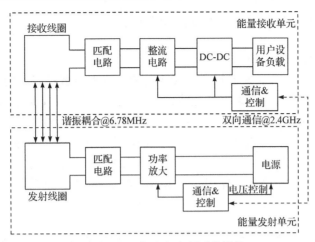

图 4.9　AFA 标准规定的系统结构

协会发布的团体标准《移动终端无线充电装置》于 2018 年 12 月 31 日发布。该标准包含安全性、电磁兼容性、环境适应性和性能四部分内容，其中《移动终端无线充电装置 第 4 部分：性能》(T/CA 104—2018)规定了不超过 18kg 的无线充电发射器、接收器以及具有无线充电功能的移动电源的性能要求和检测方法，适用于带无线充电功能的音视频、信息技术和通信技术设备。此外，相关标准还包括国家标准《信息技术 电子信息产品用低功率无线充电器通用规范》(GB/T 37687—2019)。

　　为了保证无线充电产品的通用性，设备制造商通常只能在 WPC 或 AFA 两个组织中选择标准。WPC 和 AFA 的标准具有各自不同的设计特点，其对比如表 4.1 所示，随着标准的不断修正与更新，二者逐渐呈现出相互兼容的趋势。

表 4.1　标准对比

组织	主要原理	兼容性	通信方式	工作频率	传输距离或应用场景
WPC	感应耦合	兼容磁耦合谐振	带内通信	100～205kHz(5W 普充)	毫米到厘米级别
AFA	磁耦合谐振	兼容感应耦合	带外通信	6.78MHz±15kHz	厘米级别

4.3　亟待解决的问题与研究方向

　　对于便携式设备的无线充电系统，除了现有的标准化产品外，探索新的技术、亟待解决的问题与挑战如下：

1. 信息管理

　　现有的便携式设备的电能传输与信息管理还处于割裂状态，随着 5G 网络以及物联网的发展，无线充电装置也会逐步接入信息网络系统。信息管理系统和电能传输系统的结合有利于对无线充电装置的控制，能有效地提升电能管理与分配的效率，避免资源的浪费，提升用户体验和服务质量，降低经济成本。同时，信息系统的接入还可以解决电能加密与计费的问题，保护无线传输的电能不被非法的设备窃取。

2. 新材料的应用

随着材料学的发展，一些人造材料在无线电能传输上有着良好的应用前景，如超材料、超导体等。超材料具有负折射率等独特的电磁特性，可以有效提升无线电能传输的效率和距离；超导体具有低电阻甚至零电阻特性，可以有效减少无线电能传输过程中的欧姆损耗，降低线圈发热带来的影响。但目前新材料的应用处在实验室条件下的原理性验证，如何实现新材料结构的紧凑化、轻量化，并应用于无线电能传输系统中，提高系统的传输效率、电磁屏蔽效果，减小设备的体积、发热，是需要解决的关键问题。

3. 电磁安全

可以预见，便携式设备的无线充电装置一定会大规模地出现在人们的日常生活中，但目前与无线电能传输相关的电磁安全规定还存在一定的滞后性，同时无线电能传输过程中的电磁辐射对于生物体的影响至今还没有权威的定论。为了应对未来可能出现的大规模部署无线充电装置的情景，缓解公众对于安全问题的担忧，电磁安全相关的研究和规定的制定与更新是一个不容忽视的方面。另外，目前对无线电能传输技术电磁屏蔽的研究相对较少，需要进一步探究、完善相关的理论模型和研究方法。同时，电磁安全问题也限制了便携式设备无线充电装置功率等级的提升与传输距离的延长，需要设法解决这一矛盾。

4. 多负载多自由度无线充电

便携式设备无线充电装置还存在同时对多个负载充电的需求，但多个接收线圈之间存在交叉耦合，需要解决多负载无线充电中存在的功率分配、阻抗匹配等问题。而为了提升充电的灵活性，使便携式设备在充电时不局限于二维平面上，多自由度三维无线充电系统的研究也是一个重要方向。

4.4　本章小结

相较于传统的有线充电，便携式设备无线充电方式具有诸多优点：①使设备摆脱充电线的束缚，随放随充或者在空间区域内随时充电；②可以替代现有的充电接口，形成统一的接口标准，实现不同地区和品牌之间充电设备通用；③降低设备防水防尘的设计难度与成本，满足日常生活中的防护需求；④减小电池等储能元件在设备中的体积，使便携式设备进一步小型化、轻薄化。因此，便携式设备无线充电技术的发展空间很大，随着相关研究的进一步深入，未来便携式设备可以实现真正意义上的随时随地无线充电。

参 考 文 献

[1] 王登辉, 张波. 便携式设备无线充电技术发展及关键技术[J]. 电源学报, 2020, 18(5): 163-172.

[2] LIU X, RON HUI S Y. Equivalent circuit modeling of a multilayer planar winding array structure for use in a universal contactless battery charging platform[J]. IEEE transactions on power electronics, 2007, 22(1): 21-29.

[3] JEONG N S, CAROBOLANTE F. Wireless charging of a metal-body device[J]. IEEE transactions on microwave theory and techniques, 2017, 65(4): 1077-1086.

第5章　家用电器无线供电技术

近年来，家用电器智能化受到广泛关注。目前，采用无线供电技术的家用电器(简称无线家电)主要有无尾电视、无线厨房电器、无线吸尘器、无线照明灯具等。相比传统家用电器，无线家电具有诸多优点：①无需电源线，免插拔，用电安全性高；②即放即用，可自由移动，便利性好；③整洁美观，密封性好，具有较好的防水防潮能力。因此，无线家电是智能家居的发展方向之一，具有广阔的市场前景。

本章首先介绍了家用电器无线供电系统的关键技术，分别从系统架构、耦合机构、拓扑结构、控制方法、异物检测、电磁兼容等方面展现了家用电器无线供电技术的研究现状，接着介绍了无线家电的产品化及标准化进展，最后分析了家用电器无线供电技术亟待解决的问题。

5.1　家用电器无线供电系统关键技术

5.1.1　系统架构

家用电器通常具有两个特点，一是放置比较自由；二是负载功率等级范围宽且负载类型多。家电功率从数瓦(待机)到数百瓦、上千瓦(正常工作)不等，负载主要有三种类型：①电阻性负载，如电视、电热水壶、电饭煲、电加热器等；②感性负载，如搅拌机、洗衣机等；③阻感负载，如面包机、豆浆机、咖啡机等。

根据上述特点，家用电器无线供电系统的设计需满足以下要求：①由于接收端位于家电内部，家用电器放置自由度大，导致发射线圈与接收线圈的相对位置在较宽范围内变化，需要通过对无线供电系统耦合机构及补偿网络的设计，保证家电正常工作；②家用电器的功率等级变化和负载类型切换都会对其无线供电系统的稳定性造成影响，因此需要实现对负载的有效识别和鲁棒性控制；③家用电器在不同工况下的功率变化范围大，其无线供电系统均需保持高效率，以符合家电的节能要求。

目前无线家电主要采用磁场耦合式无线电能传输技术，系统基本结构如图 5.1 所示，包括功率因数校正器(power factor corrector，PFC)、高频逆变器、发射侧补偿网络、发射线圈、接收线圈、接收侧补偿网络、接收侧电能变换电路以及两侧的通信和控制电路等。电网工频交流电经 PFC 和高频逆变器变换为高频交流电，激励发射线圈产生高频交变磁场，接收端在此高频磁场中拾取能量，并通过电能变换电路对不同家电负载进行供电。

5.1.2　磁耦合机构

耦合机构设计是提高家用电器无线供电系统传输效率和位置鲁棒性的关键技术之一，目前无线家电磁耦合机构主要采用两线圈结构和三线圈结构。

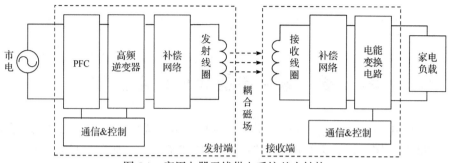

图 5.1 家用电器无线供电系统基本结构

1. 两线圈结构

两线圈结构设计简单，主要用于对安装形式无特殊要求、即放即用的家电。受家用电器体积的限制，通常采用接收线圈较小的非对称平面双线圈结构，故设计时需要考虑以下两个因素：①发射线圈内径较大时，耦合系数对间距变化和偏移不敏感，但平均耦合系数较低；②接收线圈内径较大时，平均耦合系数较大，但对间距和偏移变化敏感。通过设置渐变匝间距、在平面线圈空心处串联小线圈等方式，可以获得较高的品质因数从而提升效率。如图 5.2(a)所示，接收线圈采用小的平面螺旋线圈，发射线圈采用矩形线圈加平板磁芯结构，以提升两线圈无线家电抗偏移能力[1]。

2. 三线圈结构

三线圈结构可在减小发射线圈和接收线圈尺寸的前提下增加传输距离。当负载电阻偏离最优值时，三线圈系统效率下降较慢，具有较好的效率鲁棒性。图 5.2(b)给出了一种适用于无尾电视的非对称三线圈结构，其中发射线圈与中继线圈垂直，中继线圈置于墙体内，接收线圈位于电视机后方，与中继线圈平行，避免了发射端安装于墙体内带来的不便[1]。研究发现，当发射线圈、接收线圈的内阻 r_1、r_2 以及与中继线圈的互感 M_{1m}、M_{2m} 满足 $M_{1m} = M_{2m}\sqrt{r_1/r_2}$ 时，可实现较高传输效率。

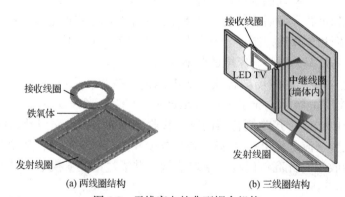

(a) 两线圈结构   (b) 三线圈结构

图 5.2 无线家电的典型耦合机构

5.1.3 拓扑结构

家用电器无线供电系统发射侧通常采用 LCL、LCC 等复合补偿拓扑，以获得与负载无关的恒定发射线圈电流，适宜多负载和空载运行，且不会对逆变器的开关管造成较大电压应力。一种采用 LCL 拓扑且兼具感应加热功能的家电无线供电系统如图 5.3(a)所示，其中，铁质锅具可等效为电感线圈与内阻串联而成的回路，其对发射侧的反射阻抗使发射线圈等效电感量减小、电阻值增加。将无线供电和感应加热两种模式设置于不同工作频率，可以获得不同的输入阻抗，从而满足各自的功率需求。一种面向家电的多发射多接收无线供电系统拓扑结构如图 5.3(b)所示，各发射侧均采用 LCL 拓扑，且并联于同一电源，可解决单发射线圈在多负载投切时易引起系统不稳定的问题。通过改变补偿电感与原边线圈电感的比值可以改变系统输出电压，从而利用不同发射线圈(或发射区域)实现升压或降压功能，以满足不同家电负载需求。为了避免逆变器电流应力过大，该方案仅适用中小功率等级电器。此外，由于各发射回路电流的相位不一致时会出现环流，还需要进行环流抑制。

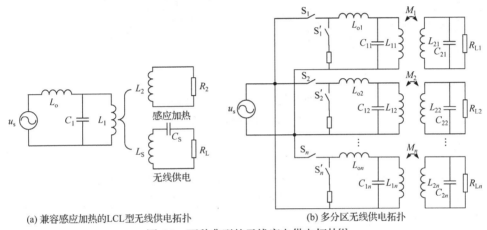

(a) 兼容感应加热的LCL型无线供电拓扑　　　　(b) 多分区无线供电拓扑

图 5.3　两种典型的无线家电供电拓扑[1]

5.1.4　控制方法

1. 负载识别

由于家用电器的功率等级范围宽且负载类型多，通过在发射侧动态识别负载或互感参数，并进行相应控制，可提高其无线供电系统的鲁棒性。

利用发射侧电气参数识别负载或互感参数，可以省去接收侧的采样和通信电路，减小接收侧的体积，便于直接从发射侧对接收侧的输出进行控制。一种利用能量注入模式和自由谐振模式来识别负载参数的瞬态负载检测方法如图 5.4(a)所示。在初始阶段给系统注入微能量，通过实时采样自由谐振模式中发射侧电流 i_P 的正包络线和频率，利用不同大小的负载对应不同的 i_P 衰减速度的特性，判断家电是否存在并获取其负载大小。该方法抗干扰性好，但只适用于电压型无线供电系统。此外，由于不能同时求解负载和互感，且需要自由谐振阶段，故该方法只能用于家用电器刚开始供电的时段，无法实现在线实时识别。

例如，该方法应用到接收侧采用 P 型补偿拓扑时，由 2.2.1 节的分析可知，其反射阻抗为

$$Z_{RF} = \frac{M^2 R_L}{L_2^2} - j\omega \frac{M^2}{L_2} \tag{5.1}$$

由式(5.1)可见，反射阻抗中负载电阻 R_L 和互感 M 具有相互解耦的特点，因此通过检测发射侧电压、电流及其相位，可以分别求解出负载 R_L 和互感 M 的大小，实现负载实时识别；进而采用发射侧控制方法，实现接收侧稳定输出，使家用电器正常工作。

一种基于开关电容电路的负载在线识别方法如图 5.4(b)所示，通过控制器切换发射回路中的开关电容，获取系统在两种频率模式下的电气参数，进而求解出互感和负载的大小。该方法识别精度高，识别过程快，且可适用于各种补偿拓扑，但当家电频繁切换负载或工况变化时，会造成开关电容的频繁动作，影响功率传输的连续性。

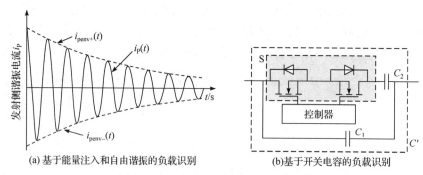

(a) 基于能量注入和自由谐振的负载识别　　　(b)基于开关电容的负载识别

图 5.4　无线家电的负载识别方法[1]

2. 效率优化控制

家电负载与耦合系数的宽范围变化会导致系统效率剧烈波动，因此需要对家用电器无线供电系统进行效率优化控制，目前主要有基于调节电容阵列的效率优化控制和基于负载变换的最优效率跟踪两种方法。

基于调节电容阵列的效率优化控制方法如图 5.5 所示。电容阵列一般为多个电容串并联的结构，并通过开关控制电容的投入或切除。当家电负载接入时，系统先工作在设定的低频模式下，通过检测逆变器的输入电流大致识别负载功率等级，控制器根据功率等级控制电容阵列中开关的通断，以选择发射侧接入的电容值，改变系统工作频率，从而使不同功率等级的家电负载工作在不同的频段，最终使系统效率 η 大于或等于目标效率 η_0(即 $\eta \geqslant \eta_0$)。该方法也可以应用在耦合线圈距离变化和偏移的情况，通过控制器检测负载的功率，改变电容阵列中接入电路的电容值，从而在不同的距离和偏移条件下跟踪最佳的传输效率。但随着功率容量的增加，采用调节电容阵列的方法将会导致无线家电系统的体积和控制复杂度增大，且由于投切电容值是固定的组合，调节范围有限，电容切换过程对家用电器供电质量也会产生一定影响。

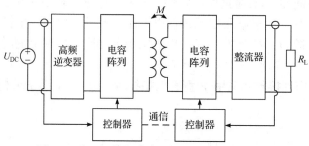

图 5.5　基于调节电容阵列的效率优化控制方法

基于负载变换的最优效率跟踪方法的思路是通过将负载 R_L 折算为接收侧电能变换电路前端的等效负载 R_{Leq}，令其在不同互感和负载时均等于相应的最佳等效负载值，使系统工作在最优效率。

以 SS 型 ICPT 系统为例，根据式(1.12)，系统的传输效率为

$$\eta = \frac{(\omega M)^2 R_{Leq}}{\left[(R_{Leq}+R_2)^2 + X_2^2\right]R_1 + (\omega M)^2(R_2+R_{Leq})} \tag{5.2}$$

式中，M 是发射侧线圈和接收侧线圈之间的互感；R_1、R_2 分别是发射线圈和接收线圈的等效内阻；X_2 是接收侧的电抗。

根据式(5.2)，当其他参数一定时，X_2 越小，系统效率越高，故当接收侧处于谐振状态，即 $X_2 = 0$ 时，效率有最大值。为了得到系统在不同等效负载下的最大效率及对应的最优等效负载 R_{Leqo}，令 $\partial\eta/\partial R_{Leq}=0$，即

$$\frac{\partial\eta}{\partial R_{Leq}} = \frac{(\omega M)^2\left[R_1(R_2+R_{Leq})(R_2-R_{Leq})+(\omega M)^2 R_2\right]}{\left[(R_{Leq}+R_2)^2 R_1 + (\omega M)^2(R_2+R_{Leq})\right]^2} = 0 \tag{5.3}$$

求解式(5.3)，可以得到系统的最优等效负载和最大效率分别为

$$R_{Leqo} = R_2\sqrt{1+\frac{(\omega M)^2}{R_1 R_2}} \tag{5.4}$$

$$\eta_{max} = 1 - \frac{2}{1+\sqrt{1+\frac{(\omega M)^2}{R_1 R_2}}} \tag{5.5}$$

最优效率跟踪方法的实现方式可分为信息交互式和无信息交互两种。信息交互式最优效率跟踪方法的原理是接收侧调节等效阻抗 R_{Leq} 产生扰动，发射侧利用通信获取接收侧的输出电压信息，控制输出电压稳定并计算效率，当效率达最优值时，两侧均停止调节。发射侧和接收侧均采用 DC-DC 变换器进行调节的方案如图 5.6(a)所示；无需 DC-DC 变换器，对发射侧全桥逆变器和接收侧有源整流器采用移相控制进行调节的方案如图 5.6(b)所示。

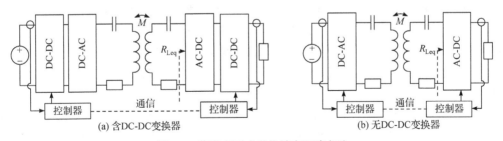

图 5.6　信息交互式最优效率跟踪方法

无信息交互的最优效率控制方法的原理是利用扰动观察法，发射侧对输入电压进行微扰动，接收侧控制输出电压恒定，发射侧无须获取接收侧信息，当发射侧寻找到输入功率最小值时，即表明效率已达最优值。如图 5.7(a)所示，发射侧利用移相控制调节输入电压

产生微扰动，接收侧利用 DC-DC 变换器控制输出恒定。若将后级 DC-DC 变换器省去，可通过控制有源整流器实现输出控制，如图 5.7(b)所示。

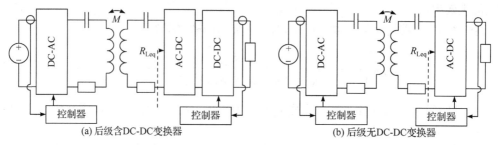

(a) 后级含DC-DC变换器　　　　　　　　　(b) 后级无DC-DC变换器

图 5.7　无信息交互的最优效率跟踪方法

基于负载变换的最优效率跟踪方法虽然可使家电负载在宽范围变化时保持高效率，但控制较为复杂，且负载变换环节和前级控制环节的损耗也会导致系统整体效率有所下降。

5.1.5　异物检测

当金属异物(刀具、锡箔等)位于正在工作的发射线圈上时，交变电磁场会使其产生涡流损耗，导致温度升高，系统效率下降，影响系统稳定性。对于功率较大的无线厨房电器，金属异物容易过热甚至着火。因此，异物检测也是无线家电必须具备的功能之一。

5.1.6　电磁兼容

1. 相关标准

无线家电的高频逆变及整流电路产生的电磁骚扰会对电器本身或者其他设备造成干扰，影响电器正常工作。国标《家用电器　无线电能发射器》(GB/T 34439—2017)中规定家用和类似用途的无线供电发射器应符合《家用电器、电动工具和类似器具的电磁兼容要求　第 1 部分：发射》(GB 4343.1—2018)和《电磁兼容　限值　第 1 部分：谐波电流发射限值(设备每相输入电流≤16A)》(GB 17625.1—2022)的要求。

2. 电磁屏蔽

针对无线家电存在的电磁干扰问题，现有技术主要是通过软开关设计和电磁屏蔽进行抑制。无线家电发射侧逆变器实现零电压开关(ZVS)，可以降低开关管两端的 dv/dt，从而减小电磁骚扰。但采用占空比控制输出功率时，容易导致 ZVS 无法实现。电磁屏蔽方法一方面可降低电磁辐射，另一方面避免电器内部器件受到电磁干扰和因涡流而发热。

目前无线家电主要采用无源屏蔽。无源屏蔽包括金属材料屏蔽和磁性材料屏蔽。金属材料屏蔽会使系统线圈的自感和互感减小、等效电阻增大，降低了传输功率和效率，需进行优化设计。铝板屏蔽如图 5.8(a)所示，研究发现，开槽和开孔可以改变涡流路径，降低铝板对系统效率的影响，但是屏蔽效果有所减弱。磁性材料屏蔽多采用铁氧体，磁场频率和磁场强度峰值幅度必须控制在远远低于铁氧体饱和范围，以减小磁滞损耗，否则铁磁材料饱和导致屏蔽效果下降。一种带边沿扇形铁氧体屏蔽层如图 5.8(b)所示，具有体积小、屏蔽效果较好的特点，适用于厨房电器。将磁性材料与金属材料结合的屏蔽技术较为有效，被多数无线家电所采用。一种适用于无尾电视的屏蔽结构如图 5.8(c)所示，在线圈与金属屏蔽之间放置铁氧体，当金属厚度大于趋肤深度时，可使得金属屏蔽对线圈参数影响最小化，同时提升屏蔽效果。

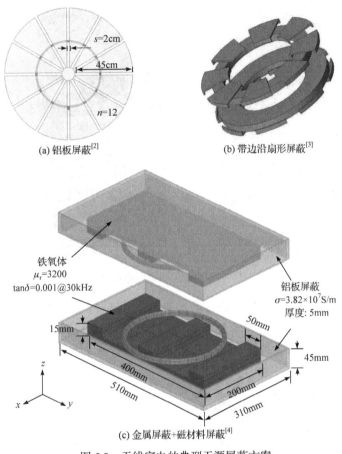

(a) 铝板屏蔽[2]　　　　　　　　(b) 带边沿扇形屏蔽[3]

(c) 金属屏蔽+磁材料屏蔽[4]

图 5.8　无线家电的典型无源屏蔽方案

5.2　家用电器无线供电技术的产业现状

随着消费者对无线家电产品需求量的增加，市场上发布了不少无线家电产品及其解决方案，一些标准化组织已经制定或正在制定无线家电的行业标准，进一步推动了无线家电的市场化。

5.2.1　产品化发展

国外企业较早对家用电器无线供电技术开展产品化应用，部分产品如图 5.9 所示[1]。2009 年，日本 Sony 公司开发了一套用于电视机等产品的无线供电系统，通过增设中继单元提升传输距离。美国 Fulton Innovation 公司将其 eCoupled 技术应用到较大功率的厨房电器，供电距离可达数英寸，能够为多个不同功率等级的设备供电。2013 年，日本 Toshiba

公司推出了基于感应耦合技术的无线照明灯具。荷兰 Philips 公司从 2014 年开始陆续推出了一系列采用磁耦合式无线供电技术的厨房电器。2017 年，GaN 器件公司 EPC 设计了一套 6.78MHz 的液晶电视无线供电系统；美国 Dell 公司与 WiTricity 公司合作推出全球首款无线充电笔记本电脑。韩国 Samsung 公司也推出了相关无线家电方案。

(a) Fulton Innovation无线厨电

(b) Toshiba无线照明灯具

(c) Philips无线厨电

(d) Dell/WiTricity无线充电笔记本电脑

图 5.9　国外企业无线家用电器[1]

国内企业在无线家电领域起步稍晚，但发展迅速，部分产品如图 5.10 所示[1]。2010 年，海尔(Haier)公司在第 43 届 CES 上展示了无尾电视，随后在 2012 年推出了电饭煲及搅拌机等无线供电产品。中惠创智、楚山科技、新页集团等也研发了无线家电产品或无线家电解决方案。

(a) 海尔无尾电视

(b) 海尔无线厨电

(c) 海尔无线充电扫地机器人

(d) 中惠创智无线厨电

图 5.10　国内企业无线家用电器[1]

表 5.1 总结了部分无线家电产品或解决方案的技术参数，功率等级为 60～2500W，传输效率为 65%～93%。

表 5.1　部分无线家电产品或解决方案

公司名称	产品或方案	线圈尺寸/cm	传输距离	效率	工作频率	功率
Sony	TV 无线供电系统	—	0.5～0.8m	80%	—	60W
Fulton Innovation	无线厨电	—	—	—	—	1500W
Philips	无线厨电	—	3cm	—	—	2500W
Samsung /WiTricity	无尾电视	—	50cm	—	kHz	100W
Powermat	Charging Spot 4.0	—	≤4cm	65%～90%	100～300kHz	40W
海尔	无尾电视	30×30	1m	约 80%	数兆赫	100W
海尔	无尾厨电发射器	—	垂直 4～5cm，水平偏移 3cm	85%～90%	20～40kHz	1200W
海尔	无线充电扫地机器人	—	0.4～0.8cm	85%	110～205kHz	15W
中惠创智	无线电饭煲	—	6.5cm	93%	—	900W
中惠创智	无线搅拌机	—	6.5cm	90%	—	250W
中惠创智	无线供电桌面	—	5cm	90%	—	250W
新页集团	NS1024	5×5	≤0.8cm	75%	125～180kHz	24W
新页集团	NS1100	5×5	0.5～0.9cm	80%～85%	50～150kHz	100W
新页集团	NS1100	10×10	1.3～2.2cm	80%～85%	50～150kHz	100W
新页集团	NS1100	15×15	2.0～3.2cm	80%～85%	50～150kHz	100W
楚山科技	100W 模块	8.5×8.5	≤5cm	≥86%	80～300kHz	65～100W
楚山科技	500W 模块	12×12/ 15×15	≤5cm	≥80%	80～300kHz	200～500W
楚山科技	2kW 模块	15×15/ 20×20	≤20cm	≥80%	80～300kHz	2000W

注："—"表示未获取相关数据。

5.2.2　标准化进展

负责制定无线家电相关标准的组织介绍如下。

1) 无线充电联盟(WPC)

在 Qi 标准获得成功普及的基础上，WPC 还针对无线厨房电器，制定了 Ki 标准，从而让烹饪和食物准备过程更安全、更智能、更加便捷。Ki 标准还在编订过程中，适用于榨汁机、搅拌机、电水壶等，最高支持 2.2kW 功率等级。

2) 国际电工委员会(IEC)

IEC 在 2015 年公布了《信息技术 系统间远程通信和信息交换 磁域网 第 2 部分：带内无线充电控制协议》(ISO/IEC 15149-2:2015)，旨在实现在同一个频带内同时进行无线功率传输和数据传输，该标准适用于移动电话、家用电器等领域。

3) 全国家用电器标准化技术委员会无线电能传输家电分技术委员会(TC46/SC16)

该机构于 2014 年成立，负责无线电能传输技术应用于家用电器的安全、能效、性能、通信协议等标准化工作，发布了《家用电器 无线电能发射器》(GB/T 34439—2017)

等国家标准。

4) 中国无线供电产业联盟(Wireless Power Industry Alliance，WPIA)

WPIA 是由海尔无线联合院校、科研机构、无线充电企业等共同发起成立的非营利性组织，致力于无线供电技术专利化、专利标准化、标准产业化，推动无线充电/供电技术在家电领域应用的发展。

5.3　亟待解决的问题与研究方向

综合国内外无线家电的研究现状可以看出，该领域已经得到了较为充分的研究和发展，且开始了产品化及市场化应用，但今后需要在以下几个方面进行完善。

1. 空间传输范围与耦合机构尺寸及电磁辐射强度的矛盾

目前无线家电产品的传输距离较短，且往往需要接收端与发射端正对才能正常工作，造成使用体验感较差，难以满足消费者需求。当要求较大的空间传输范围时，需要增大线圈尺寸和增加磁芯，导致耦合机构体积较大，电器设计不够紧凑，占用较多的空间。同时，由传输范围扩大而带来的电磁辐射也更严重。因此，如何在不影响家用电器体积的条件下进一步增大空间传输范围、减小电磁辐射强度是家用电器无线供电技术的一个难点。

2. 感性负载对家用电器无线供电系统的影响

家电的负载类型决定了家用电器无线供电系统与手机及电动汽车无线充电系统有所不同。除常规电阻性负载以外，家用电器无线供电系统还需对包含电机的感性负载供电。电机负载在启动、调速、恒转矩控制等不同运行条件下对无线供电系统工作性能的影响有待进一步研究。

3. 家用电器无线供电系统的建模与控制

家电无线供电系统易受到家电负载变化、人为操作、环境变化带来的扰动。家电负载变化包括阻值、负载类型及工作状态的变化，例如，电饭煲根据温度利用继电器控制加热盘的投切进行烹煮，人为操作可能导致耦合机构角度、传输距离的变动，温度、湿度等环境变化会造成系统参数漂移等。家电负载的变化往往难以预知，因此需要对家电无线供电系统建立动态模型，进一步开展多变量扰动分析，得到更准确的系统性能变化规律，为提出更有效的控制方法奠定基础。

5.4　本 章 小 结

无线电能传输技术的应用已经进入快速发展阶段，高便利性的优势使其在家用电器中的应用具有重大意义和广阔商业前景，成为实现家居智能化的一项重要技术。虽然无线家电已经初步产品化，但还有很多理论和实际问题需要研究和解决，相关标准也尚未完善。相信在广大企业组织和科研机构的共同努力下，以无线家电为主的智能家居生活将指日可待。

参 考 文 献

[1] 朱焕杰, 张波. 家用电器无线电能传输技术发展及现状[J]. 电源学报, 2020, 18(6): 168-178.

[2] WEN F, HUANG X L. Optimal magnetic field shielding method by metallic sheets in wireless power transfer system[J]. Energies, 2016, 9(9): 733.

[3] 李厚基, 王春芳, 魏芝浩, 等. 无线电能传输系统用屏蔽层结构的研究[J]. 电工电能新技术, 2019, 38(5): 74-83.

[4] KIM J, KIM J, KONG S, et al. Coil design and shielding methods for a magnetic resonant wireless power transfer system[J]. Proceedings of the IEEE, 2013, 101(6): 1332-1342.

第6章 电动汽车无线充电技术

大力发展电动汽车(EV)，能够加快燃油替代，减少汽车尾气排放，对保障能源安全、促进节能减排、防治大气污染具有重要意义。但电动汽车的推广仍面临着诸多困难，其中续航里程是制约电动汽车发展的主要问题之一。由于车载电池的容量限制，电动汽车必须进行充电操作，目前电动汽车的充电方式主要有两种：有线充电和无线充电。其中，有线充电是较为普遍的充电方式，但存在着许多局限性，如连接部分易损坏(老化、漏电)、插拔时容易产生火花存在安全隐患、占地面积大、需要人工操作和维护等。而无线充电相比于有线充电具有占地面积小、方便灵活、无须插拔、安全性高、不受恶劣天气影响、维护成本低、与电网互动能力强、充电更加智能化等优点，受到越来越多的关注。

电动汽车无线充电技术主要分为三种：①静态无线充电；②动态无线充电；③准动态无线充电。静态无线充电技术是在电动汽车停止时给汽车充电，适合于停车场、商场、居民区等场合。而动态无线充电是在汽车行驶过程中给汽车充电，能持续为汽车提供能量，允许电动汽车搭载较小容量的电池。准动态无线充电则是在汽车短时间停靠的地方给汽车充电，例如，在交通信号灯处，可以在途中给汽车补充能量。由于动态无线充电和准动态无线充电需要对指定道路进行改造，前期成本投入较大，故电动汽车静态无线充电更具优势。

本章主要介绍磁场耦合式电动汽车静态无线充电技术，内容包括电动汽车无线充电系统的关键技术、电动汽车无线充电标准和产业化现状、亟待解决的问题等。

6.1 磁场耦合式电动汽车无线充电系统关键技术

6.1.1 系统架构

磁场耦合式电动汽车无线充电系统的典型结构如图 6.1 所示，包括发射端电力电子变

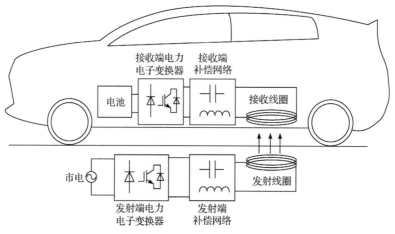

图 6.1 电动汽车无线充电系统的典型结构[1]

换器、发射端补偿网络、发射线圈、接收线圈、接收端补偿网络、接收端电力电子变换器
和电池负载等。

　　发射端电力电子变换器将来自电网的工频交流电转换为适用于无线电能传输的高频交
流电，再传递给后级的发射装置。发射装置由发射端补偿网络和发射线圈构成，接收装置
由接收端补偿网络和接收线圈构成。由于接收装置输出的高频交流电往往不能直接给负载
供电，需要通过接收端电力电子变换器转换为适合电池负载的形式。

6.1.2　磁耦合机构

　　磁耦合机构是无线充电系统中发射侧与接收侧能量耦合的关键元件，当前电动汽车无
线充电系统磁耦合机构的研究侧重于如何提高线圈之间的耦合系数、提高抗偏移能力、减
小线圈体积、降低成本等方面。表 6.1 总结了常用磁耦合机构的特性[1]。

表 6.1　常用磁耦合机构的特性

类别	形状	特性
圆形		(1) 广泛应用于电动汽车无线充电； (2) 各方向偏移容忍度一致，即无方向性； (3) 当线圈水平偏移为线圈直径的 40%时，输出功率出现零点； (4) 与同尺寸的其他线圈相比，在线圈距离和偏移度相同的情况下，圆形线圈的耦合系数较小
矩形		(1) 扩大了磁通耦合范围，减小了边缘漏磁； (2) 与圆形线圈相比，具有更好的横向偏移容忍度，轻便集成； (3) 制造方便
空间螺旋形		(1) 小巧、轻便； (2) 纵向偏移容忍度高； (3) 磁场分布于线圈两侧，不利于屏蔽； (4) 磁通利用率低，漏磁较大，导致系统效率降低
Flux Pipe		(1) 双线圈结构，在电路上两线圈并联，在磁路上两线圈产生的磁通呈串联； (2) 水平偏移容忍度高，耦合系数与圆形线圈相当； (3) 磁场高度大约为接收线圈长度的一半； (4) 螺线管型线圈，磁场分布于线圈两侧，不利于屏蔽； (5) 磁通利用率低，漏磁较大，导致系统效率降低

续表

类别	形状	特性
DD(double D)		(1) 由单根导线绕制的准双线圈结构; (2) 左右线圈的绕向相反,旨在让中间相邻导线的电流流向相同,使得两线圈中心磁通加强; (3) 磁场仅分布于线圈一面,极大减小了背面漏磁,提高了系统效率; (4) 相比于圆形、方形单线圈具有更好的横向偏移能力; (5) 磁场高度是圆形线圈的 2 倍,大约为线圈长度的一半; (6) 沿 y 轴侧向偏移能力较好,但沿 x 轴偏移大约 34% 时存在耦合系数零点; (7) 由于产生的是并联磁通,不能与平面单线圈混用; (8) 能有效提高磁场利用率,提高系统效率
DDQ(double D quadrature)		(1) 在 DD 线圈的基础上增加了正交耦合的方形线圈; (2) 在 x、y 轴方向都具有高的偏移容忍度,可以与平面单线圈混用; (3) 作为发射线圈时需要两个逆变电路,作为接收线圈时需要两个整流电路,结构较复杂,增加了系统损耗; (4) 用铜量多,损耗增加
BP(bipolar-pad)		(1) 具有与 DDQ 线圈类似的优点,但用铜量减少了 25.17%; (2) 作为发射线圈时需要两个逆变电路,作为接收线圈时需要两个整流电路,结构较复杂,增加了系统损耗; (3) 需要位置和磁链传感器以及复杂的控制策略; (4) 旋转偏移容忍度差,角度偏移 30°,耦合系数降低 13%
DDC(DD-circle)		(1) 在 DD 线圈的基础上增加了圆形线圈; (2) 作为发射线圈时需要两个逆变电路,作为接收线圈时需要两个整流电路,结构较复杂,增加了系统损耗; (3) 具有与 DDQ 线圈类似的偏移容忍度,但偏移方向不局限于 x、y 轴

　　总体上,相比于单线圈结构,多线圈结构在抗偏移、传输距离等方面更具优势,但会增加用铜量,结构和控制等也更为复杂;相比于单边绕组结构,螺线管型等双边绕组的磁场利用率较低,漏磁较大,会导致系统效率的降低,因此应根据具体应用场合选择合适的磁耦合机构。

6.1.3 补偿网络

　　由于电动汽车电池充电过程存在等效负载变化的现象,故在设计补偿网络时需要考虑其是否具有恒流或恒压特性。目前,电动汽车无线充电系统中最常见的恒流型补偿网络为

SS 型，最常见的恒压型补偿网络为 LCL-S 型。除了上述两种典型的补偿网络外，电动汽车无线充电领域还使用了 SPS 型、S-LCL 型、LCL-LCL 型、LCC-LCC 型等补偿网络，它们的特性比较详见第 2 章。

6.1.4 电力电子变换器

1. 发射端

对于电动汽车无线充电系统而言，发射端电力电子变换器需要把 50/60Hz 的工频交流电变换成几十千赫的高频交流电。主要有两种实现方式：①采用两个变换器级联，先将工频交流电整流成直流电，再通过高频逆变器将直流电转变成高频交流电，即 AC-DC-AC 变换器。此种方式容易控制输入电流，实现单位功率因数，但变换器级联数增加，效率降低。②采用单级变换器，直接实现工频交流电到高频交流电的转变，即 AC-AC。此种方式的主要难点在于需要通过单级变换器实现多目标的控制，包括输入侧功率因数校正、软开关等，优点则是去掉了直流侧的大电容，减少了开关器件，提高了系统效率。

目前，AC-DC-AC 变换器仍是电动汽车无线充电系统中应用最为广泛的结构，其典型结构见图 6.2。其中，第一级是单位功率因数校正电路，实现整流和调压；第二级是高频逆变电路，为发射线圈提供高频交流电。

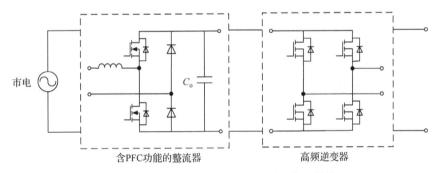

图 6.2 发射端 AC-DC-AC 变换器的典型结构

近年来，AC-AC 变换器的研究也受到了广泛关注。一种基于变频控制的三相-单相变换器如图 6.3(a)所示，该变换器的所有开关器件均可工作于零电流开关(ZCS)，可以减少开关损耗和电磁干扰。一种基于移相控制的三相-单相变换器如图 6.3(b)所示，该变换器直接将三相工频电源转换成高频交流电，仅需四个双向开关，减少了开关器件的数量，但由于开关器件工作在硬开关，且承受的电压应力高，故不适用于大功率场合。一种基于自由振荡和能量注入控制的单相-单相变换器如图 6.3(c)所示，该变换器可以减少开关应力、降低功率损耗和电磁干扰。一种适用于双向无线电能传输的单相-单相变换器如图 6.3(d)所示。一种 Boost 型单相-单相变换器如图 6.3(e)所示，该变换器可实现输入侧电流的直接控制，提高系统输入侧功率因数。如图 6.3(f)所示的单相-单相谐振变换器结合了 Boost PFC 和高频逆变的特点，具有较高的功率因数，此外，由于两级电路共用两个开关器件，减少了开关器件的个数，同时所有开关器件均可实现零电压开关(ZVS)。但该拓扑的直流侧仍需要大电容，且电路参数是在耦合系数和负载大小均固定的前提下设计的。

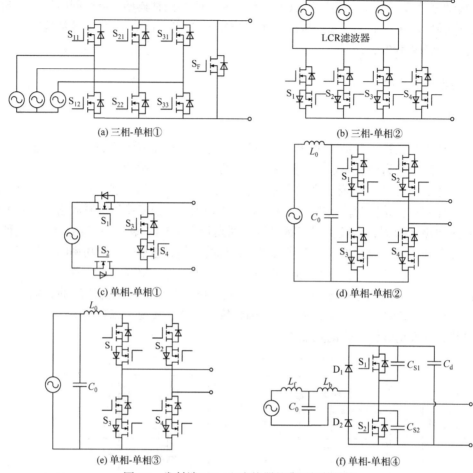

图 6.3　发射端 AC-AC 变换器的典型拓扑结构

2. 接收端

在电动汽车无线充电系统中，接收端电力电子变换器需要把几十千赫的高频交流电变换成供给电池负载的直流电，主要有两种实现方式：①采用不可控整流器和 DC-DC 变换器两级电能变换装置，首先将高频交流电整流成直流电，再通过直流变换器转变成适合供给电池负载的直流电。鉴于 DC-DC 变换技术的成熟，此种方式更加易于控制实现，但电能变换环节数量的增加会带来体积增大、成本增加、总体效率下降等问题。②通过有源整流技术，直接实现高频交流电到所需的直流电的转换。这种方式的难点同样在于需要实现多目标的控制，包括负载功率调节需求、整流器软开关等，优点则是去掉了直流母线的大电容，提高了系统效率。

目前，不可控整流器和 DC-DC 变换器是电动汽车无线充电系统中应用最为广泛的接收端结构，其中一种典型结构如图 6.4(a)所示。此外，图 6.4(b)、(c)分别给出了半有源整流桥和有源整流桥的结构示意图。

6.1.5　系统控制

由于电动汽车无线充电应用场合比较复杂，系统参数容易受到环境影响，且在无线充

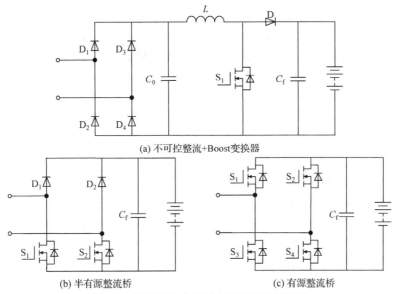

(a) 不可控整流+Boost变换器

(b) 半有源整流桥　　　　　　　　　(c) 有源整流桥

图 6.4　接收端电力电子变换器的典型结构

电过程中，电池的等效电阻会发生变化。另外，受用户停车位置的影响，发射线圈和接收线圈不容易对准，造成耦合系数偏离设定值，因此有必要通过控制，保证系统稳定运行于最佳状态。

对于电动汽车无线充电系统，电能传输鲁棒性控制的目标主要集中在以下几个方面：①实现最大效率点跟踪；②实现输出功率的控制；③实现恒压/恒流控制；④提高系统的抗干扰能力等。常用的控制方法可分为发射端控制、接收端控制和双端控制。控制方法的实现方式一般又可分为基于 DC-DC 变换器的控制、基于高频逆变器的变频控制、基于高频逆变器或有源整流桥的移相控制等。基于 DC-DC 变换器的控制简单可靠、适应性强，但增加了系统的成本、体积、复杂性和损耗；变频控制较为复杂，且频率变化范围需满足相关标准；移相控制可能带来硬开关、直流电压纹波大等问题。不同的控制方法各有利弊，需根据具体情况选择合适的方法。

针对电动汽车几种常见的工作状况，无线充电系统的控制方法也不同。对于耦合系数已知、负载变化的情况，控制方法包括：①发射端控制，利用比例-积分(proportional-integral，PI)控制对发射端的全桥逆变电路进行移相角调节，实现了恒压、恒流控制，且控制过程仅需要发射端信息。②接收端控制，基于极点配置法设计 PI 控制器，对接收端的有源整流桥或 DC-DC 变换器进行控制，可同时实现功率调节以及最大效率跟踪，且无须双边通信。③双端有通信控制，对于发射端和接收端均包含 DC-DC 变换器的系统，通过调节接收端 DC-DC 变换器的占空比改变等效电阻，以实现最大效率阻抗匹配，同时将输出电压以无线通信的方式传到发射端，再通过发射端 DC-DC 变换器对逆变器的输入电压进行调节，维持输出电压恒定，即同时实现输出电压的恒定控制和效率的提升。但由于需要通信，系统成本较高且可靠性较低。④双端无通信控制，其中接收端采用半有源桥电路，并基于 PI 控制对半有源桥的移相角进行调节，以实现输出电流恒定；发射端采用全桥逆变电路，同时利用扰动观测法对逆变器进行移相控制，通过检测输入电流的最小值，实现系统的最大效率跟踪，整个控制过程无需双边通信。

对于负载和耦合系数都变化的情况，控制方法包括：①发射端控制，通过调节逆变器前级的 DC-DC 变换器，对发射线圈电流进行控制，实现系统最大效率跟踪以及恒定的输出电压，但需要双边通信；②双端有通信控制，通过控制发射端和接收端的 DC-DC 变换器，实现最大效率跟踪，为了克服控制策略对耦合系数的依赖，该方法需要在线测量耦合系数，且双边通信功能也是必需的；③双边无通信控制，发射端和接收端均采用双有源桥结构，通过 Delta-sigma 控制器产生脉冲密度调制信号来控制有源桥，实现最大效率跟踪。该方法不仅省略了双边通信，而且双端均可实现软开关。

对于失谐的情况，控制方法包括：①发射端控制，可采用基于自适应 PI 控制的可变模全数字锁相环的频率跟踪控制方法，实现频率的快速跟踪；②双端控制，通过控制接收端单相有源整流桥的移相角和脉冲宽度来调节等效负载阻抗，即调节等效阻抗的虚部抵消失谐带来的电抗，调节阻抗的实部以跟踪最大效率，而发射端则通过 PI 控制器调节逆变器的驱动脉宽，实现输出电压的恒定。

6.1.6 异物检测

磁场耦合式电动汽车无线充电系统工作时，其发射线圈与接收线圈之间存在一个磁场耦合区域，即无线充电区域。由于电动汽车的充电功率非常大，若该充电区域中存在硬币、螺栓等金属异物，金属异物将影响系统的正常工作，甚至可能导致火灾；若猫、狗等活体异物进入该充电区域，可能会受到不可恢复的损害。因此，准确、快速地进行异物检测是发展电动汽车无线充电系统的关键技术之一。目前，电动汽车无线充电系统的异物检测技术主要围绕金属异物检测和活体异物检测两个方面展开[2]。

1. 金属异物检测

金属异物的检测方法主要包括系统参数法、传感器法和辅助线圈检测法等。在小功率的无线充电系统中，系统参数法可以有效检测金属物体，但是在电动汽车无线充电这种大功率等级的系统中，金属异物对系统参数的干扰很小，故难以实现。

基于传感器的检测方法主要是通过传感器采集充电区域内的环境信息进行金属异物检测。温度传感器通过检测每个区域的温度变化情况，识别出金属异物由于涡流热效应而产生的局部温度升高，从而可以检测到异物的存在和位置。雷达传感器通过其发射信号与接收信号获得距离信息，并结合摄像机捕捉的图像进行图像处理可以识别金属异物的存在。该检测方法不受系统工作频率和功率水平的限制，且对细小的金属异物有较高的灵敏度，但也存在一些问题，例如，温度传感器难以检测到嵌在木头中的钉子；温度检测存在滞后性，不能快速判断异物存在；玻璃碎片等不导电材料可能导致雷达传感器的误判。

基于辅助线圈的检测方法是目前电动汽车无线充电系统金属异物检测的主流技术路线。该方法在无线充电区域中铺设一个或多个检测线圈，通过检测线圈的电气特性变化，实现对金属异物的识别。当金属异物进入无线充电区域中，其磁效应和涡流效应会对检测线圈的磁通产生影响，如图 6.5 所示，金属异物将引起检测线圈感应电压的变化，因此测量检测线圈的端电压可以判断金属异物是否存在。另外，还可以通过阻抗的变化进行异物检测。在检测线圈的两端接入正弦激励源，该信号源的频率与无线充电系统频率不同以减少它们之间的相互作用。当金属异物进入充电区域时，如图 6.6 所示，检测线圈的等效电感和等效电阻都会受到影响而发生变化，故检测线圈回路的输入阻抗变化可以作为金属异物存在的指标。基于辅助线圈的检测方法简单、经济，但设计检测线圈时需要考虑覆盖整个充电区域、消除线圈之间的盲区、不对充电系统造成影响、提高对小金属物体的检测灵敏度等问题。

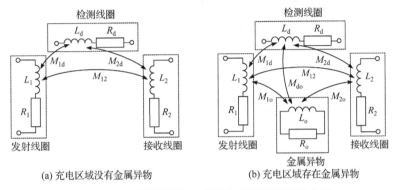

(a) 充电区域没有金属异物　　　　　　　(b) 充电区域存在金属异物

图 6.5　基于检测线圈的金属异物检测系统等效电路

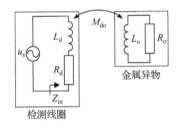

图 6.6　金属异物对检测线圈阻抗的影响

2. 活体异物检测

由于活体异物一般体积较大且具有移动性，因此电动汽车无线充电系统的活体异物检测可以采用基于传感器的方法，如使用红外传感器、压力传感器、超声波传感器或摄像机等对活体异物进行直观、准确的检测。虽然传感器的性能表现良好，但它们难以集成到磁耦合机构中，且容易受到其他环境因素的影响，例如，当传感器被灰尘、落叶等遮挡时，会导致误判。

利用电容值变化是另一种可行的活体异物检测方法。其中一种方式是利用无线充电系统自身的等效电容，在发射线圈周围安装多个金属板，得到的等效电路如图 6.7(a)所示。当有活体异物靠近充电区域时，金属板与异物之间会产生一个额外的等效电容，如图 6.7(b)所示，引起金属板到地之间电容电压的幅值或相位变化，从而可以检测到异物的存在。另一种方式和辅助线圈检测法类似，如图 6.8 所示，在发射线圈上覆盖一个梳状电容传感器，当充电区域存在活体异物时，电容传感器的电容值会发生变化，导致测得的电容值增大。

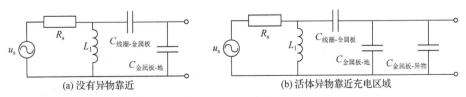

(a) 没有异物靠近　　　　　　　　　　　(b) 活体异物靠近充电区域

图 6.7　基于金属板的活体异物检测系统等效电路

基于电容的检测方法相较于采用传感器更简单、经济，但要解决电容极板过热导致检测精度下降等问题。

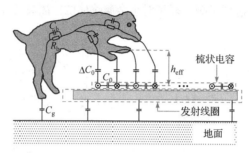

图 6.8　基于梳状电容的活体异物检测系统等效模型

6.1.7　电磁安全

1. 电磁曝露安全限值

电磁曝露关系到人体的健康，因此对电动汽车无线充电系统进行电磁安全性评估必不可少。国标《电动汽车无线充电系统　第 4 部分：电磁环境限值与测试方法》(GB/T 38775.4—2020)规定了在电动汽车进行无线充电时，电动汽车内、外的电磁环境限值，其中人体曝露的电磁场参考水平见表 6.2。

表 6.2　人体曝露电磁场参考水平

曝露特征	频率范围 f/Hz	电场强度/(V/m)	磁场强度 H/(A/m)	磁感应强度 B/μT
职业曝露	20～25	2×10^4	$2\times10^4/f$	$2.5\times10^4/f$
	25～300	$5\times10^5/f$	800	1×10^3
	300～3k	$5\times10^5/f$	$2.4\times10^5/f$	$3\times10^5/f$
	3k～400k	170	80	100
公众曝露	20～25	5×10^3	$4\times10^3/f$	$5\times10^3/f$
	25～50	5×10^3	160	200
	50～400	$2.5\times10^5/f$	160	200
	400～3k	$2.5\times10^5/f$	$6.4\times10^4/f$	$8\times10^4/f$
	3k～400k	83	21	27

注：所有值均为有效值。

2. 人体健康研究

在研究电动汽车无线充电系统对人体健康的影响时，电磁仿真是应用最广泛的研究方法之一，该方法首先建立电动汽车和人体的仿真模型，再根据系统的实际参数，如电流、电压等，确定激励和边界条件，即可直接通过 Maxwell、HFSS 等电磁场仿真软件对系统的电磁环境进行仿真分析，从而避免了烦琐的公式推导。为分析无线充电系统对于不同人体特征的人群的影响，表 6.3 列出了不同性别、年龄的人体解剖模型特征参数，包括身高、体重以及身体质量指数(body mass index，BMI)等[3]。

表 6.3　人体解剖模型的特征参数

姓名	年龄/岁	性别	身高/m	体重/kg	BMI/(kg/m²)
Duke	34	男	1.74	70	23.1
Ella	26	女	1.60	58	22.7
Billie	11	女	1.46	36	16.7
Thelonious	6	男	1.17	20	14.2

建好人体三维模型后，再根据人体各个器官和组织在相应频段下的电磁参数，为各个器官和组织模型设置好介电常数、电导率等材料特性，便可进行电磁安全性研究的数值仿真分析与估算，表 6.4 给出了 85kHz 和 100kHz 时人体重要器官的电磁参数[4]。

表 6.4　人体电磁参数

器官	介电常数		电导率/(S/m)	
	85kHz	100kHz	85kHz	100kHz
大脑	3500	$1\times10^3\sim1\times10^4$	0.13	0.1~1
心脏	14350	8000	0.74	0.8
肝脏	10120	10000	0.08848	0.1
肾脏	10019	10000	0.2018	0.1~1
脾脏	5022	$1\times10^3\sim1\times10^4$	0.1098	0.1~1
肺脏	3025	10000	0.3	0.3

图 6.9 给出了 8kW 电动汽车无线充电系统的磁感应强度分布图，并标出了职业曝露和公众曝露的电磁辐射安全边界。

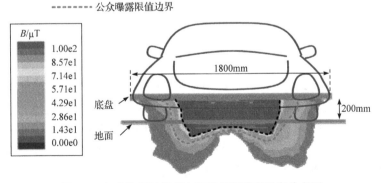

图 6.9　电动汽车无线充电系统的磁感应强度分布图

河北工业大学研究团队开展了不同功率等级的电动汽车无线充电系统对心脏起搏器的电磁兼容与热效应影响[5]。图 6.10 和图 6.11 的结果显示，不同功率等级下，在其相应的最小安全距离处，心脏起搏器磁场强度值均小于磁场强度限值 150A/m，说明电动汽车无线充电系统不会对心脏起搏器产生电磁干扰。同时，人体各器官最大温升值均小于 1℃，心脏起搏器的最大温升小于规定的 2℃，因此，在该系统电磁辐射环境下所产生的热效应不会对人体造成影响。

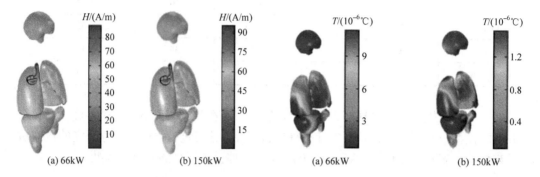

图 6.10　不同功率下心脏起搏器部位的磁场强度[5]　　　　图 6.11　不同功率下人体主要器官温升分布[5]

3. 电磁屏蔽技术

为了进一步减小电动汽车无线充电系统电磁辐射的影响，在实际应用中通常需要采取屏蔽措施。电动汽车无线充电系统的电磁屏蔽可分为主动屏蔽与被动屏蔽，被动屏蔽主要是利用铁磁材料为磁通提供一条新的导通路径或者利用低磁导率金属导体材料(铝板、铜板等)产生一个与漏磁相反的磁场。研究表明，利用铁磁材料一方面可以减小磁场泄漏，另一方面也可以增加线圈自感和互感，增强耦合性能，提高系统效率，但屏蔽效果有限；利用金属屏蔽能有效屏蔽磁场泄漏，但会导致系统效率大幅下降。为此可将铁磁材料与金属片结合作为一种新型屏蔽结构，达到了良好的效果。主动屏蔽主要是通过在耦合机构附近放置一个有源或无源主动屏蔽线圈，生成一个与原磁场方向相反的磁场，以抵消漏磁，实现磁屏蔽功能，但此种方式设计困难，结构设计复杂。

6.2　电动汽车无线充电标准

6.2.1　国际标准

标准的制定对于电动汽车无线充电技术的实际应用和商业化具有至关重要的作用。目前国外主要有三个组织在制定电动汽车无线充电标准，分别为国际自动机工程师学会(SAE International)、国际电工委员会(IEC)、国际标准化组织(ISO)。ISO 和 IEC 的编制成员基本相同，包括中国、美国、德国、日本、英国、法国等几十个成员，SAE 为美洲地区标准，单独制定规范，但与 IEC、ISO 趋同。

SAE 目前已经制定了多部与电动汽车无线充电相关的标准，涵盖了电动汽车无线充电系统的最低性能指标要求、通信协议和信号传递方式等方面的内容。其中，SAE 发布的关于纯电动汽车和混合动力汽车无线充电的标准 SAE TIR J2954，是被广泛参照的电动汽车无线充电标准之一。目前接受 SAE TIR J2954 无线充电标准的汽车制造商已经有很多，包括宝马、福特、本田、捷豹路虎、菲亚特-克莱斯勒、三菱、日产、丰田、比亚迪等。

如表 6.5 所示，SAE TIR J2954 对轻型(3.7～22kW)无线充电系统的功率等级划分、额定效率、偏移效率、传输距离、偏移容忍度、功率因数、谐波含量和工作频率等各项指标做出了详细规定，另外也对异物检测、活物检测、电磁兼容、测试等方面做了相应的规定。而针对功率在 22～200kW 等级的重型无线充电系统的标准，SAE 已在 J2954/2 进行了单独制定。SAE 发布的 J2847/6，即《轻型插电式电动汽车和无线电动汽车充电站之间无线电能传输的通信》，旨在讨论线圈的对准和子系统的控制工作，用于规定无线电能传输的互操作性。此外，还添加了通信标准，以指示线圈正确对齐、初始化子系统、满功率后停止充电等操作。

表 6.5　SAE TIR J2954 电动汽车无线充电标准部分内容

参数	功率等级			
	WPT1	WPT2	WPT3	WPT4
最大输入功率	3.7kW	7.7kW	11kW	22kW
额定效率	>85%	>85%	>85%	—
偏移效率	>80%	>80%	>80%	—
传输距离	低：10～15cm；中：14～21cm；高：17～25cm			
偏移容忍度	x 轴±7.5cm；y 轴±10cm；旋转角度 6°			
功率因数	>0.95			
谐波含量 THD	<5%			
工作频率	85kHz (81.38～90kHz)			

IEC 制定的无线充电标准 IEC 61980 是电动汽车无线充电行业另一重要的标准，该标准包括电动汽车无线充电系统的通用要求、通信协议和特殊要求三个部分。其中，通用要求标准 IEC 61980-1 对性能要求、技术分类、测试、电击防护、安全要求、电磁兼容、结构要求、材料强度、服务条款等内容进行了规定。另外，ISO 发布的 ISO 15118-1/2/3，对电动汽车充电的通信协议做出了相关规定，ISO 19363 则提出了电动汽车无线充电的安全性及互操作性要求。

6.2.2　国内标准

2020 年，我国首部关于电动汽车无线充电的国家标准 GB/T 38775 第 1～4 部分正式发布，包括通用要求、通信协议、特殊要求以及电磁环境限值与测试方法，表 6.6 列出了国家标准 GB/T 38775 的部分内容。除了国家标准之外，与电动汽车无线充电相关的还有福建省、广州市和上海市发布的地方标准以及中国电机工程学会、中国电源学会等发布的团体标准等，国内现行标准基本上覆盖了电动汽车无线充电系统的各个环节，为促进我国电动汽车无线充电产品的发展奠定了基础。

表 6.6　GB/T 38775 电动汽车无线充电标准部分内容

类别	MF-WPT1	MF-WPT2	MF-WPT3	MF-WPT4	MF-WPT5	MF-WPT6	MF-WPT7
输入功率/kW	<3.7	3.7~7.7	7.7~11.1	11.1~22	22~33	33~66	>66
额定效率	>85%						
偏移效率	>80%						
传输距离/mm	S:80±30; M:130±30; L:190±40						
最大允许偏移/mm	X方向：±75；Y方向：±100			NA			
功率因数	>0.98						
谐波含量 THD	<5%						

6.3　电动汽车无线充电技术产业现状

6.3.1　国外研究成果及产业现状

国外开展电动汽车无线充电技术研究的高校、科研机构主要有新西兰奥克兰大学、韩国高等科学技术学院(Korea Advanced Institute of Science and Technology，KAIST)、美国橡树岭国家实验室(Oak Ridge National Laboratory，ORNL)、美国犹他州立大学、美国密歇根大学、日本埼玉大学、东京大学等。研究主要集中在系统建模与控制、磁耦合机构、补偿拓扑、抗偏移能力，以及电磁泄漏、屏蔽等方面。其中，新西兰奥克兰大学团队在磁耦合机构研究方面做了大量的工作，提出了一系列新颖的线圈结构，有效提高了磁耦合机构的性能，并与高通公司建立了深度合作，开发了一系列产品；2014 年，韩国高等科学技术学院团队在 20cm 传输距离下实现了 6.6kW 的传输功率，整机效率达 95.57%；同年，该团队利用大小不同的两个平面方形线圈作为磁耦合机构，大大提高了系统的抗偏移能力，并将该结构应用在 5~15kW 的无线充电系统中。在提高系统抗偏移程度方面，加拿大多伦多大学研究团队于 2020 年提出了一种根据阻抗检测和谐振频率检测来调整发射线圈位置的电动汽车无线充电系统，实现了横向偏移 24cm 下 90.1%的高效率传输；同年，加拿大萨斯喀彻温大学研究团队也提出了一种磁耦合机构 DDC，实现了横向偏移 15cm 下 91.6%的能量传输。在提高功率密度方面，美国橡树岭国家实验室继 2016 年成功研发 20kW 的电动汽车无线充电系统后，在 2018 年宣布实现了 120kW 的大功率无线充电系统，效率高达 97%。同时，为了进一步提高功率密度，该研究团队于 2020 年提出了一种基于双极绕组的三相电动汽车无线充电系统，利用旋转磁场实现比单相系统更加平滑的功率传输特性，且功率密度高达 195kW/m³。在变换器拓扑研究方面，美国密歇根大学团队于 2015 年提出了适用于电动汽车的 LCC-LCC 补偿拓扑结构，实现了输出电流与负载的解耦；加拿大麦克马斯特大学研究团队于 2020 年针对 LCC-LCC 补偿网络参数优化进行了相关研究，进一步实现了恒压充电。

此外，美国高通、Evatran、Momentum Dynamics、WiTricity 以及加拿大 Bombardier

等公司、企业也投入了大量财力和物力开展电动汽车无线充电技术的研究，其中，美国高通公司的 Halo 系统已实现 3.3～20kW 的输出功率，整机效率大于 90%；美国 WiTricity 公司面向纯电动汽车和混合动力汽车的无线充电系统 Drive 11，最高可提供 11kW 的输出功率，效率最高达 93%，该公司在 2018 年与宝马合作推出了全球首款出厂配备无线充电功能的汽车——BMW 530e iPerformance，充电功率为 3.6kW；美国 Evatran 公司提出的 Plugless 无线充电系统已实现 3.6kW 和 7.2kW 的功率传输，并为特斯拉 Model S、宝马 i3、日产 LEAF、雪佛兰 Volt 等车型提供无线充电技术支持；Momentum Dynamics 公司提出的 Momentum 无线充电系统最大输出功率可达 200kW，效率达 95%，并与美国 Link Transit 公司合作，成功将其应用在电动公交车无线充电上。

　　总体来说，国外在电动汽车无线充电领域处于较为领先的水平，并进行了一定的商业化尝试。表 6.7 从工作频率、线圈尺寸、传输距离、偏移容忍度、效率和传输功率等方面总结了近年来国外主要科研机构、企业在电动汽车无线充电技术方面所达到的水平。从表 6.7 中可知，对于千瓦级电动汽车无线充电系统的研究，目前国外已经取得较大进展，传输距离为 10～25cm，且具备一定的抗偏移能力，基本能实现大于 90% 的效率，频率控制在 100kHz 以内。

表 6.7　国外主要科研机构、企业电动汽车无线充电研究成果

机构	年份	频率/kHz	发射线圈尺寸/cm²	接收线圈尺寸/cm²	传输距离/cm	偏移容忍度/cm	效率	功率等级/kW
新西兰奥克兰大学	2011	20	3848	3848	20	水平偏移±13	—	2
	2013	20	3157	3157	10～25	x 轴±40 y 轴±23	—	2～7
	2015	85	1385	1385	10	—	91.3%	1
	2017	20	125	125	15～20	x 轴±20 y 轴±20	>90%	1
韩国高等科学技术学院	2014	100	6400	3600	20	—	95.57%	6.6
	2014	20	9900	1400	15	x 轴±40 y 轴±20 z 轴±5	—	5～15
美国橡树岭国家实验室	2018	—	—	—	15.24	—	97%	120
	2018	22	5024	5024	12.7	—	96.9%	50
	2020	85	—	—	15	x 轴±10 y 轴±10	95%	50
美国密歇根大学	2014	79	4800	4800	20	x 轴±31	96%	7.7
	2015	95	3600	3600	15	x 轴±30 y 轴±12.5	95.3%	6
	2017	85	2700	1200	15	—	95.5%	3
美国犹他州立大学	2012	20	5191	5191	17.5～26.5	—	90%	5

续表

机构	年份	频率/kHz	发射线圈尺寸/cm²	接收线圈尺寸/cm²	传输距离/cm	偏移容忍度/cm	效率	功率等级/kW
日本埼玉大学	2011	30	720	720	7	x轴±4.5 y轴±15 z轴±3	94.7%	1.5
	2012	50	960	960	20	x轴±20 y轴±20	90%	3
加拿大多伦多大学	2020	85	420	420	5	x轴±24 y轴±5	90.1%	5
加拿大萨斯喀彻温大学	2020	65	—	—	15	x轴±15 y轴±15	91.6%	
印度马拉维亚国立技术学院	2020	85	—	—	10		91.26%	1.1
加拿大汉密尔顿麦克马斯特大学	2020	85	1962	1962	15		91%	0.5
高通	—	20/50	4399	625	15~20	—	>90%	3.3~20
WiTricity	2016	85	784~1764	784~1764	10~25	x轴±7.5 y轴±10	91%~93%	3.3/7.7/11
Plugless	—	—	—	—	—	—	约82.5%	3.6/7.2
Momentum Dynamics	2018	85	—	—	30.5	—	95%	200

6.3.2 国内研究成果及产业现状

国内开展电动汽车无线充电系统研究的主要高校、科研机构有重庆大学、哈尔滨工业大学、东南大学、天津工业大学、中国科学院、清华大学、华南理工大学等。研究主要集中在系统建模与控制、磁耦合机构优化设计、能量和信息同步传输、电磁兼容与电磁屏蔽、负载识别与异物检测等方面。

东南大学黄学良教授于 2013 年研发了国内首辆采用无线充电方式供电的电动汽车，另外，该团队对电动汽车无线充电系统的电磁泄漏、电磁屏蔽以及线圈设计等方面也开展了相应的研究；重庆大学孙跃教授团队是国内较早开展电动汽车无线充电研究的团队，该团队针对电动汽车的磁耦合机构、系统建模与控制等方面进行了研究，在 2013 年提出了一种电动汽车能量互充系统，在 2015 年利用双层 DD 线圈的磁耦合机构实现了 10kW 的电动汽车无线充电系统；同济大学胡波教授团队于 2022 年提出了一种电动汽车无线充电系统线圈优化设计方法；福州大学张艺明教授团队于 2022 年提出了一种基于混合拓扑的强抗偏移性能紧凑型电动汽车无线充电系统；哈尔滨工业大学朱春波教授团队于 2015 年提出了基于超级电容的无线供电系统，设计了 3kW 的无线充电系统，并于 2020 年提出了一种基于 LCC-LCC 补偿结构的双闭环控制策略，实现了电动汽车无线充电的自整定控制；同为哈尔滨工业大学的王懿杰教授团队于 2022 年提出了一种基于 DDQ/DD 耦合机构的强抗偏移电动汽车用无线充电系统，旨在降低线圈偏移带来的输出电压波动；天津工业大学杨庆新教授团队搭建了基于风光互补直流微电网的电动汽车无线充电示范工程,实现了 6kW 的充电功率,同时,该团队对电动汽车无线充电系统的电磁安全也进行了相关研究;华南理工大学张波教授团队于 2020 年首次将量子力学中的宇称-时间对称原理引入电动汽车无线充电领域,提出了一种恒功率恒效率的电动汽车无线充电系统[6]。基于该原理,该团队于 2022 年进一步提出了一种与汽车位置无关的恒压恒流电动汽车充电系统[7]。

国内也有不少企业开展了电动汽车无线充电技术的研究,主要有中兴通讯、中惠创智、新页集团、有感科技、安洁无线、威迈斯等。其中,中兴通讯在 2014 年实现了输出功率最大为 60kW、效率为 90% 的无线充电系统;中惠创智自 2015 年起开始对千瓦级电动汽车无线充电系统进行研究,目前已实现的输出功率范围为 1~30kW,传输效率大于 90%;有感科技已开发完成 3~30kW 电动汽车无线充电设备,可以满足商用车的充电需求,且从地面电源到车载电池的电能转化效率最高可达 95%;威迈斯已推出 9.5kW、效率达 91% 以上的电动汽车无线充电系统;此外,安洁无线也推出了相应的发射线圈、接收线圈以及控制器等模块。国内大部分企业还处于产品研发阶段,未开展大规模的商业化服务。

6.4　亟待解决的问题及研究方向

综合国内外电动汽车无线充电技术的研究现状,可以看出,该领域在产业化方面的研究仍有不少问题尚待解决,主要表现在以下几个方面。

1. 系统的抗偏移能力

如何提升系统的抗偏移能力,一直是电动汽车无线充电技术的研究热点。在实际应用中,受用户停车位置的影响,系统发射线圈和接收线圈的相对位置会在一定范围内变化,从而造成耦合系数的变化,因此要求系统必须具备较强的抗偏移能力。目前主要是通过磁耦合机构的设计或系统闭环控制等方式提高系统的抗偏移能力,但这些技术的改善效果有限,因此,有必要从机理上寻求突破。近年来提出的宇称-时间对称无线电能传输(PT-WPT)技术能在一定范围内实现恒定的输出功率和效率,且与耦合系数无关,该技术有望进一步提升系统的抗偏移能力。

2. 系统的环境敏感度

电动汽车无线充电应用场合较为复杂,系统线圈内阻、谐振频率等固有参数容易受到外界环境的影响而发生变化,尤其是汽车金属机身等对于线圈内阻、固有频率的影响较大,而磁耦合谐振式无线输电技术对于固有频率的变化又十分敏感。为了消除金属异物对谐振频率的影响,目前通常采用铁氧体等磁性材料进行屏蔽,或是通过电容矩阵、频率跟踪等方式进行改善,但这些无疑增加了系统的体积、重量与成本。如何提高系统抗谐振频率等固有参数变化的能力,降低系统对环境的敏感度,从原理上提出更加先进、经济有效的方法,仍然是电动汽车无线充电技术未来重要的研究方向之一。

3. 系统结构的优化

传统电动汽车无线充电系统的结构通常采用多级变换器,如通常会加入 DC-DC 变换器环节,但增加了系统的体积与成本,降低了系统的整体效率。因此,优化系统结构,减少变换器的级联数量，利用控制策略替代 DC-DC 变换器实现功率调节功能，将有利于系统性能的整体提升。

4. 系统动态模型的建立与鲁棒性控制

当前对于电动汽车无线充电系统特性的分析与控制，大都是基于系统的稳态模型，对系统暂态响应、非线性特性分析等还较为缺乏。当系统应对一些突发情况时，通常要求具有较快的动态响应。因此，建立系统精确的动态模型并提出相应的控制策略，对系统动态行为进行控制，提升系统的稳定性和快速响应能力，是今后的研究方向之一。

5. 电磁安全性研究

随着电动汽车无线充电技术的推广，其电磁安全问题势必成为公众关注的焦点之一。对空间电磁场进行合理约束，减少电磁泄漏，加强新材料的研究与应用，在最小限度影响系统性能的情况下，高效、可靠地实现系统的电磁屏蔽是今后电磁兼容的主要研究内容之一。此外，由于电动汽车无线充电系统使用场合比较特殊，因此需进一步加强高频电磁场对人体健康影响的研究，以及规避对人体可能的危害。

6.5　本 章 小 结

本章首先分别从系统结构、磁耦合机构、补偿网络、电力电子变换器、系统控制、异物检测以及电磁安全等方面介绍了电动汽车无线充电系统的关键技术问题，接着介绍了电动汽车无线充电的相关标准并分析了国内外电动汽车无线充电技术的产业现状，最后指出了该技术有待解决的问题以及未来的研究发展方向。可以看到，电动汽车无线充电技术已得到广泛的研究，并取得了一定的进展。与此同时，该技术仍有许多关键问题有待解决，需进一步完善现有理论，乃至原理上的创新与突破。

参 考 文 献

[1] 吴理豪, 张波. 电动汽车静态无线充电技术研究综述(下篇)[J]. 电工技术学报, 2020, 35(8): 1662-1678.

[2] LU J H, ZHU G R, MI C C. Foreign object detection in wireless power transfer systems[J]. IEEE transactions on industry applications, 2022, 58(1): 1340-1354.

[3] CHRIST A, KAINZ W, HAHN E G, et al. The virtual family-development of surface-based anatomical models of two adults and two children for dosimetric simulations[J]. Physics in medicine and biology, 2010, 55(2): 23-38.

[4] 吴理豪, 张波. 电动汽车静态无线充电技术研究综述(上篇)[J]. 电工技术学报, 2020, 35(6): 1153-1165.

[5] 赵军, 赵毅航, 武志军, 等. 电动汽车无线充电系统对心脏起搏器的电磁兼容与热效应影响[J]. 电工技术学报, 2022, 37(S1): 1-10.

[6] WU L H, ZHANG B, ZHOU J L. Efficiency improvement of the parity-time-symmetric wireless power transfer system for electric vehicle charging[J]. IEEE transactions on power electronics, 2020, 35(11): 12497-12508.

[7] WU L H, ZHANG B, JIANG Y W. Position-independent constant current or constant voltage wireless electric vehicles charging system without dual-side communication and DC-DC converter[J]. IEEE transactions on industrial electronics, 2022, 69(8): 7930-7939.

第7章 电动自行车无线充电技术

电动自行车是我国一种重要交通工具，其环保性和代步便利性使得电动自行车在人们的出行交通工具中所占比例越来越高，截至2024年12月，我国电动自行车的保有量已突破4亿辆。由于电动自行车的主要充电方式为拔插插头的有线充电方式，长时间使用后容易造成插头的磨损，产生电火花，故将电动自行车电瓶带到室内充电存在巨大的安全隐患，室外充电易受到雨水的影响，导致产生短路的危险。因此，充电的安全性成为电动自行车广泛应用的瓶颈，电动自行车无线充电技术成为未来可供选择的发展方向。

本章首先从系统架构、磁耦合机构、控制方法、整流器及异物检测等方面剖析电动自行车无线充电系统的关键技术；进而介绍了电动自行车无线充电产业现状及相关标准；最后探讨了电动自行车无线充电技术亟待解决的关键问题和发展趋势[1, 2]。

7.1 电动自行车无线充电系统关键技术

7.1.1 系统架构

电动自行车无线充电系统的基本结构如图 7.1 所示，接入的市电通过功率因数校正(PFC)和高频逆变等功率变换环节后，形成高频交流电激励发射线圈产生交变的磁场，接收线圈在交变磁场中获取能量得到交流电压，再通过高频整流环节后提供给电池负载。为了系统稳定工作，发射端和接收端还有通信和控制电路。

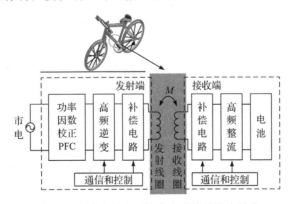

图 7.1 电动自行车无线充电系统的基本结构

由于电动自行车形状的特殊性，电动自行车无线充电系统接收端可以安装在电动自行车的车头、车身或轮毂等不同位置，现有电动自行车无线充电系统发射端和接收端的形式如图 7.2 所示。

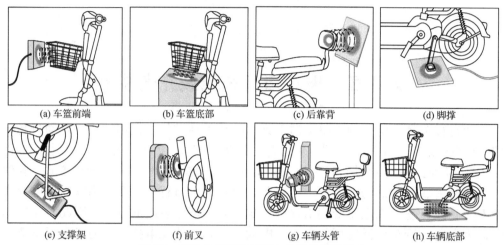

(a) 车篮前端　　　(b) 车篮底部　　　(c) 后靠背　　　(d) 脚撑

(e) 支撑架　　　(f) 前叉　　　(g) 车辆头管　　　(h) 车辆底部

图 7.2　电动自行车无线充电系统的安装形式

7.1.2　磁耦合机构

磁耦合机构是电动自行车无线充电系统的一个关键部分，电动自行车无线充电系统常见的耦合线圈结构如图 7.3 所示，其共同特点是体积小、易发生偏移。对于图 7.3(a)所示的圆形线圈来说，各方向抗偏移能力相同，但相比于同尺寸的其他线圈，在线圈间距和偏移度相同的情况下，耦合系数更小。图 7.3(b)所示的 DD 对称型线圈扩大了磁通耦合范围，减小了边缘漏磁，并且对线圈间距和 x 轴方向偏差有更好的容忍度。图 7.3(c)所示的三线圈结构将中继线圈安装在发射线圈的内侧，增加了空间利用率，相比于双线圈结构，三线圈结构可以增强偏移时线圈之间的磁场耦合，并获得更高的传输效率。

在磁耦合机构中添加铁氧体可以实现磁屏蔽并降低磁阻，但会增大充电器的重量。图 7.3(d)是针对电动自行车提出的大功率磁耦合器，方形线圈背部有多个小型铁氧体磁芯，它们呈矩阵排布，线圈和铁氧体均嵌在尼龙组件内侧，该结构可以很好地解决边缘漏磁问题，且具有较好的散热能力。对于需要在不同的线圈间切换的无线充电系统，图 7.3(e)给出了一种复合线圈结构，发射端将三种线圈叠加在一起，使得充电器结构更加紧凑，通过拆分和重构发射线圈结构，实现电动自行车充电时的状态转换。不同于传统的一对一形式的线圈结构，一种三明治线圈的结构如图 7.3(f)所示[2]，接收线圈将放置在两个发射线圈之间，从而增加了耦合系数。

利用电动自行车脚撑安装的磁耦合机构如图 7.4(a)~(c)所示。图 7.4(a)展示了双圆柱螺线管耦合机构，但磁通较多集中在螺线管发射线圈的两侧，通过接收线圈的磁通较少，增加铝屏蔽会导致传输功率的降低。图 7.4(b)中的发射线圈采用圆形线圈，发射线圈底部装有铁氧体板，该结构的优势在于即使基座后面有金属物体也不会产生涡流，但铁氧体板外侧延伸部分的增加对效率的提高作用有限。若将铁氧体棒代替铁氧体板，也可以达到相似的效果，其结构如图 7.4(c)所示。另外，由于电动自行车的支撑架与地面的接触面积更大，可以将螺线管线圈安装在支架中间的金属横杠上，其耦合面积比单支撑侧支架更大，水平放置的螺线管耦合机构如图 7.4(d)所示，但发射线圈四周都有磁场，如果磁耦合机构的底部有金属物体，就会产生涡流，造成额外的损失。发射端采用 DD 型线圈的结构如图 7.4(e)所示，通过在底部放置铁氧体使得磁通更多地流向接收侧。

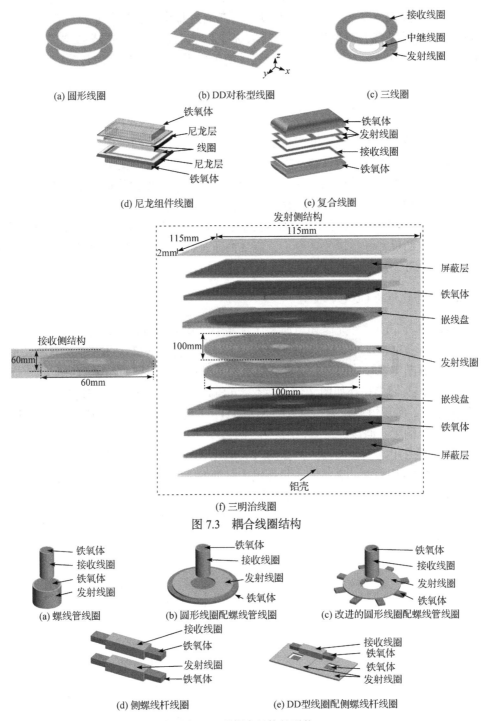

(a) 圆形线圈　　　　　(b) DD对称型线圈　　　　　(c) 三线圈

(d) 尼龙组件线圈　　　　　　　(e) 复合线圈

(f) 三明治线圈

图 7.3　耦合线圈结构

(a) 螺线管线圈　　　(b) 圆形线圈配螺线管线圈　　　(c) 改进的圆形线圈配螺线管线圈

(d) 侧螺线杆线圈　　　　　　(e) DD型线圈配侧螺线杆线圈

图 7.4　磁耦合机构的形状

7.1.3　恒流恒压控制方法

电动自行车锂电池的体积相对较小，安装位置灵活，故目前大多采用锰酸锂电池。

为了延长电池的使用寿命，要求按照规定的充电曲线进行充电，避免恒流过充以及恒压欠充。然而，线圈偏移引起的耦合系数改变、充电过程中电池等效负载的变化以及系统工作频率的波动等，都会对电动自行车无线充电系统的输出性能造成影响，因此需要采用恒流(CC)/恒压(CV)控制策略。下面介绍适用于电动自行车无线充电系统的恒流/恒压控制方法。

1. 基于双边通信的 CC/CV 控制

目前，在电动自行车无线充电产品中，通常利用双边通信的闭环控制来实现恒压/恒流充电。具体的控制方式可分为三种：频率跟踪、阻抗匹配和直流变换。

由于磁耦合谐振无线输电系统在"过耦合"区域存在功率分裂的现象，故可采用频率跟踪策略，通过调整工作频率来控制输出电压。阻抗匹配通过使用继电器或半导体开关来控制补偿电容/电感的值，从而改变电压/电流的大小，若阻抗匹配使用的电容/电感矩阵庞大，会增加系统的尺寸和控制复杂度。直流变换通过调整 DC-DC 变换器的占空比来调节输出电压，但会带来额外的损耗，降低了系统整体的效率。

2. 基于拓扑切换的 CC/CV 控制

由于电动自行车的室外充电环境通常比较复杂，基于双边通信的控制方式在无线通信链路受到磁场干扰的情况下，可能会导致输出不稳定或控制失效。为了消除这种弊端，可以利用开关的通断实现补偿网络的切换，使系统同时具备恒压和恒流输出功能。

一种 SS 与 SP 切换拓扑如图 7.5(a)所示，当 S_1、S_2 关断且 S_3 与 b 端连接时，系统工作在 SS 补偿方式，实现恒流输出；当 S_1、S_2 导通且 S_3 与 a 端连接时，系统工作在 SP 补偿方式，实现恒压输出。但该电路需采用三个开关，结构过于复杂。

一种接收端采用的混合电路拓扑如图 7.5(b)所示，仅需两个开关便可实现恒压与恒流模式的切换。当 S_1 闭合时，系统实现恒压输出；当 S_2 闭合时，系统实现恒流输出。

一种基于线圈切换的拓扑如图 7.5(c)所示，该系统在发射端设置了三层线圈，利用开关的通断切换不同拓扑结构。其中，当 S_1、S_2 关断时，实现恒流输出，当 S_1、S_2 闭合时，实现恒压输出。

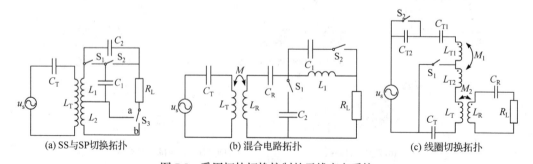

(a) SS与SP切换拓扑　　　　　(b) 混合电路拓扑　　　　　(c) 线圈切换拓扑

图 7.5　采用拓扑切换控制的无线充电系统

随着传输距离的增加，含中继线圈的三线圈无线充电系统比传统两线圈系统的传输效率更高，表现出更好的性能。采用拓扑切换控制的含中继线圈无线充电系统如图 7.6 所示。

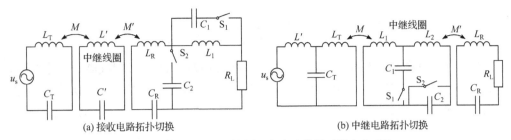

(a) 接收电路拓扑切换   (b) 中继电路拓扑切换

图 7.6 采用拓扑切换控制的含中继线圈无线充电系统

图 7.6(a) 给出了一种接收电路拓扑切换方案,其中 S_1 闭合时为恒压输出,S_2 闭合时为恒流输出,通过控制开关的通断实现了恒压/恒流工作模式的切换。但该系统在接收端采用拓扑切换的方案,无疑增大了电动自行车侧接收端电路的复杂度及体积。一种中继电路拓扑切换方案如图 7.6(b) 所示,其中,发射端采用 LCL 补偿、接收端采用串联补偿,中继线圈采用一对互相解耦的 DD 线圈。当 S_1 和 S_2 导通时可实现恒压输出,当 S_1 和 S_2 关断时可实现恒流输出。但该系统仅适用在耦合机构位置相对固定且没有偏移的场合,如给电动自行车充电时,需将电动自行车牢固地夹在充电桩中。

已知 SS 型补偿网络具有恒流输出特性,S-LCL 型补偿网络具有恒压输出特性。由于锂电池的等效阻抗在充电过程中会发生变化,因此可以根据输出电压的变化进行拓扑切换,实现恒流或恒压充电功能。一种无需开关器件的拓扑自动切换控制无线充电系统如图 7.7 所示,其中,S-S 和 S-LCL 两个不同拓扑通过两个互相解耦的线圈连接,利用不可控整流桥的钳位作用,根据补偿网络的输出电压实现拓扑自动选择。当等效阻抗较小时,S-S 补偿拓扑工作,实现恒流充电;当等效阻抗增大到某一临界值后,S-LCL 补偿拓扑工作,实现恒压充电。该系统利用不可控整流桥而不是开关控制实现拓扑切换,减少了系统的控制难度,且可实现恒流充电到恒压充电的自动转换。但该方案使接收端电路的复杂度大大增加,且接收端两个线圈之间需要解耦。

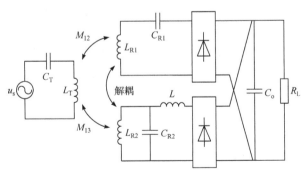

图 7.7 拓扑自动切换控制的无线充电系统

3. 基于参数改变的 CC/CV 控制

在采用 SS 型补偿网络的磁感应耦合无线充电系统中,根据 2.2.1 节中的式(2.16),在忽略线圈内阻 R_1、R_2 后,其输出电流-输入电压增益、输出电压-输入电压增益为

$$G_{UI} = \frac{\dot{I}_2}{\dot{U}_s} = -\frac{j\omega M}{jX_1(R_L + jX_2) + (\omega M)^2} \tag{7.1}$$

$$G_{UU} = \frac{\dot{U}_o}{\dot{U}_s} = \frac{-\dot{I}_2 R_L}{\dot{U}_s} = \frac{j\omega M R_L}{jX_1(R_L + jX_2) + (\omega M)^2} \tag{7.2}$$

式中，$\dot{U}_s$、$\dot{U}_o$ 为输入电压和输出电压；$\dot{I}_2$ 为接收侧电流；X_1 为发射线圈与补偿电容的串联电抗；X_2 为接收线圈与补偿电容的串联电抗；M 为线圈之间的互感；R_L 是负载电阻。

当发射侧等效电抗 $X_1=0$ 时，由式(7.1)可得系统的输出电流-输入电压增益大小为 $G_{UI} = \frac{1}{\omega M}$，故互感不变时，系统能够实现恒流输出；当发射侧等效电抗 $X_1 = \frac{(\omega M)^2}{X_2}$ 时，由式(7.2)可得系统的输出电压-输入电压增益大小为 $G_{UU} = \frac{\omega M}{X_1}$ 或 $G_{UU} = \frac{X_2}{\omega M}$，故互感不变时系统能够实现恒压输出。因此，通过选取发射侧补偿电容的大小，可以决定系统的传输特性。

一种变电容 SS 型无线充电系统结构如图 7.8 所示，通过控制开关的通断进而调整串联电抗 X_1 的大小，可以实现恒流模式和恒压模式的相互转换，但系统在恒压模式下无法实现零相位条件。此外，由于电容是有级调节，调节效果受互感大小的影响[2]。

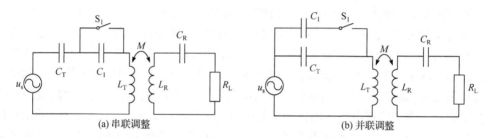

图 7.8　变电容 SS 型无线充电系统结构

LCC-LCC 型补偿网络通过一定的参数设计可保持输出电压或输出电流维持恒定状态，当系统工作频率为固有谐振频率的 $\sqrt{2}$ 倍时，具有与负载无关的恒压输出特性；当系统工作频率和固有谐振频率相同时，具有与负载无关的恒流输出特性。一种变电容 LCC-LCC 型无线充电系统结构如图 7.9 所示，通过改变接收端补偿网络的电容大小，改变其固有谐振频率，可以控制系统工作频率和补偿网络固有谐振频率的比值，从而实现 CV 与 CC 模式转换。但是这种方法需要先判断负载是否符合条件，且恒压模式下系统的传输效率有一定程度的下降。

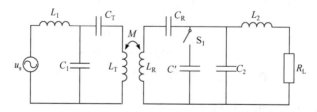

图 7.9　变电容 LCC-LCC 型无线充电系统结构

4. 基于频率调整的 CC/CV 控制

一种三线圈耦合的无线充电系统如图 7.10 所示，忽略线圈的内阻，根据基尔霍夫电压定律，得到系统的电压方程如下：

$$\begin{bmatrix} \dot{U}_s \\ 0 \\ 0 \end{bmatrix} = \begin{bmatrix} jX_1 & jX_{12} & jX_{13} \\ jX_{12} & jX_2 + R_L & jX_{23} \\ jX_{13} & jX_{23} & jX_3 \end{bmatrix} \begin{bmatrix} \dot{I}_1 \\ \dot{I}_2 \\ \dot{I}_3 \end{bmatrix} \tag{7.3}$$

式中，$X_m = \omega L_m - \dfrac{1}{\omega C_m}$ 为线圈回路 m 的电抗；$X_{mn} = \omega M_{mn}$ 为线圈 m 和线圈 n 的耦合感抗，其中 M_{mn} 是线圈 m 和线圈 n 之间的互感，$m \neq n$ 且 $m, n \in [1, 2, 3]$。

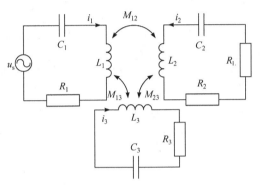

图 7.10　三线圈耦合的无线充电系统

根据式(7.3)可以得到输出线圈电流 $\dot{I}_2$ 的表达式为

$$\dot{I}_2 = -\frac{X_{13}X_{23} - X_{12}X_3}{j(-X_1X_2X_3 + X_1X_{23}^2 + X_2X_{13}^2 + X_3X_{12}^2 - 2X_{12}X_{13}X_{23}) + (X_{13}^2 - X_1X_3)R_L}\dot{U}_s \tag{7.4}$$

根据式(7.4)可以得到输出电压-输入电压增益和输出电流-输入电压增益为

$$\begin{cases} G_{UU} = \dfrac{-\dot{I}_2 R_L}{\dot{U}_s} = \dfrac{X_{23}X_{13} - X_{12}X_3}{A_1 + A_2 R_L}R_L \\[3mm] G_{UI} = \dfrac{-\dot{I}_2}{\dot{U}_s} = \dfrac{X_{23}X_{13} - X_{12}X_3}{A_1 + A_2 R_L} \end{cases} \tag{7.5}$$

其中

$$\begin{cases} A_1 = j(-X_1X_2X_3 + X_1X_{23}^2 + X_2X_{13}^2 + X_3X_{12}^2 - 2X_{12}X_{13}X_{23}) \\ A_2 = X_{13}^2 - X_1X_3 \end{cases} \tag{7.6}$$

由式(7.6)可见，A_1 和 A_2 是关于线圈等效电抗的函数，其大小受系统工作频率的影响。根据式(7.5)，当 $A_1 = 0$ 时，输出电压-输入电压增益 $G_{UU} = \dfrac{X_{23}X_{13} - X_{12}X_3}{A_2}$，可实现与负载无关的恒压传输；当 $A_2 = 0$ 时，输出电流-输入电压增益 $G_{UI} = \dfrac{X_{23}X_{13} - X_{12}X_3}{A_1}$，可实现与负载无关的恒流传输。因此，通过控制系统的工作频率，改变 A_1 和 A_2 的大小，进而实现恒流和恒压模式的切换。该方案不需要使用复杂的切换拓扑方法，也无须增加开关等器件，可以提高系统整体的传输效率。

综合上述分析，表 7.1 对无线充电系统的恒流/恒压控制方式进行了归纳对比，实际应用时可以根据电动自行车无线充电系统的需要选择合适的控制方式。

表 7.1　无线充电系统恒流/恒压控制方式对比

控制方法	优点	缺点
双边通信控制	可根据电池充电特性实时控制，准确性高	需要双边通信，通信受到影响时无法正常充电
拓扑切换控制	不需要双边通信，利用开关的通断实现不同拓扑的切换，即可实现恒压/恒流转换；利用不可控整流桥的钳位作用来自动实现恒压/恒流的转换，不需要额外的开关控制	增加了电路的复杂度，若开关无法正常工作则充电受到影响；电路的复杂度大大增加
变参数控制	比拓扑切换相对简单，需要的开关更少，实现方式更简单	对参数准确性要求更高，易受到互感、工作频率等变量的影响
变频控制	无须另外增加开关，控制更简单	线圈参数固定，若参数发生偏移会对预期充电效果造成影响

7.1.4　高频整流器

高频整流器作为与负载直接联系的一部分，其功率损耗、谐波含量等都对电动自行车高效稳定充电具有一定影响，为了减小电动自行车充电器的体积，需要避免使用庞大复杂的整流电路。如图 7.11 所示的单相桥式不可控整流电路具有简单高效的优点，故被大量应用于电动自行车的无线充电。

为了降低不可控整流电路中的二极管损耗，进而提高电动自行车无线充电的效率，一种有源整流电路被提出，如图 7.12 所示。其中上桥臂交叉耦合，将接收的交流信号用作开关管的驱动信号；同时，接收的交流信号通过比较器和非逻辑门后作为下桥臂的驱动信号。

为了使系统在不同负载下均能实现阻抗匹配，需要在接收端增加额外的控制电路。为了调节负载等效电阻，可在不可控整流电路后加入 DC-DC 电路，但会增大电动自行车接收端的体积以及功率损耗；若用可控整流电路替代不可控整流电路，则可实现类似的功能且不增加额外功率损耗。单相全控整流电路如图 7.13(a)所示，若只控制全桥整流电路的下桥臂，则可减小接收侧电路的复杂度，得到的单相半控整流电路如图 7.13(b)所示。

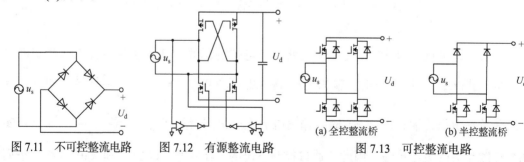

图 7.11　不可控整流电路　　图 7.12　有源整流电路　　(a) 全控整流桥　(b) 半控整流桥　图 7.13　可控整流电路

7.1.5　异物检测

电动自行车在行驶的过程中不可避免地会溅起灰尘、泥土等杂物，当这些异物中的金属物体出现在无线充电线圈之间时，磁场变化会使得系统工作点偏离、金属异物发热，且电动自行车在充电过程中，电池本身的化学反应也会产生热量。这些热量的产生具有极大的火灾安全隐患，为尽可能地消除安全隐患、减少热量的产生，异物检测对于电动自行车无线充电系统是十分必要的。目前的电动自行车无线充电标准对异物检测作出了相关规定。

辅助线圈检测法通常需要使用多个足够小的线圈组成阵列式检测线圈进行检测，但在检测小线圈之间易存在空隙，形成检测盲区，故可以采取多层非重叠线圈、双层对称线圈、非重叠对称线圈或改变辅助线圈形状等方式减小检测盲区；为了使检测线圈能在无线充电系统未工作时独立运行，可以采用基于辅助线圈自感变化的含有独立源的检测系统，通过辅助线圈的输出信号大小大致判断异物位置，这种检测方法虽然会增加充电器的体积，但具有成本低的优点，适合电动自行车无线充电系统。此外，该方法需要克服来自发射线圈、外界环境以及检测系统本身的噪声干扰，对信号检测电路设计有较高要求，系统设计难度随之提升。

系统参数检测法是考虑到当线圈之间出现异物时，可以等效为出现了附加感应电路，金属异物等效电路与传输电路耦合后，会造成线圈的等效电阻增加、等效电感减小，从而引起系统品质因数及其他参数发生改变，因此，通过对相关的系统参数进行监测，可判断异物是否存在，但这种方法在线圈错位的情况下容易造成误判，适用于电动自行车无线充电器稳固不移位的情况，如定位上锁或磁吸充电。

传感器检测法可利用雷达、超声波的反射来判断异物位置，也可利用热成像或机器视觉学习技术来获得异物分布状况。此外，还可利用电容传感器、温度传感器和光学传感器等来对生物体异物进行检测，这种检测方法精准度高，但大大增加了充电器成本，且不容易维护。

表 7.2 对上述 3 种异物检测方法进行了对比和总结。

表 7.2　电动自行车无线充电系统异物检测方法的对比

检测方法	实现手段	异物类别	优点	缺点	适用场合
辅助线圈	将检测线圈铺设在发射线圈上方，检测磁场变化	金属、生物体	成本低，可与算法结合提高灵敏度	在小功率场合，异物造成的电压变化小，不易被检测	中等功率、大功率
系统参数	(1) 检测电压/电流变化； (2) 检测谐振频率变化； (3) 检测功率损耗； (4) 检测线圈品质因数	金属	不占用额外空间，优化算法可提高检测灵敏度	在大功率场合，异物对参数影响小，不易被检测，且需要对线圈错位情况进行区分	小功率、中等功率
传感器	采用雷达传感器、超声波传感器、温度传感器、热成像相机、光学传感器等	金属、生物体	具备同时检测金属异物及生物体异物的能力，不易受到温度、噪声等因素干扰	造价高且需要定期维护，外力易造成损毁	任意功率

7.2　电动自行车无线充电技术的产业现状

7.2.1　国内外研究现状

意大利巴勒莫大学于 2013 年设计了 100W 的电动自行车无线充电系统，于 2014 年提出了一种功率跟踪算法优化无线充电系统的效率，在期望的功率下用两个控制变量实现了最大的传输效率，2015年分析了线圈对系统传输特性的影响，2016年通过测量线圈磁场评价该系统的电磁兼容性，建议充电时人应尽量与无线充电系统保持25cm的距离，2020年进一步将传输功率提高，设计了一种用于电动自行车的300W无线充电器样机，其最大传输效率达到79%。

2014年，新西兰奥克兰大学考虑电动自行车的外形特点，为其设计磁耦合机构，包括发射线圈和接收线圈的形状及安装位置，并在2015年提出了一种用于多负载系统的双耦合感应WPT系统，如图7.14所示，可以实现给多台电动自行车充电，输出功率达400W，且系统整体效率达到76%。

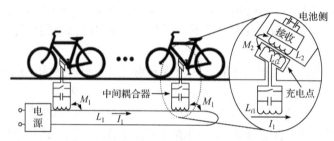

图7.14　多拾取电动自行车无线充电系统

意大利那不勒斯大学在2014年提出一种电动自行车智能移动感应充电站，2016年构建了一种新的磁芯结构，并设计了耦合机构大小为93cm×60cm×28cm的300W电动自行车无线充电器，2019年实现了利用发射侧电压电流估算及控制接收侧电压电流。

此外，日本长冈技术科学大学在2014年将双电层电容器应用于电动自行车无线充电系统，比常规充电系统的充电时间缩短1/4。2018年，捷克皮尔森西波西米亚大学设计了一款线圈大小为17cm×11cm、传输功率为500W、传输效率高于90%的磁耦合机构，功率密度达到了2kW/dm³。2019年，印度韦洛尔理工大学提出了一种适用于电动自行车的线性化无线充电技术，当线圈在一定工作区域内发生偏移时，保持系统输入和输出为线性关系，减少由采样控制产生的延迟导致的系统响应过慢的情况。2020年，西班牙奥维耶多大学提出了一种基于LLC谐振拓扑结构的无线充电器，发射侧线圈为12cm×10cm，接收侧线圈为10cm×10cm，在负载变化的情况下，该系统能够以90%的效率获得恒定的输出电压。2021年，西班牙马拉加大学对接收线圈位于电动自行车不同位置的充电效率及发热情况进行了分析，发现当接收线圈位于车座下方时，周围的导体干扰物较少，效率较高，且发热量少。

我国各研究机构也开展了电动自行车无线充电系统的研究，主要集中在系统建模与控制、磁耦合机构优化设计方面。2018年，西南交通大学设计了2A/48V和4A/48V的实验样机，充电电流和充电电压的波动幅度均小于2.5%，充电效率最高可达91.90%，还与香港理工大学共同提出了一种2A/48V三线圈无线充电系统，只需在发射侧进行开关切换控制，整机效率达到了91.014%。2020年，武汉大学提出了一种基于BUCK电路和红外通信的功率调节方法，实时控制无线充电系统的输出。南方电网提出了一种基于三线圈结构的无线充电系统，通过变频实现恒流和恒压状态的转换，无需额外的开关器件，并制作了4.6A/56V的样机，效率可以达到92%。台北工业大学提出了电动自行车双向无线充电系统，能提供500W充/放电功率，其中充电模式下的效率高于95.3%，放电模式下的效率高于 92%。2021 年，青岛大学设计了一套电动自行车感应耦合式单管逆变无线充电系统，其中磁屏蔽材料使用铁氧体、纳米晶、铝箔三层材料结构以获得更好的性能，恒流模式下的效率最大值为 86.4%，恒压模式下的效率最大值为 85.2%。

7.2.2　产品化进程

　　目前我国电动自行车无线充电系统的产品化已取得了一定的进展，一些典型产品如图 7.15 所示。2017 年，享骑首次推出电动自行车无线充电桩，只需将特定车辆停靠在指定位置即能进行无线充电。2018 年，楚象能源推出能安装在多种电动自行车后靠背的无线充电设备，接收线圈与发射线圈的距离为 30～55mm、中心偏移不超过 15mm 即可实现无线充电。2018 年，法瑞纳提出适用充电电压 24V/36V、电流 3A/5A 的无线充电桩，接收线圈安装在篮筐底部，将电动自行车推进充电桩，就能够实现自动上锁和自动感应充电。2020 年，雅迪展出的电动自行车能在指定充电平台上进行无线充电，最大充电功率可达 350W，充电距离最远为 15cm，充电效率最高达 89%。2020 年，玖蓝新能源打造了"户啦"无线充电装置，接收器均安装于车辆前轮，支持充电电压为 48V/60V 的电动自行车，传输效率最高可达 93%，传输距离达 5～8cm。2021 年，台铃推出的智能电动车将充电器磁吸在车头指定位置即可进行无线充电，将充电效率提升了 60%。2021 年，中天华信研发了"信无线"电动自行车无线充电器，适配各种类型的电动自行车电池。2022 年，狐灵灵电动自行车智能无线充电带在南宁中关村创新示范基地正式亮相，这是国内首条电动自行车智能无线充电带。主机铺设在一条"智能无线充电带"上，任何品牌型号的电动自行车，只需在脚踏板底部安装接收器即可使用无线充电，实现 25cm 隔空充电，比传统充电综合效率提高了 10%左右，一台主机可为 16 辆电动自行车同时充电，最大输出功率达 700W。

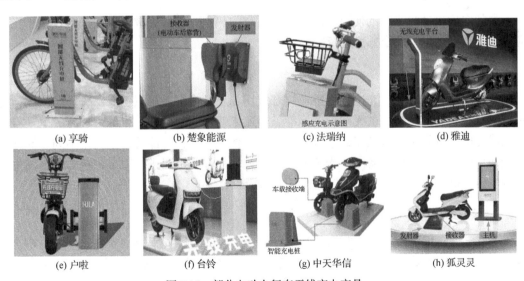

图 7.15　部分电动自行车无线充电产品

7.2.3　相关标准

　　2017 年，企业标准《电动自行车无线充电设备》正式颁布，这是国内无线充电行业首次针对电动自行车颁布的无线充电设备产品标准，并对无线充电设备使用过程中的效率、温升、异物检测和电磁兼容性等作出了明确具体的规定。2020 年，中国质量检验协会组织起草了团体标准《电动自行车无线充电桩》，并于 2021 年正式实施，其中对电动自行车无线充电桩的性能、安全、环境适应能力等都做了一定的要求。2021 年，中国电工技术学会批准发布团体标准《电动自行车传导式智能快速充电器技术规范》，该标准规范了电动自行车传导式快速充电器在通信、安全、充电流程等方面的要求，填补了电动自行车行业无线充电标准的空白。随后，我国相关企业先后发布了一些电动自行车无线充电设备的标准，有力地推动了该产品的发展。我国现有电动自行车无线充电标准见表 7.3。

表 7.3　我国电动自行车无线充电标准

发布机构	标准名称	标准类型	标准编号
中惠创智(深圳)无线供电技术有限公司	《电动自行车无线充电设备》	企业标准	Q/ZHCZ 001—2017
中国质量检验协会	《电动自行车无线充电桩》	团体标准	T/CAQI 139—2020
中国电工技术学会	《电动自行车传导式智能快速充电器技术规范》	团体标准	T/CES 065—2021
中天华信(天津)智能科技发展有限公司	《电动自行车智能无线充电设备》	企业标准	Q/120000ZTHX 001—2022
中惠创智(深圳)无线供电技术有限公司	《电动自行车无线充电设备标准》	企业标准	Q/ZHCZ 001—2023
苏州城享智能科技有限公司	《电动自行车智能无线充电设备》	企业标准	Q/CXZN 001—2024

7.3　亟待解决的问题与研究方向

如何实现电动自行车的便捷充电一直是研究的热点，但要完成真正的产品化及市场化应用，还需要在以下几个方面进行完善。

1. 完善标准制定

制定电动自行车无线充电的标准应结合应用场合及需求，虽然已有部分企业或团体针对电动自行车制定了相关的无线充电标准，但还未普及到全国甚至全球。现有的电动自行车无线充电站的发射装置及车载接收器的安装位置不同，且适配的电池类型不同，导致用户能使用的无线充电设备有限。未来可以对接收端大小和位置进行限定，并对输出的电压进行规定，标准的制定将有利于提高产品之间的兼容性。

2. 提高系统的抗偏移能力

现有电动自行车无线充电产品的传输范围有限，且发射装置固定，充电过程中对耦合系数的变化敏感，需要用户多次挪动车辆使其靠近并对准以进行充电。若用户无法按照无线充电桩的要求进行摆放，在一定情况下影响了电动自行车无线充电桩的使用，将造成无线充电桩的闲置。未来可以从线圈设计和稳定控制的研究入手，探究如何提高系统的抗偏移能力。

3. 保障用户的安全

对空间电磁场进行合理约束，减少电磁泄漏，高效、可靠地实现电磁屏蔽是未来电动自行车无线充电系统电磁兼容的主要研究内容之一。此外，收发线圈间的异物除了对无线充电的效率造成一定的影响，更重要的是容易引起发热，可能造成火灾等事故，具有极大的安全隐患，检测异物进而排除异物对充电的影响，同样能进一步推动无线充电产品的实用化发展。

4. 优化磁耦合机构的设计

考虑电动自行车的体积特点，不宜安装过于庞大的接收装置，设计线圈的形状、线圈的集成方式以及接收装置的安装位置等，进而获取最大的传输效率，对电动自行车无线充电系统的实现十分重要。现在已有无线充电带出现，若能进一步对线圈进行阵列式敷设，则能扩大传输范围，降低对车辆严苛的摆放要求。

5. 提高电能传输效率

电动自行车的巨大需求导致了对充电的高要求，外卖、快递行业人员甚至每天都要对电动自行车进行多次充电，且要求电动自行车的充电时间尽可能短。无线电能传输技术采用空间磁场或电场的耦合进行能量传输，不可避免地造成了能量的流失，为了提高无线充电的传输效率进而发挥更大的优势，可以从耦合机构、功率变换器的设计等方面进行研究，减少由功率变换和空间耦合造成的功率损失。此外，不同品牌电动自行车的电池充电电压不同，可考虑在整流环节对电压进行调整，从而能适应不同电池负载的电压要求，在一定程度上能减少额外功率调节电路的使用，提高系统整体的效率。

7.4　本 章 小 结

实现安全便捷、高效可靠的充电是如今庞大的电动自行车持有量下急需解决的关键问题之一，因此电动自行车的无线充电技术具有广泛的应用前景。虽然电动自行车的无线充电系统已经取得了一定的进展，但要实现普遍的应用仍有许多问题需要解决。

参 考 文 献

[1] 郭淑筠, 张波. 电动自行车无线充电的发展现状及技术剖析(上)[J]. 电源学报, 2022, 20(6): 4-12.
[2] 郭淑筠, 张波. 电动自行车无线充电的发展现状及技术剖析(下)[J]. 电源学报, 2022, 20(6): 13-23.

第8章 植入式医疗设备无线供电技术

植入式医疗设备(implantable medical device，IMD)是植入人体内并长期发挥医疗作用的电子设备，主要用于替代或者辅助人体某些器官发挥功能。随着医疗技术的不断进步，植入式医疗设备在临床上的应用越来越多。最初的植入式医疗设备通过电线穿过皮肤连接到设备上进行供电，但这种方式极易导致患者感染，引起患者不适，因此目前绝大多数植入式医疗设备都是采用电池供电。然而，电池供电方式也存在局限性，一方面，尽管电池能量密度越来越高，但电池的寿命始终受到电池容量的限制，需要通过外科手术更换电池，给患者带来一定的手术风险和经济负担；另一方面，电池占用了植入式医疗设备的大部分重量和尺寸，是限制植入式医疗设备小型化的重要因素。因此，采用无线电能传输技术为植入式医疗设备供电，可以有效延长植入式医疗设备的使用寿命，同时减小植入物的体积，迎合了患者对安全、健康、舒适的需求，与其他供电方式相比具有独特的优势[1]。然而，如何在有限的空间内设计出高效率的无线供电系统具有很大的挑战性。

为此，本章首先介绍了植入式医疗设备所采用的无线供电技术，然后重点讨论了磁耦合谐振式植入式医疗设备无线供电(IMD-WPT)系统的关键技术，接着总结了无线供电技术在几种常见植入式医疗设备中的应用情况，最后讨论了植入式医疗设备无线供电技术未来的研究方向，为植入式医疗设备无线供电技术的发展提供了参考。

8.1 植入式医疗设备无线供电技术类型

常见的植入式医疗设备如图 8.1 所示，主要包括人工心脏、人工耳蜗、胶囊内窥镜、心脏起搏器等。自1958年第一个完全可植入心脏起搏器问世以来，植入式医疗设备在治疗

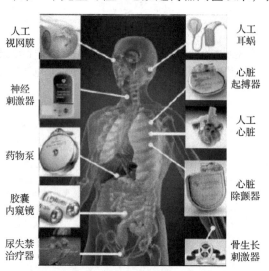

图 8.1 常见的植入式医疗设备

某些难以治愈的疾病时所展现的效果赢得了医学界的广泛关注。目前在植入式医疗设备中得到应用的无线供电方式主要有感应耦合式、超声波式和磁耦合谐振式，下面分别介绍这三种植入式医疗设备无线供电技术的原理及特点。

8.1.1　感应耦合式

1960 年，美国佛蒙特大学医学院首次将感应耦合式无线供电技术引入植入式血汞设备中。该技术以皮肤为界限，发射线圈位于体外，接收线圈位于体内。电源在发射线圈中产生交变磁场，该磁场在接收线圈中产生感应电动势，给植入式医疗设备供电。这项工作标志着感应耦合式无线电能传输技术在植入式医疗设备供电应用研究的开始。

目前，感应耦合式无线供电技术在植入式医疗设备中已有应用，但仍然存在一些问题。首先，由于发射线圈和接收线圈之间隔着皮肤，间距较大，所以线圈之间的耦合系数较低，通常只有 0.05～0.3，从而限制了系统的传输效率，在保证一定传输效率的前提下，传输距离通常仅有几毫米。其次，由于植入式医疗设备位于人体内并会随着人体的运动而移动，因此发射线圈和接收线圈很容易发生位置偏移导致未对准，使得传输效率急剧降低。早期的解决办法是采用磁铁来实现线圈的对准，但在磁共振成像(magnetic resonance imaging，MRI)时会产生热量，因此在 MRI 前要先通过手术取出植入物，这将给患者带来极大不便。现有的解决方法是对磁耦合机构和补偿网络进行优化设计以减小负载变化的影响。最后，由于耦合介质主要是人体组织，对电磁波有一定的吸收作用，也会影响系统的传输效率。

8.1.2　超声波式

与电磁波相比，超声波能在人体组织中安全地传播，且不会产生电磁兼容问题。另外，由于超声波式无线供电装置可用相对较小的尺寸，实现较远距离的功率传输，故对于体积较小的植入物，超声波无线供电技术具有独特的优势。

然而，由于人体不同器官具有不同密度和声阻抗，骨骼的声阻抗高到足以反射所有超声波，且随着频率和距离的增加，软组织层对声音的衰减呈指数增长，因此超声波式无线供电装置仅限于为身体特定部位的植入式医疗设备供电。此外，在人体内传输的超声波会引起人体组织的振动，长此以往可能会对人体健康产生威胁。最后，由于超声波式无线供电系统发射线圈和接收线圈未对准会极大影响系统的传输效率，故人体组织发生变化(如组织生长、体温变化等)也会导致效率的波动。

8.1.3　磁耦合谐振式

磁耦合谐振式无线供电技术能够实现中等距离的无线电能传输，故在植入式医疗设备中的应用具有较好的发展前景。与感应耦合式相比，磁耦合谐振式无线供电系统所使用的工作频率通常更高，因此会导致人体吸收的电磁能量更多。实际工作时，线圈的谐振频率容易受到外界因素的影响而发生变动，导致失谐现象，从而影响系统的传输效率，故需要通过阻抗匹配和频率控制等措施来解决。

8.2　磁耦合谐振式 IMD-WPT 系统关键技术

磁耦合谐振式 IMD-WPT 系统的基本结构如图 8.2 所示，主要包括高频逆变器、补偿网络、耦合线圈和高频整流器等。因此，设计一个磁耦合谐振式 IMD-WPT 系统关键在于合理选择谐振频率、高频逆变器和高频整流器拓扑、补偿网络种类以及耦合线圈结构[2]。

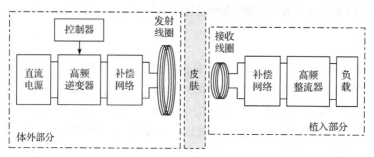

图 8.2　磁耦合谐振式 IMD-WPT 系统结构图

8.2.1　谐振频率

对于 IMD-WPT 系统，其工作频率通常使用国际电信联盟无线通信部门(ITU Radio Communication Sector，ITU-R)规定的工业科学医疗(industrial scientific medical，ISM)频段，部分 ISM 频段见表 8.1。该频段属于无许可频段，故使用时无需许可证或费用，只需要保持一定的发射功率，且不要对其他频段造成干扰即可。尽管提高谐振频率有利于缩小线圈的体积以及提高传输效率，但是人体组织属于一种介电材料，过高的谐振频率会导致人体过多吸收电磁能量并且增大趋肤效应，因此，通常情况下，IMD-WPT 系统采用的谐振频率不超过 20MHz。此外，为了和射频识别(RFID)系统相兼容，多数 IMD-WPT 系统选择的工作频率为 13.56MHz。

表 8.1　ISM 部分频段

频率范围/MHz	中心频率/MHz
6.765~6.795	6.780
13.553~13.567	13.560
26.957~27.283	27.12
40.66~40.70	40.68
433.05~434.79	433.92
902~928	915

8.2.2　高频逆变器

选择高频逆变器时，需要综合考虑系统工作频率、传输功率和应用场景的特点等因素。表 8.2 为一些常见 IMD 所需的功率，可以看出 IMD-WPT 系统对输出功率的要求较低，属于小功率的应用场合。因此，IMD-WPT 系统的高频逆变器可采用电压型 D 类功率放大器、E 类功率放大器等，详见 2.1 节。

表 8.2　常见植入式医疗设备功率要求

植入式医疗设备类型	功率要求
植入式周围神经刺激器	35~100mW

续表

植入式医疗设备类型	功率要求
人工耳蜗	10～100mW
胶囊内窥镜	30～570mW
视网膜植入物	40～250mW
植入式注射泵	100μW～1mW
心脏起搏器、除颤器	30～100μW

8.2.3 耦合线圈

传输效率和传输功率是设计 IMD-WPT 系统的两个关键性能指标，而系统的传输效率与线圈的品质因数和耦合系数密切相关，因此，耦合线圈设计时要尽可能提高线圈的品质因数和耦合系数。此外，接收线圈的体积大小、线圈不对准时的敏感度等方面也是耦合线圈设计时需要考虑的因素。

1. 线圈类型

目前在 IMD-WPT 系统中常用的线圈类型有如图 8.3(a)、(b)所示的平面螺旋线圈和如图 8.3(c)所示的空间螺旋线圈。在平面螺旋线圈中，当导线长度和外径相同时，圆形线圈能够产生更加均匀的磁通分布，且圆形线圈绕制的匝数更多，因此等效电感更大，但方形线圈的制作更为简便。与空间螺旋线圈相比，当电感值相同时，平面螺旋线圈对空间的要求更大，但是在相同导线长度和外径的情况下，平面螺旋线圈能提供更大的耦合系数。由于两种线圈类型各有特点，一种将平面螺旋线圈多层堆叠后得到的堆叠螺旋线圈如图 8.3(d)所示，该线圈的空间利用率高，可以在体积相同的情况下产生更大的电感，有利于 IMD 的小型化。此外，这种多层堆叠的结构显著增大了线圈的寄生电容，有利于降低系统的工作频率。

(a) 方形平面螺旋线圈   (b) 圆形平面螺旋线圈   (c) 空间螺旋线圈   (d) 堆叠螺旋线圈

图 8.3   IMD-WPT 系统常见线圈类型

总体来说，线圈类型的选择不仅要考虑线圈本身的特性，还需要结合具体的 IMD 形状，例如，胶囊型 IMD 通常选择空间螺旋线圈作为接收线圈，而扁平型 IMD 采用平面螺旋线圈可以使结构更加紧凑。

2. 线圈结构

在 IMD-WPT 系统中常用的线圈结构主要有两线圈、三线圈和四线圈，其典型结构分别如图 8.4(a)、(b)、(c)所示。由第 2 章的分析可知，两线圈结构系统的传输效率和传输功率与反射电阻密切相关，而反射电阻的大小又由线圈品质因数和耦合系数共同决定，故仅能在传输距离较近(或耦合系数较大)时保持较大的传输功率和传输效率。两线圈系统由于具有结构简单、占用体积小等优点，故在 IMD-WPT 系统中应用最为广泛。对于三线圈、四线圈系统，附加的电源线圈或负载线圈可以降低电源内阻或负载电阻对线圈品质因数的影响，增大了传输距离，因而能在传输距离较远时保持较高的传输效率和传输功率。与三线圈结构相比，四线圈结构的传输距离更远，但是占用的空间更大，因此在 IMD-WPT 系统中应用相对较少。此外，图 8.4(d)给出了一种双发射三线圈结构，该结构包括两个发射

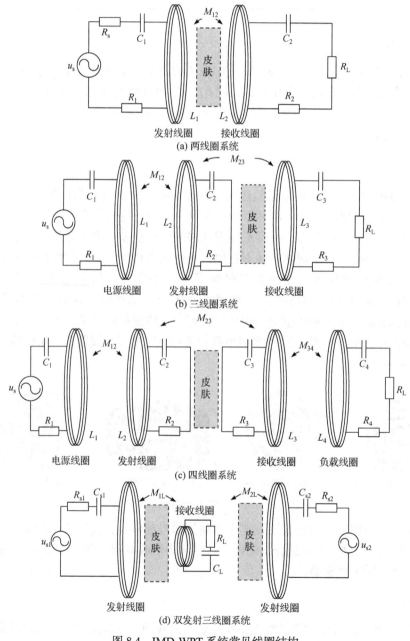

图 8.4 IMD-WPT 系统常见线圈结构

线圈和一个接收线圈，其中接收线圈位于体内，两个发射线圈分别位于身体的两侧，从而形成一个均匀对称的磁场，降低了系统对线圈偏移的敏感度。

总体来说，对于一些传输距离短的植入式医疗设备，如人工耳蜗(cochlear implant，CI)、植入式注射泵等，通常采用两线圈结构，而对于一些传输距离较远且线圈容易发生位置偏移的植入式医疗设备，如视网膜假体、心脏起搏器、胶囊内窥镜(capsule endoscopes，CE)等，采用三线圈或四线圈结构可以在较远传输距离下获得较高的传输效率和较好的抗偏移能力。

3. 线圈尺寸

在 IMD-WPT 系统的线圈设计中，对接收线圈的尺寸要求非常严格，尺寸过大会增加组织炎症、细胞损伤和患者不适的风险。因此需要根据植入深度和部位的不同，选择合适的接收线圈尺寸和几何形状，同时需要尽量保证接收线圈小型化，减轻组织损伤。通常情况下，人工视网膜的植入深度为 5mm，人工耳蜗的植入深度为 3~6mm。确定接收线圈的尺寸和形状后，还需要分析线圈的磁场分布，再以传输效率等性能为目标函数进行优化设计，得到发射线圈的最佳参数。

两线圈系统的发射线圈外径优化方法有四种，其中前三种方法分别从最大化磁场强度、最大化互感和最大化耦合系数方面对发射线圈外径进行优化，在传输距离或两线圈之间的间距 x 不变的情况下，得出最佳外径分别为 $\sqrt{2}x$、$\sqrt{2}x$ 和 x。第四种方法则考虑了线圈距离变化的影响，通过求解在一定传输范围(x_1, x_2)内磁场强度的积分最大值，得到最佳的线圈外径。对于平面螺旋线圈，还需要对发射线圈的内径进行优化，当内径 R_i 和外径 R_o 满足 $R_i/R_o \approx 0.34$ 时，耦合系数最大。在传输距离不变的情况下，增大发射线圈的内径可以减小传输效率对线圈偏移的敏感度。

8.2.4　补偿网络

在 IMD-WPT 系统中，由于 IMD 的等效负载通常不是固定不变的，其大小与实际工况相关，因此补偿网络的选择需要考虑负载和耦合系数的变化。

在基本补偿网络中，由表 2.2 可见，由于 PS 与 PP 型的发射侧补偿电容值与负载和耦合系数均有关，因此在 IMD-WPT 系统中较少采用 PS 和 PP 型补偿网络。对于 SS 与 SP 型两种结构，SS 型补偿网络的最大优势在于其补偿电容值和耦合系数无关，对线圈不对准的敏感度更低，而 SP 型补偿网络的优势在于其输出具有恒压特性，且在同一谐振频率下，SP 型补偿网络需要的接收线圈电感值比 SS 型更小，有利于减小接收线圈的体积。

与基本补偿网络相比，一些高阶补偿网络可以降低系统对于负载变化的敏感度，如 S-PS 结构可以获得与负载无关的电压增益，LCC-S 结构具有发射侧恒流特性和接收侧恒压特性，LC-S 结构能够在负载变化时实现恒流输出，但这些高阶补偿网络仍然不能满足 IMD-WPT 系统对于抗耦合偏移的需要。因此，为了尽量满足 IMD-WPT 系统的小型化要求，现有绝大多数 IMD-WPT 系统仍然采用基本补偿网络。

8.2.5　高频整流器

高频整流器的功能是将接收线圈上的高频交流电转化为直流电供负载使用，由于不可控桥式整流电路结构简单，体积较小，使用时无须任何控制，在 IMD-WPT 系统中得到了广泛的应用。此外，由于现代 IMD 内的芯片均采用标准 CMOS 工艺，故具有较低导通压降且能与标准 CMOS 工艺相兼容的 CMOS 有源整流电路被提出，其电路拓扑参考 7.1.4 节。

8.2.6　电磁兼容标准

将 WPT 技术应用于 IMD 系统中时，首先需要考虑的是患者的生命安全问题，一方面，患者位于电磁场环境中会受到电磁辐射，当受到的电磁辐射过大时可能会对患者造成伤害；另一方面，IMD 因受到电磁干扰可能会产生故障，对患者生命安全产生极大的威胁，因此对 IMD-WPT 系统制定相应的电磁辐射限制是非常必要的。

比吸收率(SAR)是一种衡量电磁辐射的单位，通常用来表示人体曝露于电磁辐射时，单位质量组织吸收或消耗的电磁辐射能量，是衡量人体受到电磁辐射多少的重要标准。国际非电离辐射防护委员会(ICNIRP)在 2020 年发布的《限制电磁场曝露导则(100kHz-300GHz)》中规定了电磁场曝露基本限值，其中一种情况下的 SAR 基本限值如表 8.3 所示。

表 8.3　100kHz～300GHz 电磁场曝露基本限值，平均间隔≥6min

曝露场景	频率范围	全身平均 SAR /(W/kg)	局部(头部和躯干) SAR/(W/kg)	局部(四肢) SAR/(W/kg)
职业曝露	100kHz～6GHz	0.4	10	20
	6～300GHz	0.4	—	—
公众曝露	100kHz～6GHz	0.08	2	4
	6～300GHz	0.08	—	—

除了 SAR 限值之外，IMD-WPT 系统的设计还需要满足相应的 EMC 标准，我国目前常见的 IMD 设备及其相关 EMC 标准见表 8.4 所示。

表 8.4　常见 IMD 设备及其相关 EMC 标准

IMD 类型	标准号	标准名称
心脏起搏器	GB 16174.2—2015	手术植入物 有源植入式医疗器械 第2部分：心脏起搏器
心脏起搏器等	YY/T 1874—2023	有源植入式医疗器械 电磁兼容 植入式心脏起搏器、植入式心律转复除颤器和心脏再同步器械的电磁兼容测试细则
心脏起搏器、心律转复除颤器	YY/T 1935—2024	磁共振环境中植入式心脏起搏器及心律转复除颤器的安全要求和测试方法
植入式除颤器等	YY 0989.6—2016	手术植入物 有源植入医疗器械 第6部分：治疗快速性心律失常的有源植入医疗器械(包括植入式除颤器)的专用要求
人工耳蜗	YY 0989.7—2017	手术植入物 有源植入式医疗器械 第7部分：人工耳蜗植入系统的专用要求
植入式神经刺激器	YY 0989.3—2023	手术植入物 有源植入式医疗器械 第3部分：植入式神经刺激器

8.3　植入式医疗设备无线供电技术的应用场景

目前，IMD-WPT 技术在临床上应用的对象主要有心脏起搏器、植入型心律转复除颤器 (implantable cardioverter defibrillator，ICD)、植入式脊髓刺激器、人工耳蜗、视网膜假体、胶囊内窥镜等，下面分别介绍 IMD-WPT 技术在上述几种设备中的应用情况以及面临的主要挑战。

8.3.1　心脏起搏器

心脏起搏器是一种植入人体内用于治疗心跳不规则、心动过缓等心脏病的小型电子医疗设备。心脏起搏器如图 8.5 所示，由脉冲发生器和导线组成，导线的一端连接着电极，

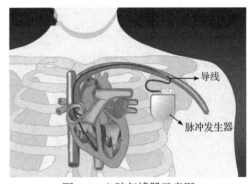

起到检测和传递电信号的作用，它通过植入的电极监测心跳的脉冲，如果检测到心脏跳动过慢，则发射低压脉冲电流刺激局部的心肌细胞，导致整个心房和心室的收缩，实现患者心脏的规律跳动。传统心脏起搏器大多数采用电池供电，对于一个完整的心脏起搏器装置，电池体积通常会占用整个起搏器的 2/3。因此，在心脏起搏器中引入 WPT 技术，不仅可以延长起搏器的寿命，而且可以减小起搏器的体积。

图 8.5　心脏起搏器示意图

一种新的胶囊型无导线心脏起搏器如图 8.6(a)所示，其外形与传统心脏起搏器相比有了很大的改变。一种针对无导线心脏起搏器的三线圈 WPT 系统如图 8.6(b)所示，该系统的谐振频率为 13.56MHz，传输距离达到了 50mm。

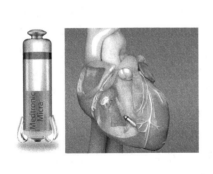

(a) 胶囊型无导线心脏起搏器

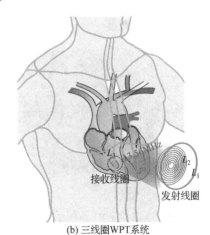

(b) 三线圈WPT系统

图 8.6　无导线心脏起搏器 WPT 系统示意图

8.3.2　植入型心律转复除颤器

心源性猝死(sudden cardiac death，SCD)是指患者在急性症状发作后 1h 内出现以意识突然丧失为主要特征的、由心脏原因导致的死亡。近年来，SCD 在人群中的发病率不断增

高，其病情凶险，急救成功率极低，已经成为全球的主要死亡原因。植入型心律转复除颤器(ICD)被认为是目前预防 SCD 最有效的治疗方法，具有起搏、除颤和信息记录三大功能。其中起搏功能和心脏起搏器类似，可以起到抗心动过缓的作用；除颤功能是 SCD 最主要的功能，ICD 能够识别室颤等恶性心律失常活动，通过电击进行除颤复律，挽救患者的生命；除了起搏和除颤以外，ICD 还能全天候监测患者的心律活动，并将其记录下来帮助医生更好地了解病情，制定治疗方案。

如图 8.7 所示，ICD 和心脏起搏器类似，也由一个脉冲发生器和若干导线组成，脉冲发生器里装有电池和用于起搏脉冲与电击产生、信号过滤和分析以及数据存储的电路。此外，由于 ICD 在功能和设计上与心脏起搏器有相似之处，故在考虑 WPT 方案时，植入深度、植入部位以及面临的挑战也基本一致。

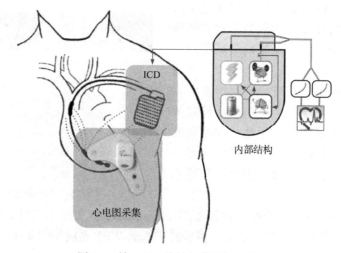

图 8.7　植入型心律转复除颤器示意图

8.3.3　植入式脊髓刺激器

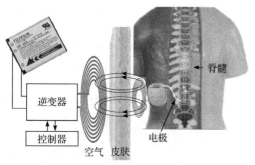

图 8.8　脊髓刺激器 WPT 系统示意图

如图 8.8 所示，脊髓刺激器(spinal cord stimulator，SCS)通过刺激电极阵列向患处输出一定的电压或电流脉冲，能够激活脊髓中病患处的神经，广泛用于治疗躯干和四肢的慢性疼痛。目前在 SCS 中使用的 WPT 方案主要有两种：直接体外无线供电和对植入电池无线充电。由于 SCS-WPT 系统的传输距离远、耦合系数随着人体运动变化大，且不同的工作模式输出的功率不一样，因此，为了避免刺激电极的电压波动造成的脊髓损伤，SCS-WPT 系统需要在负载和耦合系数变化时保持输出电压稳定。近年来 SCS-WPT 系统的研究热点主要集中在提升系统的输出稳定性，例如，采用 S-PS 高阶补偿网络的 SCS-WPT 系统，能够在耦合系数变化时输出稳定的电压，但不能抵抗负载变化的影响；而基于宇称-时间对称原理的 SCS-WPT 系统能够在耦合系数变化以及负载宽范围变化下实现恒压输出，且传输效率恒定，但是当耦合系数小于临界值时输出电压将急剧升高，仍有一定的安全风险。

8.3.4　人工耳蜗

人工耳蜗(CI)是一种绕过受损的耳蜗毛细胞，直接刺激听觉神经的仿生装置，广泛用于重度、极重度以及全聋患者。CI 包括体外部分和体内部分，体外部分由一个麦克风和一个音频处理器组成，音频处理器位于耳后，类似于助听器。体外部分将经过声频处理器处理的声音信号传输到体内植入部分，再由植入部分对耳蜗中剩余的听觉神经纤维进行电刺激，使得大脑接收到声音信号，实现听力的恢复。

CI-WPT 系统的示意图如图 8.9 所示，CI-WPT 系统在传输能量的同时还需要传输音频信息，因此 CI-WPT 系统的设计需要兼顾高传输效率和高数据传输速率，然而在单一耦合路径同时实现数据和能量传输是困难的，给 CI-WPT 系统的设计带来了一定的挑战，因此近年来 CI-WPT 系统的研究主要集中在提高传输功率的同时增大数据传输速率。一种 CI-WPT 系统利用了频率分裂现象，使用分频特性曲线中平坦区的两个频率作为载波频率，传输功率达到 115mW 的同时，数据传输速率达到 2.5Mbit/s，但传输距离仅仅 5mm，尚不能满足 CI-WPT 系统的实际需求。另一种解决方案将幅移键控调制技术与 E 类功率放大器相结合，能够在两种调制状态下满足 E 类功率放大器的软开关条件，在 10mm 的传输距离下，传输功率达到 35mW，同时数据传输速率达到 2Mbit/s，但是没有考虑负载和线圈偏移对 E 类功率放大器软开关条件的影响。

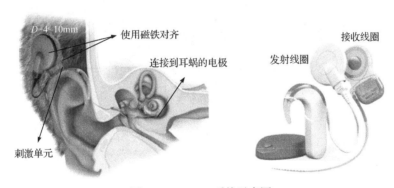

图 8.9　CI-WPT 系统示意图

8.3.5　视网膜假体

老年性黄斑变性(age-related macular degeneration，AMD)和视网膜色素变性(retinitis pigmentosa，RP)是两种最常见的外层视网膜退行性疾病，而视网膜退行性疾病是导致患者失明的主要原因，严重影响患者的正常生活。视网膜假体可以将外界接收到的光信号转化为电信号，并且通过电刺激视觉系统中完整的神经细胞使患者产生视觉感。视网膜假体主要有上假体、下假体和脉络膜上腔假体等，以目前使用最为广泛的上假体 Argus Ⅱ 为例，如图 8.10(a)所示，该假体主要包括摄像头及视频处理装置、信号传递装置、电源装置、植入的电刺激器和微电极阵列。使用时，视频处理装置将摄像头采集到的视频信号转化为电信号，经过信号传递装置传递给电极阵列对神经细胞进行电刺激。

由于视网膜假体 WPT 系统的传输距离较远，且眼球的运动使得耦合系数变化大，负

载的大小也会随着系统工作状态的不同而发生改变，因此现有视网膜假体 WPT 系统的传
输效率和功率均比较低。目前视网膜假体的 WPT 技术主要研究如何提高系统的抗偏移能
力。图 8.10(b)给出一种 3D 正交的接收线圈结构，该结构可以降低耦合系数对线圈的空间
位置变化的敏感度，在纵向偏移 90°时，传输效率变化仅为 18%，在横向偏移 15mm 时，
传输效率变化为 23.4%，但是该立体线圈需要占用较大的体积。

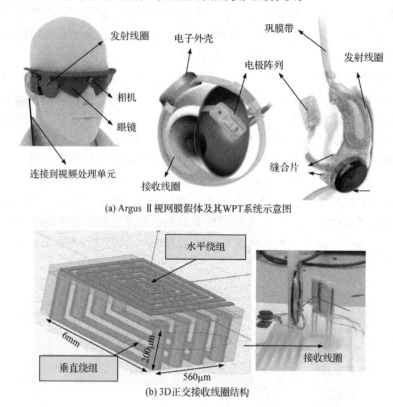

(a) Argus Ⅱ视网膜假体及其WPT系统示意图

(b) 3D正交接收线圈结构

图 8.10　视网膜假体 WPT 系统架构

8.3.6　胶囊内窥镜

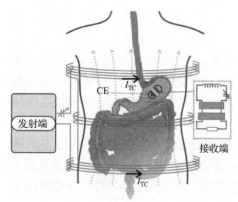

图 8.11　采用三发射线圈结构的 CE-WPT 系统
示意图

　　胶囊内窥镜(CE)是一种用于实时记录消化
道图像的小型植入式医疗设备。使用时，患者
将带有嵌入式摄像头的小胶囊吞下，该胶囊穿
过胃肠并且捕捉图像，然后将该图像传输到体
外的接收单元，用于医生对病情的实时分析。
相比其他 IMD-WPT 系统，CE-WPT 系统的
接收线圈尺寸更小、传输距离更远，且 CE 会
在人体内发生移动，耦合系数变化更加剧烈，
因此 CE-WPT 系统主要面临传输效率低、输出
功率不稳定等问题。为了提高传输效率，一种
基于紧凑型可穿戴发射线圈的 CE-WPT 系统如
图 8.11 所示[3]，采用单个发射线圈时，传输效

率为 9.21%，传输功率为 758mW，且功率稳定性为 69.7%；而采用三发射线圈结构时，传输功率为 570mW，传输效率为 5.4%，但功率稳定性达到了 79.2%。

8.4　亟待解决的问题与研究方向

目前 IMD-WPT 技术仍然面临着许多的挑战，如传输效率低、对负载和耦合系数变化敏感、植入部分体积大以及数据传输速率低等，为了加快 IMD-WPT 技术的实际应用，IMD-WPT 系统未来的研究方向可以集中在以下几个方面。

1. 输出稳定性

现有的 IMD-WPT 系统对于耦合线圈的空间位置变化仍然比较敏感，耦合线圈的位置变化对系统输出的影响比较大，因此可以从多维线圈设计、频率跟踪以及反馈控制等方面改进系统的抗偏移特性，进而提高 IMD-WPT 系统的稳定性。

2. 电磁环境安全

随着电子产品的不断普及，IMD-WPT 系统面临的电磁环境将更加复杂，一方面，由于 WPT 系统会对人体组织产生电磁辐射，因此需要不断地优化完善现有的人体组织 SAR 评估模型，以准确地评估 WPT 系统发出的电磁辐射对人体各部位组织的影响，与此同时，需要通过对 WPT 系统的耦合线圈进行优化设计、增加屏蔽线圈等方法减少漏磁，从根源上降低 WPT 系统的电磁辐射；另一方面，由于大部分 IMD 的外壳采用钛合金制成，在面对高频磁场时会起到电磁屏蔽的效果，但会影响 WPT 系统的功率传输能力，因此，如何降低电磁屏蔽效应对 WPT 功率传输的影响也是未来值得研究的内容。

3. 信息交互功能

信息交互是 IMD 的重要功能之一，为了缩小 IMD 的体积，IMD 系统往往需要将能量传输和数据传输相结合，而如何在同一电路上实现数据与功率的相互独立传输是未来值得研究的重点内容。

8.5　本 章 小 结

实现安全便捷、高效可靠的电能供给是目前植入式医疗设备急需解决的关键问题之一，而 WPT 技术的提出为该问题的解决提供了合适的方案。尽管目前 WPT 技术在 IMD 中的应用仍面临着诸多的挑战，但随着 WPT 技术的发展和成熟，小型化、灵活化以及功能多样化的 IMD-WPT 系统将会成为一种趋势，为患者带来更好的植入体验。

参 考 文 献

[1] BEH T C, KATO M, IMURA T, et al. Automated impedance matching system for robust wireless power transfer via magnetic resonance coupling[J]. IEEE transactions on industrial electronics, 2013, 60(9): 3689-3698.

[2] 陈浩, 丘东元, 张波, 等. 植入式医疗设备无线供电技术综述[J]. 电源学报, 2022: 1-15.

[3] BASAR M R, AHMAD M Y, CHO J, et al. An improved wearable resonant wireless power transfer system for biomedical capsule endoscope[J]. IEEE transactions on industrial electronics, 2018, 65(10): 7772-7781.

第9章　移动负载动态无线供电技术

静态无线电能传输(stationary wireless power transfer，SWPT)技术存在供电位置固定、抗偏移性能差的局限性，使得诸如电动汽车、巡检机器人等移动负载只能停留在指定的位置进行无线充电。针对移动负载位置实时变化的特点，动态无线电能传输(dynamic wireless power transfer，DWPT)技术应运而生。采用 DWPT 技术给移动中的负载供电，能够达到减少电池用量、提高续航能力、解决移动负载"里程焦虑"等目的。

现有的 DWPT 系统大多采用磁耦合的方式进行能量传输，其基本原理是利用埋在负载移动轨迹下的发射线圈，在高频交流电源的驱动下产生高频交变磁场，当负载在该轨迹上运动时，通过自身携带的接收线圈拾取电能，从而给电池或负载供电。本章围绕磁场耦合式 DWPT 系统，首先介绍了 DWPT 系统的供电结构，然后讨论了 DWPT 系统的关键技术，接着给出了 DWPT 技术在不同场景的应用，最后在总结国内外 DWPT 技术研究成果的基础上，对 DWPT 技术发展进行了展望。

9.1　动态无线供电系统的供电结构

9.1.1　发射线圈类型

DWPT 系统架构与 SWPT 系统基本相同，主要由高频交流电源、补偿网络、耦合机构、整流电路、DC-DC 电路以及负载构成。由于 DWPT 系统需要在负载移动的过程中对其进行持续稳定的无线供电，因此其电能发射端与 SWPT 系统存在较大的差异，但安装在移动负载中的电能接收端与 SWPT 系统基本相同。根据发射线圈供电方式的不同，DWPT 系统的电能发射端可以分为长导轨式、线圈阵列式和分段导轨式三种主要结构，其中，线圈阵列式和分段导轨式可统称为分段线圈式[1]。

长导轨式 DWPT 系统如图 9.1(a)所示，发射线圈沿负载的移动轨迹不间断铺设，其长度远远超过接收线圈，采用单个高频交流电源对单个发射线圈供电。该结构的特点是负载在移动的过程中，收发线圈之间的耦合互感相对稳定，由负载移动造成的传输功率波动较小，但由于发射线圈过长，存在较大的内阻，电能损耗偏高且电磁泄漏较大，系统的整体效率偏低。

线圈阵列式 DWPT 系统如图 9.1(b)所示，多个发射线圈并联连接，由单个高频交流电源对多个发射线圈供电。该结构的特点是发射线圈数量多，故存在大量的供电切换点，负载在移动的过程中，收发线圈之间的耦合互感变化大，导致传输功率波动较大，需要设计专门的能量控制策略，但所需高频交流电源数量少、成本低。

分段导轨式 DWPT 系统如图 9.1(c)所示，与线圈阵列式相似，分段导轨式也采用了多段发射线圈，但不同之处在于每一段发射线圈由一个高频交流电源单独供电。该结构需要的发射线圈较多，每段发射线圈的大小、形状相同，一般较接收线圈更长，故在负载的移动过程中，每段发射线圈与接收线圈之间的耦合互感变化较小，能量传输较稳定。负载通过相邻两段发射线圈时，需要设计相应的线圈切换供电方法。此外，该结构的高频交流电源数量较多，成本较高。

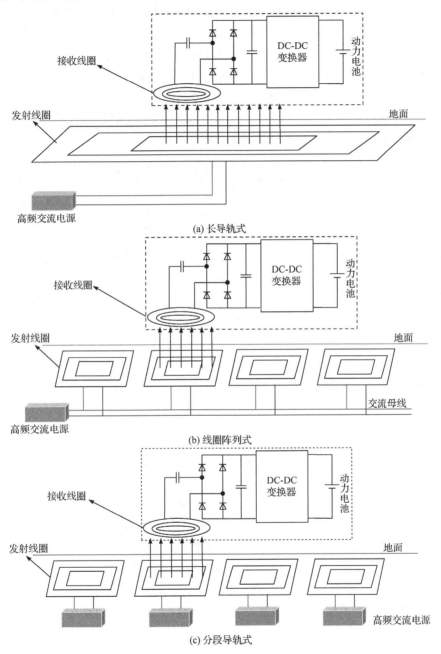

图 9.1　DWPT 系统的主要结构

综上分析，DWPT 系统三种主要结构的性能特点对比如表 9.1 所示。其中，在发射线圈数量方面，线圈阵列式和分段导轨式 DWPT 系统所需发射线圈数量较多，但线圈之间相互独立、互不影响，而长导轨式 DWPT 系统采用单个发射线圈，结构相对简单，但存在导轨中某一处发生故障时将影响整段发射导轨工作的缺点，可靠性较差；在系统效率方面，长导轨式 DWPT 系统控制简单，但由于发射线圈远远长于接收线圈，发射线圈上存在较大的损耗且电磁泄漏严重，而线圈阵列式和分段导轨式 DWPT 系统的效率相对较高；在稳定性方面，长导轨式 DWPT 系统对负载移动过程中的互感变化鲁棒性更强，功率传输更稳定，线圈阵列式 DWPT 系统存在大量的供电切换点，输出功率波动较大，而在分段导轨式 DWPT 系统中，移动负载经过每一段发射线圈时的功率波动较小，但在两个发射线圈之间切换时的功率波动较大，需要设计精确的供电线圈切换策略；在建造成本方面，长导轨式 DWPT 系统结构简单，施工方便，建造周期最短，成本最低，而线圈阵列式 DWPT 系统发射线圈数量多，建造周期长，成本较高，分段导轨式 DWPT 系统建造周期适中，但由于每一段发射线圈均需要一个高频交流电源供电，建造成本最高。

表 9.1　DWPT 系统主要结构及其性能特点

发射端类型	发射线圈数量	高频电源数量	系统特性	建造成本
长导轨式	单个	单个	输出功率波动小，控制简单，系统效率低	建造周期短，成本低
线圈阵列式	很多	单个	切换点多，输出功率波动较大，控制复杂，系统效率高	建造周期较长，成本较高
分段导轨式	较多	多个	切换点较多，输出功率波动大，控制较复杂，系统效率较高	建造周期适中，成本高

9.1.2　供电模式

从上述分析可知，DWPT 系统的电源数量有单个或多个，下面以 SS 型补偿网络为例，介绍 DWPT 系统的供电模式及其传输性能。

1. 单电源供电式

长导轨式 DWPT 系统采用单个电源供电，假设该导轨同时向 n 个移动负载供电，对应的等效电路模型可简化为"单发射线圈+多接收线圈"形式，如图 9.2 所示。图中 u_s 为输入高频交流电源；L_T 和 C_T 分别为发射线圈的电感及补偿电容，R_T 为发射线圈的等效电阻；$R_{L1} \sim R_{Ln}$ 为负载 1 到负载 n 的等效电阻，$L_{R1} \sim L_{Rn}$ 和 $C_{R1} \sim C_{Rn}$ 分别为负载 1 到负载 n 接收线圈的电感及补偿电容，$R_{R1} \sim R_{Rn}$ 分别为负载 1 到负载 n 接收线圈的等效电阻；M_{ij} 为负载 i 和负载 j 之间的互感，M_k 为接收线圈 k 和发射线圈 L_T 之间的互感，其中 $i,j,k \in 1,2,\cdots,n$。系统的工作频率为 ω，发射端和接收端的参数满足 $\omega^2 L_T C_T=1$ 和 $\omega^2 L_{Ri} C_{Ri}=1$。

假设每个接收端的电路结构和参数均相同，则各接收端的总阻抗表达式为

$$Z_{Ri} = j\omega L_{Ri} + \frac{1}{j\omega C_{Ri}} + R_{Ri} + R_{Li} \tag{9.1}$$

各接收端反射到发射端的反射阻抗为

$$Z_{ri} = \frac{(\omega M_i)^2}{Z_{Ri}} \tag{9.2}$$

故发射端的等效总阻抗为

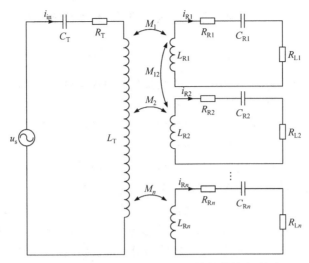

图 9.2　单电源供电式 DWPT 系统的等效电路图

$$Z_{\text{in}} = \sum_{i=1}^{n} Z_{ri} + j\omega L_T + \frac{1}{j\omega C_T} + R_T \tag{9.3}$$

进而可列出系统的电路方程如下：

$$\begin{cases} \dot{U}_s = Z_{\text{in}}\dot{I}_{\text{in}} - j\omega M_1 \dot{I}_{R1} - \cdots - j\omega M_n \dot{I}_{Rn} \\ 0 = Z_{R1}\dot{I}_{R1} - j\omega M_1 \dot{I}_{\text{in}} + j\omega M_{12}\dot{I}_{R2} \\ \quad\quad\quad\quad\quad\quad \vdots \\ 0 = Z_{Rn}\dot{I}_{Rn} - j\omega M_n \dot{I}_{\text{in}} + j\omega M_{(n-1)n}\dot{I}_{R(n-1)} \end{cases} \tag{9.4}$$

式中，$\dot{I}_{\text{in}}$ 为输入电流相量；$\dot{I}_{R1} \sim \dot{I}_{Rn}$ 为负载 1 到负载 n 的电流相量。

已知系统的总输入功率和输出功率为

$$P_{\text{in}} = I_{\text{in}}^2 Z_{\text{in}} \tag{9.5}$$

$$P_{\text{out}} = \sum_{i=1}^{n} I_{Ri}^2 R_{Li} \tag{9.6}$$

其中

$$I_{Ri} = \frac{\omega^2 M_{i-1}M_i + j\omega M_i Z_{i-1}}{Z_{i-1}Z_i + \left(\omega M_{(i-1)i}\right)^2} \cdot I_{\text{in}} \tag{9.7}$$

故系统的传输效率为

$$\eta = \frac{P_{\text{out}}}{P_{\text{in}}} = \frac{\sum_{i=1}^{n} \dfrac{(\omega M_i)^2 R_{Ri}}{(R_{Ri}+R_{Li})^2}}{\sum_{i=1}^{n} \dfrac{(\omega M_i)^2}{R_{Ri}+R_{Li}} + R_T} \tag{9.8}$$

由式(9.8)可知，在系统参数确定的情况下，系统的传输效率与负载个数有关，随着负载个数的减少，系统的传输效率会下降。在实际应用中，由于负载具有分散性和随机性，系统的实际传输效率低。总体而言，单电源供电的长导轨式 DWPT 系统具有电能变换装置少、易维护、控制简单等优点,但存在系统传输效率较低、传输稳定性差、可靠性低等不足。

2. 多电源供电式

分段导轨式 DWPT 系统采用多个电源给多个发射线圈供电,可以有效弥补单个电源供电的不足,降低系统传输效率对位置的敏感度,增强电能传输的稳定性。采用多电源供电模式时,通常只考虑与接收线圈相邻的两个发射线圈给负载供电,其他发射线圈由于和负载的中心偏移距离太大,负载能拾取的磁通量相对较小,可以忽略不计,因此可将多电源供电式 DWPT 系统的等效电路模型简化为"双发射线圈+单接收线圈"形式,如图 9.3 所示。图中,u_{T1} 和 u_{T2} 分别为给发射线圈 1 和 2 供电的高频交流电源,L_{T1}、L_{T2}、L_R 分别为发射线圈 1、2 和接收线圈的电感,C_{T1}、C_{T2} 和 C_R 分别为发射线圈 1、2 和接收线圈的补偿电容,R_{T1}、R_{T2}、R_R 分别为发射线圈 1、2 和接收线圈的等效电阻,R_L 为负载电阻,M_1、M_2 和 M_{12} 分别为发射线圈 1 与接收线圈、发射线圈 2 与接收线圈、两发射线圈之间的互感。

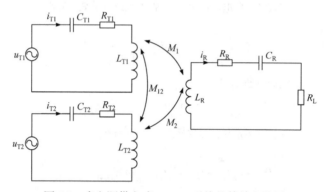

图 9.3 多电源供电式 DWPT 系统的等效电路图

实际应用时通常选择对称结构,即 $R_{T1} = R_{T2} = R_T$、$L_{T1} = L_{T2} = L_T$、$C_{T1} = C_{T2} = C_T$,故有 $Z_T = Z_{T1} = Z_{T2}$。为了使系统传输效率达到最大值,需要使发射端和接收端满足谐振状态,即满足以下条件:

$$\begin{cases} \omega L_T = \dfrac{1}{\omega C_T} \\ \omega L_R = \dfrac{1}{\omega C_R} \end{cases} \tag{9.9}$$

则发射端和接收端的阻抗表达式为

$$\begin{cases} Z_T = R_T \\ Z_R = R_R + R_L \end{cases} \tag{9.10}$$

系统的电路方程可以表示为

$$\begin{cases} \dot{U}_{T1} = Z_{T1}\dot{I}_{T1} + j\omega M_{12}\dot{I}_{T2} - j\omega M_1\dot{I}_R \\ \dot{U}_{T2} = Z_{T2}\dot{I}_{T2} + j\omega M_{12}\dot{I}_{T1} - j\omega M_2\dot{I}_R \\ 0 = Z_R\dot{I}_R - j\omega M_1\dot{I}_{T1} - j\omega M_2\dot{I}_{T2} \end{cases} \tag{9.11}$$

由于接收线圈的等效电阻 R_R 远小于负载电阻 R_L，故忽略 R_R。在实际应用中，由于两个发射端通常为平行水平放置，且彼此之间的相对距离较大，故两个发射线圈之间的耦合电感可以忽略不计，即 $M_{12} = 0$。假设两个输入交流电压的有效值相等，即 $U_{T1}=U_{T2}=U_T$，得到各个回路的电流有效值为

$$\begin{cases} I_{T1} = \dfrac{\left[R_T R_L + \omega^2 M_2 (M_2 - M_1)\right] U_T}{\left[R_T R_L + (\omega M_1)^2 + (\omega M_2)^2\right] R_T} \\[4mm] I_{T2} = \dfrac{\left[R_T R_L + \omega^2 M_1 (M_1 - M_2)\right] U_T}{\left[R_T R_L + (\omega M_1)^2 + (\omega M_2)^2\right] R_T} \\[4mm] I_R = \dfrac{\omega(M_1 + M_2) U_T}{R_T R_L + (\omega M_1)^2 + (\omega M_2)^2} \end{cases} \tag{9.12}$$

接收线圈的输出电压为

$$U_R = \frac{\omega(M_1 + M_2) R_L U_T}{R_T R_L + (\omega M_1)^2 + (\omega M_2)^2} \tag{9.13}$$

根据系统的输入/输出功率定义，即

$$\begin{cases} P_{out} = \left|I_R\right|^2 R_L \\[2mm] P_{in} = \left|I_{T1} + I_{T2}\right| U_T \end{cases} \tag{9.14}$$

得到系统的效率和两个发射端的功率比为

$$\begin{cases} \eta = \dfrac{P_{out}}{P_{in}} = \dfrac{\left|I_R\right|^2 R_L}{\left|I_{T1} + I_{T2}\right| U_T} \\[4mm] \xi = \dfrac{P_1}{P_2} = \dfrac{\left|I_{T1}\right|}{\left|I_{T2}\right|} \end{cases} \tag{9.15}$$

从上述分析可知，多电源供电式 DWPT 系统能实现发射线圈的分段分时供电，从而大大降低导轨的能量损耗；当个别装置出现故障时，可以对其供电电源进行检修，不影响其他电源的正常供电，故显著提高了系统的可靠性。但是多电源供电模式需要的电能变换装置较多，增加了控制复杂程度、维护工作量和建设成本。

9.1.3　供电线圈切换方法

与长导轨式 DWPT 系统相比，分段线圈式 DWPT 系统具有更高的传输效率和更低的维护成本，然而，分段线圈式 DWPT 系统工作时，其发射端线圈和接收端线圈的相对位置发生实时变化，任何一对线圈相互耦合的时间都很短暂，存在大量的供电切换点，这将使得负载在移动过程中接收到的功率剧烈波动，严重影响整个系统的工作性能。因此，需要设计供电线圈切换方法，保证 DWPT 系统电能的持续平稳传输。

在负载的移动过程中，接收线圈将与不同的发射线圈相耦合，为了提高系统效率并减少漏磁风险，仅与接收线圈发生耦合的发射线圈才会通过激励电流对负载供电。对于多电

源供电分段导轨式 DWPT 系统，由于每个发射线圈组配备一个逆变器，当检测到负载接近时，通过对逆变器的控制来决定发射线圈是否处于电能供给状态，该方案具有较大的控制自由度以及系统稳定性，但需要采用大量的高频逆变器和传感器，成本较高。对于单电源供电线圈阵列式 DWPT 系统，由于采用一个逆变器同时给若干个发射线圈供电，需在每个线圈上加入一个开关，当负载靠近时，通过开关通断来控制发射线圈供能，该方案可以减少高频逆变器的使用，但是增加了开关器件的使用。

供电线圈切换方法按照控制参数的不同可分为主动切换和被动切换两种。主动切换通过检测系统的互感、电流等电参数变化来控制供电线圈。具体可通过检测接收线圈位置来控制相应的发射线圈的供电状态，进而实现负载定位和线圈切换供电。利用电流互感器可以使发射端电路主动激励探测接收线圈的信息，从而控制发射线圈的接力供电，但该切换方法存在需要设置投切开关、系统稳定性差等不足。利用线圈的电参数则可简化检测系统，通过测量负载移动过程中发射与接收线圈间的互感变化规律可确定供电线圈的切换时刻。通过检测发射线圈的电压、电流值并与设置阈值进行比较可以判断该段发射线圈上方是否存在负载。

被动切换通过添加额外的位置传感器、通信设备等外置电路来获取负载的移动位置，从而实现供电线圈的切换。利用传感器来检测负载位置是被动切换方法最常用的方案，可在相邻两段线圈或导轨的交接处安装位置传感器，通过顺序控制实现各段发射导轨工作状态的有序切换。利用位置传感器与外设通信设备相互配合，可以实现负载移动过程中供电线圈输出功率的快速调节，但当负载移动速度过快时，通信造成的延时将无法满足系统的工作要求。此外，还可以在接收线圈上安装永磁体，并在发射线圈中心安装高灵敏度三轴磁传感器，通过检测发射线圈上方磁场的变化值来确定负载位置，实现线圈切换供电。

9.2　动态无线供电系统关键技术

9.2.1　磁耦合机构

由于负载的移动，DWPT 系统发射线圈与接收线圈之间的耦合互感动态变化，因此对磁耦合机构的抗偏移能力提出了较高的要求。根据电能发射端的形状，磁耦合机构主要分为线圈式和导轨式[2-4]。根据电能发射端产生磁场的特征，磁耦合机构还可以分为单极型与双极型两种，其中双极型电能发射端可将主磁通路径设计为负载移动方向，具有功率密度高、轨道两侧磁场曝露水平低、抗偏移特性强等特点，尤其适合于 DWPT 系统。此外，为了更好地兼容 SWPT 系统，无铁心 DWPT 磁耦合机构被提出。

1. 线圈式

典型的单相线圈结构如图 9.4 所示，包括 CP(circular pad)、SP(square pad)、DD、DDQ、BP 和 TPP(tripolar polar pad)几种类型。

CP 和 SP 属于单相单极型线圈，具有结构简单的优点，但传输功率低、抗偏移能力弱，一般不适用于大功率的 DWPT 系统。DD、DDQ 和 BP 属于单相双极型线圈，其中 DD 线圈由两个并列的 D 型线圈组成，工作时两个 D 型线圈分别通以相反的电流，故可以在单

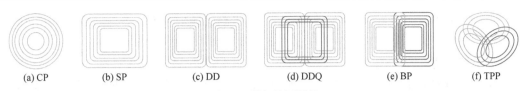

(a) CP　　　(b) SP　　　(c) DD　　　(d) DDQ　　　(e) BP　　　(f) TPP

图 9.4　单相线圈结构

侧获得更大的磁场强度,且具有较好的抗偏移能力。与等比例的 CP 线圈相比,DD 线圈的有效充电区域拓宽了 5 倍。DDQ 线圈则是在 DD 线圈的基础上加入一个与之正交的小线圈,进一步增强了磁耦合机构的偏移鲁棒性,能有效解决 DD 线圈在沿其长边方向的水平错位下存在传输死区的问题,但会带来线圈用量大、系统损耗增加等缺点。BP 线圈通过重叠两个 D 型线圈的部分区域,在实现类似 DDQ 线圈功能的情况下,减少 25%的线圈用量。为了进一步提高系统的抗偏移能力,由三个线圈重叠构成的 TPP 线圈被提出,当其中一个线圈通电时,其他线圈在与之重叠区域和非重叠区域所形成的感应电动势相反,因此,通过调节 TPP 线圈之间的重叠区域,能实现三个线圈间的解耦,从而提高接收线圈未对准时的耦合系数。

在 DDQ 线圈上增加一个与原 DD 线圈成 90°放置的 DD 线圈,可以得到三相矩形线圈,如图 9.5 所示。该结构利用 DDQ 结构线圈解耦的原理,有效降低了三相线圈的交叉耦合。

三相圆形线圈结构如图 9.6 所示,其中单极型单层线圈由三个扇形绕组构成,三个扇形绕组之间互差 120°,在接收线圈对准的情

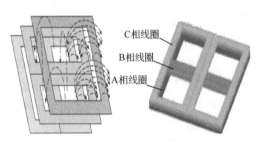

图 9.5　三相矩形线圈结构

况下,各绕组之间的互感相互平衡。三种双极型圆形线圈分别如图 9.6(b)~(d)所示,其中,图 9.6(b)所示单层线圈跨度为 60°,图 9.6(c)所示双层线圈跨度为 120°,图 9.6(d)所示三层线圈跨度为 180°。当线圈正负极串联时,单层线圈结构和双层线圈结构都能实现电感平衡。当线圈正负极并联时,由于顶层和底层与铁心的距离不同,双层线圈电感将不再平衡。同理,由于三层线圈结构的各相分别在不同层,三层线圈结构电感无法实现平衡。

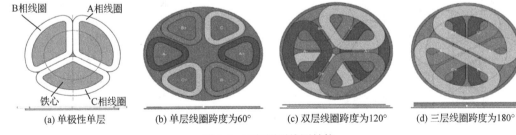

(a) 单极性单层　　(b) 单层线圈跨度为60°　　(c) 双层线圈跨度为120°　　(d) 三层线圈跨度为180°

图 9.6　三相圆形线圈结构

2. 导轨式

长导轨式 DWPT 系统的发射线圈通常为长矩形,其长度大于接收线圈的长度。长导轨式磁耦合机构通常为单相系统,与单相结构相比,三相长导轨式磁耦合机构发射端导轨可

沿横向偏移方向铺设，故接收端偏移距离近似为发射端轨道宽度，能提高输出功率和抗偏移能力。

1) 单相导轨

典型的单相导轨磁耦合结构包括 E 型、U 型、W 型等单极型导轨以及 I 型、S 型、dq-I 型等双极型导轨，如图 9.7 所示。

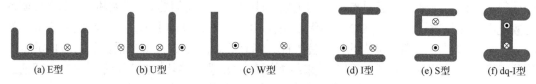

(a) E型　　　(b) U型　　　(c) W型　　　(d) I型　　(e) S型　　(f) dq-I型

图 9.7　单相导轨磁耦合机构

单极型导轨磁耦合机构的发射端线圈表面只产生一个磁场方向，结构简单，成本较低，易于工程应用。与 E 型结构相比，U 型结构增加了发射轨道和接收线圈间的有效磁路面积。骨架式 W 型磁芯供电导轨采用多个 W 型磁芯，在同样的气隙下较 U 型结构减少了 1/4 的磁阻，从而提升了系统的抗偏移能力和电能传输效率。

双极型导轨通常采用窄导轨-宽拾取的结构，通过布置电缆在磁芯之间的走线方式，在发射端表面产生两个磁场方向。I 型导轨结构能减少轨道宽度，铺设成本比 W 型导轨结构降低 20%，且具有较好的抗偏移特性。S 型导轨结构采用超薄磁芯，与 I 型导轨结构相比，其导轨宽度和磁芯用量大幅降低，故电磁辐射也低。dq-I 型导轨结构在保留 I 型导轨结构的优点基础上，巧妙地利用两相正交电(d 相与 q 相)，解决了输出功率零点问题，但控制较为复杂。

2) 三相导轨

三相长导轨式磁耦合机构的发射端结构如图 9.8 所示。其中，单极型三相导轨结构简单，但各相线圈只能形成一个磁极方向。而双极型三相导轨能形成两个磁极方向，同时产生垂直和平行导轨方向的磁通分量。与单极型三相导轨相比，双极型三相导轨具有线圈耦合更强、磁场泄漏更少等优点。由于三相导轨之间存在交叉耦合，三相无线供电系统补偿网络设计困难，控制也相对复杂。

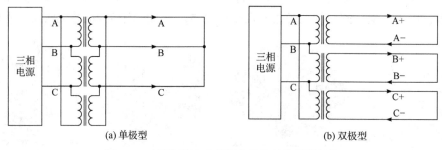

(a) 单极型　　　　　　　　　　　　(b) 双极型

图 9.8　三相长导轨式磁耦合机构的发射端结构

三相蜿蜒型长导轨式磁耦合机构如图 9.9(a)所示，该结构能平衡三相导轨的相间互感，各相产生的磁场主要分布在导轨上方，并在导轨两侧相互抵消，能解决各相线圈之间的交叉耦合问题，但该结构线圈用量大，制造成本较高。纵向布置的三相蜿蜒型长导轨式磁耦合机构如图 9.9(b)所示，该结构的每相线圈均由两组电缆构成，每相电流平均分配到两组电缆中，各相线圈呈对称分布，其侧边和中间的磁场能相互抵消，从而显著降低磁场泄漏。

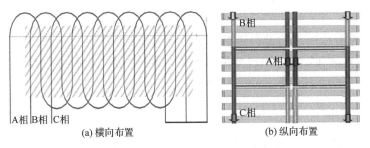

(a) 横向布置　　　　　　　　　　　(b) 纵向布置

图 9.9　三相蜿蜒型长导轨式磁耦合机构

3. 无铁心式

无铁心式磁耦合机构的最大优点是可以兼容 SWPT 系统，有利于 DWPT 系统的应用推广。如图 9.10(a)所示，圆形无铁氧体线圈(circular non-ferrite pad，CNFP)类似于双线圈结构，包括一个产生磁通的主线圈和另一个抵消磁通的线圈。通过设置主线圈和抵消线圈的匝数比，能够显著减少充电区域的底部和两侧流出的泄漏磁通。此外，由于该线圈无须使用铝、塑料和铁心等材料，可以更好地融入道路环境。无铁心式耦合机构如图 9.10(b)所示，由于没有采用铁心，该空心导轨能沿移动负载的行驶方向产生均匀磁场，其安装成本和铁损耗更低，在相同的额定功率下，电磁泄漏更少，抗偏移能力也更强，但是该结构易损坏退化。

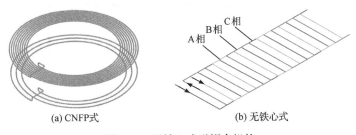

(a) CNFP式　　　　　　　　　　　(b) 无铁心式

图 9.10　无铁心式磁耦合机构

9.2.2　补偿网络

1. 单相补偿网络

DWPT 系统的补偿网络主要用于克服负载移动带来的系统参数动态变化，目前常用于 DWPT 系统的补偿网络主要有 SS 型、LCL-S 型、LCL-LCL 型、LCC-S 型、LCC-LCC 型等。各拓扑的特点如下，相应的特性分析详见 2.2 节。

SS 型补偿网络的最大优势在于补偿电容值不随负载或互感的变化而改变，因此适用于 DWPT 系统。值得注意的是，当移动负载行驶至发射线圈的边缘位置时，由于耦合系数减小，折射到发射侧的等效阻抗相应变小，导致发射线圈电流增大，系统容易出现过流的现象。

与 SS 型补偿网络相比，LCL-S 型具有输出电压不受负载影响的优势，但耦合系数对传输功率的影响仍较大。LCL-LCL 型则具有与负载无关的恒流特性，但 LCL 型补偿网络的缺点是外加的电感值大，增加了成本和体积。

LCC-S 型补偿网络的输出特性与 LCL-S 型相似，在保持 LCL-S 型补偿网络优点的基础上，能够减少附加电感的尺寸并降低成本，且当耦合系数大范围变化时仍能保持输出功率平稳。

LCC-LCC 型补偿网络的谐振频率与负载和耦合系数无关，系统可以工作在固定的频率，且发射线圈电流和输出电流也与负载无关，另外，通过对补偿网络参数的设计能够实现 ZVS，实现较高的系统效率。

2. 三相补偿网络

与单相系统相比，三相系统具有功率密度高、输出波动小、抗偏移能力强和磁场泄漏低等优点，将单相系统的补偿网络结构推广到三相系统，可以得到三相补偿网络[4]。三相补偿网络采用星形联结和三角形联结时，对应的结构分别如图 9.11 和图 9.12 所示，根据谐振电容、谐振电感与发射线圈的连接方式，主要有串联(S 型)、并联(P 型)、串并联(LCL 和 CCL 型)、串并串(LCC 型)，以及在此基础上衍生的补偿结构。其中，S 型补偿结构输入阻抗低、损耗小，但在轻载或者空载时，其输入阻抗仅为原边的寄生电阻，存在过流问题，需要采取限流措施。P 型补偿结构的补偿电容值与互感、负载相关，且易受扰动，因此实际应用中发射端很少采用 P 型补偿结构。LCL 型补偿结构可以实现发射线圈电流与负载、耦合系数解耦，实现发射线圈电流恒定。LCC 型补偿结构在保持 LCL 型补偿结构优点的基础上，能够减小附加谐振电感的尺寸，避免线圈的直流磁化，且提高了设计自由度。

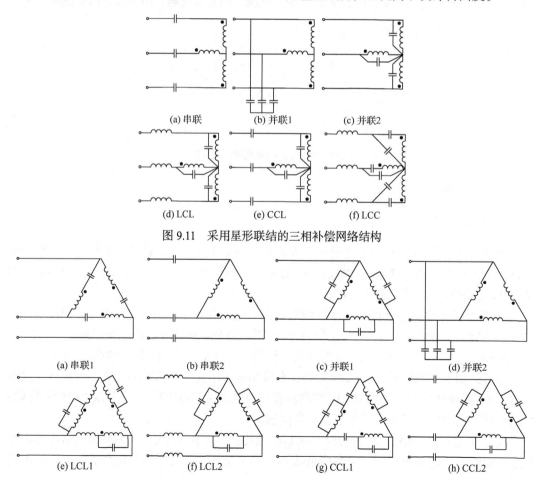

图 9.11　采用星形联结的三相补偿网络结构

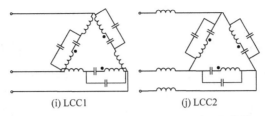

(i) LCC1 (j) LCC2

图 9.12 采用三角形联结的三相补偿网络结构

补偿元件的取值需要考虑三相平衡和三相不平衡两种情况，以图 9.11(a)、图 9.12(a) 和图 9.12(b) 所示的三种基本串联补偿网络为例，补偿电容的配置如表 9.2 所示。此外，图 9.11(a) 所示结构适用于输出电压较高的场合，而图 9.12(a) 所示结构易产生较大的环路电流。在实现相同电压增益的情况下，图 9.12(b) 所示结构的效率低于图 9.11(a) 所示结构。因此，三相串联补偿网络通常采用图 9.11(a) 所示的星形结构。

表 9.2　三相基本串联补偿网络参数配置

补偿网络	三相平衡时补偿参数	三相不平衡时补偿参数
图 9.11(a)	$C_i = \dfrac{1}{\omega^2(L-M)}$	$C_i = \dfrac{1}{\omega^2\left(L_i - M_{ij} + M_{jk} - M_{ki}\right)}$
图 9.12(a)	$C_i = \dfrac{1}{\omega^2(L-M)}$	$C_i = \dfrac{M_{jk}}{\omega^2\left(L_i M_{jk} - M_{ij}M_{ki}\right)}$
图 9.12(b)	$C_i = \dfrac{3}{\omega^2(L-M)}$	$C_i = \dfrac{L^\sigma}{\omega^2\left(L_j^\sigma L_k^\sigma - L^\sigma M_{jk}\right)}$

注：$L = L_a = L_b = L_c$，$M = M_{ab} = M_{bc} = M_{ca}$，$L_i^\sigma = L_i + M_{ij} + M_{ki}$，$L^\sigma = L_a^\sigma + L_b^\sigma + L_c^\sigma$，$\{i,j,k\}$ 可以等于 $\{a,b,c\}$ 的任意循环排列，即 $\{a,b,c\}$、$\{b,c,a\}$ 或 $\{c,a,b\}$。

与单相 WPT 系统相似，三相 WPT 系统的发射端和接收端四种基本补偿网络包括串联-串联(SS)型、串联-并联(SP)型、并联-串联(PS)型和并联-并联(PP)型，具体如图 9.13 所示。当三相平衡时，可将三相模型等效为单相模型，并在此基础上得到三相补偿网络的补偿电容值和反射阻抗值，如表 9.3 所示。

表 9.3　三相平衡 WPT 系统的基本补偿网络参数配置

补偿网络类型	发射端补偿电容	接收端补偿电容	反射电阻	反射电抗
SS	$C_1 = \dfrac{1}{\omega^2 L_1'}$	$C_2 = \dfrac{1}{\omega^2 L_2'}$	$\dfrac{\omega^2 M'^2}{R_L}$	0
SP	$C_1 = \dfrac{1}{\omega^2\left(L_1' - M'^2/L_2'\right)}$	$C_2 = \dfrac{1}{\omega^2 L_2'}$	$\dfrac{M'^2 R_L}{L_2'^2}$	$-\dfrac{\omega M'^2}{L_2'}$
PP	$C_1 = \dfrac{L_1' - M'^2/L_2'}{\left(M'^2 R_L/L_2'^2\right)^2 + \omega^2\left(L_1' - M'^2/L_2'\right)^2}$	$C_2 = \dfrac{1}{\omega^2 L_2'}$	$\dfrac{M'^2 R_L}{L_2'^2}$	$-\dfrac{\omega M'^2}{L_2'}$
PS	$C_1 = \dfrac{L_1'}{\left(\omega^2 M'^2/R_L\right)^2 + \omega^2 L_1'^2}$	$C_2 = \dfrac{1}{\omega^2 L_2'}$	$\dfrac{\omega^2 M'^2}{R_L}$	0

注：$L_1' = L_1 - M_1$，$L_2' = L_2 - M_2$，$M' = \dfrac{3}{2}M_{12}$。

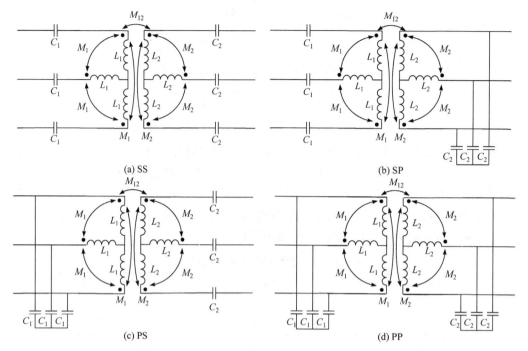

图 9.13　三相 WPT 系统的四种基本补偿网络结构

　　然而，当三相不平衡时，补偿网络的调谐还需要考虑互感因素，消除由三相不平衡而产生的电压分量。由于三相发射端线圈和接收端线圈的互感难于解耦，因此三相补偿网络的参数配置和建模分析比单相结构更加复杂。除了上述三相基本补偿网络，三相 LCL、LCC 等高阶补偿网络也逐渐受到了关注。总体而言，不同补偿网络对系统传输性能的影响也不同，如何选择合适的三相补偿网络拓扑结构需要进一步研究。

9.2.3　三相高频逆变器

　　与 SWPT 系统不同的是，DWPT 系统目前主要应用在电动汽车、轨道交通等大功率场合，因此其供电电源通常采用三相高频逆变器，具体包括三相桥式逆变器、组合式逆变器以及多电平逆变器等拓扑形式。

　　1. 三相桥式逆变器

　　三相桥式逆变器如图 9.14 所示，由 6 个开关管构成，通过控制开关管的通断，输出三相对称的交流电。在大功率 DWPT 系统中，还可通过三相发射线圈的特定排布方式均衡磁场，增加系统的抗偏移特性，但是当逆变器三相输出等效负载的大小或谐振频率不一致时，容易导致三相电流不平衡问题，使输出相电压波形发生畸变。

　　2. 组合式逆变器

　　组合式逆变器如图 9.15 所示，由三个完全相同的单相全桥逆变电路通过并联的方式组成，每个单相逆变电路输出一路电流，驱动一相发射线圈，三路驱动互不干扰，由此实现三相发射线圈独立控制。组合式逆变器要求各相逆变电路的元器件参数一致，以保证各相

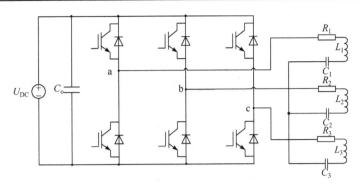

图 9.14　三相桥式逆变器

发射线圈中电流的对称性。对于组合式逆变器，一般可以通过并联相同的逆变模块来实现灵活的输出功率水平，还可以利用模块的冗余功能有效提高 DWPT 系统的可靠性。

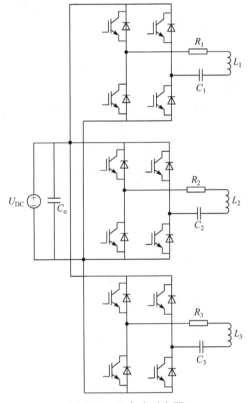

图 9.15　组合式逆变器

3. 多电平逆变器

三电平逆变器如图 9.16 所示，其交流侧每相输出电压相对于直流侧有三种取值，分别是 $U_d/2$、$-U_d/2$ 和 0，通过一定的控制策略，可以使输出电压接近正弦波。因此，多电平高频逆变器具有功率因数高、能有效降低开关损耗和电压谐波、提高逆变器的输出功率等级和效率等优点，但所用的开关器件数量较多，控制较为复杂。

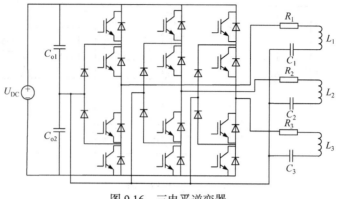

图 9.16　三电平逆变器

9.2.4　控制方式

在实际应用中，DWPT 系统的发射线圈与移动负载的接收线圈之间难免会出现位置偏移，此外磁耦合机构也会因负载的移动出现振动，从而引起系统耦合参数的变化，导致移动负载端接收的功率不稳定。为此，需要采用控制技术保证负载功率的稳定。DWPT 系统的控制技术主要分为发射端控制、接收端控制和双端控制三种方式。

发射端控制通常是将接收端的输出参数借助红外、无线电波等通信方式，实时传回到发射端控制系统，通过控制发射端的电流和频率等参数来调节接收端的输出功率。通过控制高频逆变器的占空比来调节发射端谐振电流的方式，可以简化系统的结构，在逆变器前端加入 DC-DC 变换器，通过调节逆变器直流侧电压可以实现逆变器输出恒定电流控制。

接收端控制是指各移动负载的接收端根据自身负载的需要对接收到的功率进行调节。通常在不可控整流电路和负载之间加入 DC-DC 变换器，通过控制 DC-DC 变换器的占空比，实现恒定功率或最大效率控制。

与接收端控制相比，采用发射端控制能降低接收端的成本和复杂性，并且在低负载时能实现更高的效率。由于移动负载具有运动特性，负载移动速度的大小必定会给通信的实时性带来不利影响，发射端和接收端之间难以建立有效的通信链路，尤其是在多负载的情况下，发射端控制无法对每个负载节点的输出功率进行单独控制。因此，不需要通信的接收端控制更有优势。

双端控制可分为双端通信控制和双端无通信控制。双端通信控制需要引入额外的无线通信环节，可实现功率和最大效率的同步控制。双端无通信控制采用 DC-DC 变换器调节接收端等效交流阻抗以实现最大效率控制，并通过搜索发射端输入功率最小值实现输出恒功率控制。

9.3　动态无线供电技术的应用场景

9.3.1　电动汽车

近年来，电动汽车行业飞速发展，但电池容量以及充电方式一直是阻碍电动汽车发展的主要问题。常规的插电式充电方式往往存在操作不便，插电头金属裸露，机械接触导致磨损、氧化、腐蚀等缺陷，而 SWPT 技术虽可实现即停即充，但仍存在充电时间长等问题。因此，应用 DWPT 技术实现电动汽车边行驶边充电，不仅可以减少电池容量，而且还能节省充电时间。

9.3.2　巡检机器人

传统的变电站巡检机器人采用电池供电，由于电池电量有限，当电池电量不足时，需要通过远程控制将巡检机器人移动至指定充电区，进行电池的更换或者通过接触式方式充电。更换电池的方案成本较高，且自动化程度低；使用接触方式对电池充电时，车载充电接头与固定充电装置相互接触，实现电连通并进行自动充电。但该方式需要保证充电接头对接的精准性，对接过程复杂，且频繁对接容易造成接头磨损，导致接触不良，充电可靠性降低。特别是在天气潮湿的情况下，接触不良还会引起短路甚至触电事故，充电安全性较低。采用 SWPT 技术可以有效解决上述问题，但要求巡检机器人在固定位置充电，充电结束后才能继续巡视工作，大大削弱了巡检机器人连续巡检的能力。

对变电站巡检机器人采用 DWPT 技术可以实现 24h 不间断自动巡检的功能。与电动汽车相比，巡检机器人具有行驶速度较慢、功率较小、巡视路线相对固定、需在巡视点静止作业等特点，因此可采用分段线圈式 DWPT 技术为巡检机器人供电。将多个相同的发射线圈布置在巡检路线及固定巡视工作点，当巡检机器人经过时，所携带的接收线圈依次与每一个发射线圈耦合，实现巡检机器人的持续供电。

9.3.3　自动引导车

自动引导车(automated guided vehicle，AGV)是装有电磁或光学等自动导引装置，能够沿规定的导引路径行驶的运输车，目前主要应用在仓储、物流、制造等行业。AGV 普遍采用电池提供动力，电池容量限制了 AGV 的连续工作时间，但携带过重的电池会影响其工作效率。对 AGV 应用 DWPT 技术，可实现 AGV 边工作边充电的功能，一方面可以减少电池的携带量，提高了工作效率；另一方面大幅增加其连续工作时间，保证了工厂长期的自动化运行。当 AGV 执行不同工作任务时，其工作路线往往会发生变化，因此采用长导轨式 DWPT 系统更加适合 AGV 的工作特点。将多个长轨道安置于 AGV 移动路径的地下，可以同时对多个 AGV 提供电能。

9.3.4　轨道交通车辆

在轨道交通领域，目前的供电方式主要有架空接触网和接触轨两种方式。在架空接触网供电方式中，由于机械接触存在摩擦、腐蚀等问题，经常会出现受电弓拉弧现象，在雨雪等恶劣天气下更容易导致故障发生，严重影响供电的安全性和可靠性。在接触轨供电方式中，供电轨导电部分暴露带来的安全隐患不容小觑。因此，采用 DWPT 的方式可以有效地弥补现有供电方式存在的不足，供电导轨位置设计自由、无机械接触，提高了供电的安全性和可靠性。在长距离的轨道交通应用中，有轨电车可采用分段线圈式 DWPT 系统。地面埋设的电能发送端和有轨电车上的电能接收端分别配有车辆检测装置和信号发射装置，当有轨电车经过耦合区域时，对应的电能发射端产生高频交变磁场，有轨电车的电能接收端与电能发射端相耦合，产生与发射线圈相同频率的电流，经过整流、逆变后得到牵引电机和其他辅助用电设备所需电压，从而驱动牵引电机和其他辅助用电设备。

9.4   动态无线供电技术的产业现状

9.4.1   国外研究成果及产业现状

国外开展动态无线充电技术研究的高校、科研机构主要有新西兰奥克兰大学(UOA)、韩国高等科学技术研究院(KAIST)、美国加利福尼亚大学伯克利分校先进交通与公路研究团队(Partners for Advanced Transit and Highways，PATH)、美国橡树岭国家实验室(ORNL)、美国犹他州立大学(Utah State University，USU)等。电动汽车动态无线供电的历史最早可追溯至 1976 年，美国劳伦斯伯克利国家实验室对电动汽车 DWPT 开展了可行性研究，设计并测试了功率为 8kW 的可移动式充电汽车。1992 年，PATH 开发了第一套用于电动巴士的DWPT 系统，实现了在 7.6cm 传输距离下 60kW 的输出功率，效率达到 60%。然而，该系统由于成本高、效率较低、线圈重和偏移能力差等因素未能实现商业化。

UOA 从 1988 年起研究 WPT 技术，2002 年提出了多种磁耦合结构，有效提高了 DWPT系统的传输效率和抗偏移能力。KAIST 自 2009 年起开展在线电动汽车(on-line electric vehicles，OLEV)即 DWPT 技术的研究，并在韩国多地进行了 DWPT 系统的商业化运行，其中，第五代 OLEV 实现了输出功率 22kW、效率 71%。ORNL 自 2011 年开始研究 DWPT系统，成功实现了 2.2kW 的功率传输，效率达到 74%，并于 2023 年首次验证了 200kW 的大功率电动汽车动态无线充电，实现车辆高速运行的情况下通过 1km 的充电满足 10km 续航需求。此外，USU 提出了一种双边控制策略，所开发的 25kW 动态无线供电系统能在横向偏差±15cm 范围内保持 80%的传输效率。日本东京工业大学则提出了由 SWPT 衍生出来的 DWPT 系统，该系统所采用的线圈与 SWPT 系统相同，使车辆能同时兼容 SWPT 系统和 DWPT 系统，且效率达到 82%。加拿大庞巴迪(Bombardier)公司自 2010 年以来开发了适用于有轨电车和电动汽车的动态充电技术(PROMOVE)，其中位于德国奥格斯堡的有轨电车 DWPT 系统实现了传输距离 6cm 下 250kW 的功率输出。美国高通公司于 2017 年在法国凡尔赛建成一套输出功率 20kW 的电动汽车 DWPT 系统，充电时车速可达 100km/h。

与电动汽车相比，轨道交通车辆往往需要数百千瓦甚至数兆瓦的功率，因此轨道交通DWPT 技术面临的挑战更大。2012 年，庞巴迪公司在德国推出基于分段线圈式 DWPT 的轻轨示范线，输出功率最高达 270kW，设计最高速度为 50km/h。2015 年，韩国铁道研究院(Korea Railroad Research Institute，KRRI)建设了高速铁路机车的 DWPT 系统，实测输出功率为 818kW，系统效率为 82.7%。由于受商业保密限制，上述案例缺乏详细的技术细节。

9.4.2   国内研究成果及产业现状

国内在 DWPT 技术领域的研究起步相对较晚，且工程实践相对较少，与国外仍存在一定的差距。

重庆大学于 2003 年开始 DWPT 技术的研究，2016 年与广西电力科学研究院合作建设完成国内第一条 DWPT 系统示范线路，线路长 33m，最大输出功率为 30kW，整体效率为75%～90%。2018 年，重庆大学和东南大学联合设计了江苏同里新能源小镇"三合一"电子公路的 DWPT 系统,其动态无线输出功率为 11kW(整条示范道路可达 MW 级),最高效率在 90% 以上,适应车速超过 120km/h。东南大学在 2018 年采用分散能量接收结构实现变电站巡检机器人的动态无线充电,输出功率为 170W,效率达到 83%。哈尔滨工业大学于 2016 年建设了 100m 室内大功率动态无线充电试验线,在最大行驶速度 20km/h 的情况下,实现最大输出功率为 22.5kW,传输效率为 85%。2018 年,哈尔滨工业大学与中国电力科学研究院联合建设完成一条电动大巴移动式无线充电实验路段,路段共长 180m,包含直道、弯道、上坡和静态充电位等不同应用场合,其中单个接收模块功率达到 23kW,传输距离为 21cm。2020 年,哈尔滨工业大学与宇通客车联合建设了电动大巴 DWPT 系统,功率等级为 80kW,供电路段长 100m。

在轨道交通方面,天津工业大学于 2017 年以 10∶1 比例搭建了高铁无线供电演示平台,功率为 200W,效率达到 91.4%。西南交通大学于 2016 年研制完成了国内首台 40kW 动态无线供电轨道原理样车和一个大功率非接触牵引供电轨道车模拟实验平台,实现了 12cm 传输距离下 100kW 功率等级的电能传输。随后在 2018 年和 2019 年,分别提出了两种具有高输出稳定性的三相动态无线供电系统。2020 年完成了国内首套 500kW 动态无线供电系统的原理样机研发,在 15cm 传输距离下,系统传输效率大于 90%,并于 2021 年应用于国内首台无线供电制式城轨车辆。

9.5　亟待解决的问题及研究方向

虽然 DWPT 技术在不断完善,并已经进行了示范运营,但由于初期投资成本巨大、相关行业标准的缺少以及公众对 DWPT 系统健康和安全问题的看法,DWPT 系统至今尚未得到广泛应用。综合国内外 DWPT 技术的研究现状,亟待解决的问题主要集中在以下几个方面。

1. 完善的标准体系

完善的标准体系是 DWPT 产业发展的基本保障,2021 年 8 月,中国电源学会发布了电动汽车动态无线充电团体标准 T/CPSS 1001—2021,该标准针对分段线圈式 DWPT 系统,以近年来电动汽车动态无线充电系统的设计、试验和应用为基础,参考了电动汽车静态无线充电标准,规定了电动汽车动态无线充电系统的构成、主要性能、互操作性、通信及安全要求。目前,国外 SAE、IEC、ISO、IEEE 等机构暂未发布动态无线充电的统一标准。因此,与 SWPT 相比,DWPT 系统的标准化程度较低,国内外均缺乏 DWPT 系统的统一标准。

2. 系统配置方案的优化

为了促进 DWPT 技术的商业化,DWPT 系统设计的重要性日益凸显,优化 DWPT 系统发射线圈或导轨的配置以及负载电池组的容量,可以有效降低系统的投资成本,通过确定电池的大小和供电轨道的分配,使 DWPT 系统的电池和充电设施成本最小化。有轨电车 DWPT 系统线路设计通常采用多目标优化方法,将逆变器和发射线圈损耗作为一个能效指标加入多目标优化模型中,在给定 DWPT 线路铺设长度的基础上,对单个 DWPT 供电段的功率等级和线圈尺寸进行优化。线圈参数、逆变器参数以及车载储能设备容量是研究 DWPT 线路成本和电路效率的重要因素。

3. 强鲁棒性的耦合机构

对于电动汽车、轨道交通等 DWPT 系统的应用场合，汽车或轨道车辆移动时自身的机械振动以及相对预定轨道的偏移都会引起传输距离或耦合参数随机动态变化。在大功率 DWPT 系统应用场合，除了电磁泄漏之外，发射线圈产生的高频交流磁场对系统周边铁磁材料产生的涡流发热问题也不可忽视。现有 DWPT 系统的磁耦合机构研究仍不够成熟，存在工作不稳定、全局参数难以最优化设计等不足。因此，针对 DWPT 系统存在横向和纵向偏移量大、参数非线性变化、电磁泄漏率高等特点，设计磁场均匀、电磁兼容性能优异的磁耦合机构是未来 DWPT 发展的重要研究方向。另外，随着电动汽车、轨道交通等大功率应用场合对 DWPT 技术的需求，探索 DWPT 的新型磁耦合机构，从而提高能量传输能力和效率，也将是未来的研究热点。

4. 精确的控制方法

如何保证系统在负载高速移动状态下保持稳定充电是 DWPT 技术必须攻克的难题。因此，研究面向实际应用工况的系统动态响应特性以及多参数扰动下快速鲁棒控制器极其重要。此外，针对线圈切换充电产生的功率波动问题，需探索更加精确易行的负载位置检测技术，实现供电线圈的无缝切换功能。将精确的功率控制方法与可靠的供电线圈切换策略相结合，才能保证 DWPT 系统具有强鲁棒性的电能传输特性。

5. 异物检测方法

由于 DWPT 系统的负载是动态移动的，掩盖了由异物引起的参数变化，因此 DWPT 系统的异物检测方案设计还需要考虑供电导轨结构、负载移动速度、系统响应时间以及异物的大小和种类等特点，在不影响系统正常工作的前提下，提高异物检测精度才能保证 DWPT 系统的稳定性。

9.6　本 章 小 结

本章对磁场耦合式 DWPT 系统进行了全面梳理，并结合实际应用场景，分析了 DWPT 技术的发展趋势与面临的挑战，为 DWPT 系统的产业化提供了参考。

参 考 文 献

[1] 张政, 张波. 移动负载的动态无线供电系统发展及关键技术[J]. 电力工程技术, 2020, 39(1): 21-30.
[2] 朱春波, 姜金海, 宋凯, 等. 电动汽车动态无线充电关键技术研究进展[J]. 电力系统自动化, 2017, 41(2): 60-65, 72.
[3] 崔淑梅, 宋贝贝, 王志远. 电动汽车动态无线供电磁耦合机构研究综述[J]. 电工技术学报, 2022, 37(3): 537-554.
[4] 资京, 丘东元, 肖文勋, 等. 电动汽车三相无线充电系统关键技术研究综述[J]. 电源学报, 2022, 20(6): 24-33.

第 10 章　多负载无线供电技术

目前，无线电能传输系统的供电对象以单个负载为主。然而，单负载 WPT 系统存在以下几方面的不足[1,2]：①负载唯一，只能进行"点对点"式的无线电能传输，系统的利用率较低；②位置敏感，例如，ICPT 系统仅在发射线圈和接收线圈同轴正对时才能获得最大传输效率，当线圈发生偏移时，传输效率将明显下降；③空间自由度低，单负载 WPT 系统的发射端一旦固定，接收端的位置也随之固定，难以满足负载位置灵活多变的要求。随着具有无线接收电能功能的电气电子产品日益增加，如物联网中的传感器，单负载 WPT 系统无法满足多台设备同时需要无线供电的要求。

因此，多负载无线供电技术成为近年来无线电能传输技术的研究热点之一。多负载无线供电系统主要包括单输入多输出(single-input single-output，SIMO)和多输入多输出(multiple-input single-output，MIMO)两种形式，发射线圈通过产生足够大的平面磁场，使多个接收线圈同时拾取电能，或产生全方向的空间磁场，使位于发射线圈周围任意位置的负载均能接收电能。随着多负载无线供电技术的发展成熟，接收无线电能将像接收 Wi-Fi 信号一样方便，尤其适用于智能家居或机场、咖啡厅等公共场所，应用前景非常广阔。本章将从多负载无线供电系统的发射方式及拓扑结构两个方面介绍多负载无线供电系统的关键技术。

10.1　多负载无线供电系统的发射方式

根据发射方式，首先将多负载无线供电系统分为平面线圈、空间线圈和非线圈三大类，然后根据发射端的形式进行细分，具体分类如图 10.1 所示。

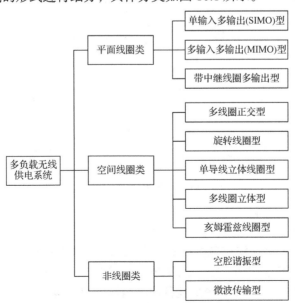

图 10.1　多负载无线供电系统的分类

10.1.1 平面线圈类

平面线圈类多负载无线供电系统的发射端和接收端均为平面螺旋线圈。根据发射线圈的数量及排列方式，平面线圈类多负载无线供电系统可以分为以下三种形式：单输入多输出型、多输入多输出型以及带中继线圈多输出型。

1. 单输入多输出型

单输入多输出(SIMO)型多负载无线供电系统结构如图 10.2 所示，由单个平面发射线圈向 n 个接收线圈同时供电。

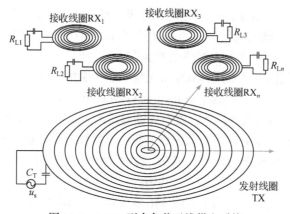

图 10.2　SIMO 型多负载无线供电系统

2. 多输入多输出型

多输入多输出(MIMO)型多负载无线供电系统结构如图 10.3 所示。m 个线圈在同一平面组成发射线圈阵列，同时给 n 个接收线圈进行无线供电。

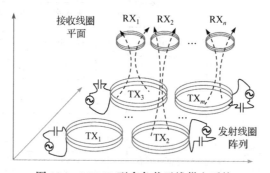

图 10.3　MIMO 型多负载无线供电系统

3. 带中继线圈多输出型

带中继线圈多输出型无线供电系统的中继线圈不仅作为电能传输的"接力棒"，而且作为接收线圈给自带负载供电，发射线圈发出的能量经过各中继线圈逐级传递给每个负载。带中继线圈多输出型 WPT 系统的几种典型结构见图 10.4。

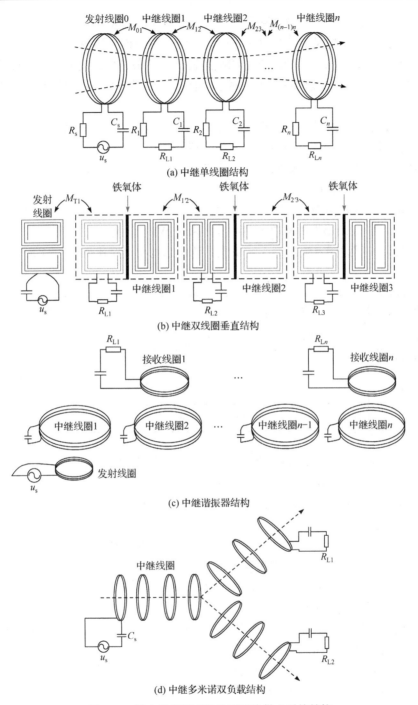

(a) 中继单线圈结构

(b) 中继双线圈垂直结构

(c) 中继谐振器结构

(d) 中继多米诺双负载结构

图 10.4　带中继线圈多输出型无线供电系统结构

在中继单线圈结构中，各中继线圈共轴排列且直接连接负载，如图 10.4(a)所示。当相邻线圈的互感 $M_{i-1,i}$ 满足一定条件时，各负载接收的能量相同，但是随着线圈或负载数量的增加，损耗增加，各负载功率和系统总效率均会降低。由于中继单线圈结构的负载相互关联，其中一个负载的改变会导致功率分配失衡，故该系统的控制较复杂。

中继双线圈垂直结构是基于中继单线圈的一种改进结构，如图 10.4(b)所示。各中继线圈包含两个相互垂直线圈，其中靠近电源侧的线圈与负载连接，反面线圈将能量传递到下一级中继线圈。为了令中继线圈单元中两个垂直线圈的耦合系数尽可能小，通常在两线圈中间插入铁氧体。

中继谐振器结构则是另外一种改进结构，如图 10.4(c)所示。该结构的特点是将多个中继线圈放置在同一平面，各负载不直接与中继线圈连接，而是通过独立的接收线圈与中继线圈谐振从而接收电能。中继谐振器结构具有灵活多变的特点，可以根据实际需求改变为链状结构、树状结构、Γ 状结构等。

中继多米诺结构是实现中远距离无线电能传输的有效方法，可以实现多条路径多个负载的无线供电。图 10.4(d)为典型双负载中继多米诺 WPT 系统。

以上四种带中继线圈多输出型无线供电系统的结构特点对比如表 10.1 所示。

表 10.1　带中继线圈多输出型无线供电系统的比较

结构类型	带载数量	形态	接收方向
中继单线圈	中继线圈数量	链状	方向不可调
中继双线圈	中继单元数量	链状	方向不可调
中继谐振器	接收线圈数量	链状、树状、Γ状	方向可调，在阵列范围内可变动
中继多米诺	电能传输路径数量	曲形、Y形、环形	方向可调，通过调整传输路径的夹角调节

综上分析，SIMO 型、MIMO 型和带中继线圈多输出型多负载无线供电系统的相同之处在于发射线圈均为平面结构，因此磁场方向单一，接收线圈需正对发射线圈，否则效率将大幅度下降，它们的性能差异主要体现在以下三个方面。

1) 发射线圈磁场分布

MIMO 型的磁场由多个发射线圈磁场叠加而成，故磁场强度大且均匀性较好。而带中继线圈多输出型以及 SIMO 型的发射线圈通常采用单螺旋线圈结构，线圈产生的磁场分布不均匀，呈现中心强而边缘弱，磁场强度和均匀度均不及 MIMO 型。

2) 接收线圈位置偏移程度

SIMO 型的偏移程度受限于发射线圈尺寸，如果偏移程度在发射线圈直径范围内，则系统总的传输效率稳定，如果偏离程度超出直径范围，则效率将迅速下降。若要提高接收线圈偏移程度，需要增大单个发射线圈的直径，但会给线圈的设计带来困难，且线圈制造成本和占用空间也会大幅度提高。MIMO 型只需增加发射线圈个数即可获得更大的发射平面，传输效率稳定范围得到较为有效的提高。对于带中继线圈多输出型，可以通过改变中继线圈之间的距离、系统链路结构、多米诺结构的传输路径角度等措施来适应接收线圈的位置。

3) 传输距离

与 SIMO 型和 MIMO 型相比，带中继线圈多输出型最突出的特点是具有较远的传输距离，但传输距离越远，需要中继线圈的数量越多，从而导致整个系统体积较大，且系统的输出效率会随着中继环节的增多而变低。

10.1.2 空间线圈类

空间线圈类多负载无线供电系统的发射端为空间结构，发射线圈可产生全方向的交变磁场。因此，在一定传输范围内，在空间中任意位置的接收线圈均能有效接收电能，从而实现全方向无线电能传输。根据发射线圈空间结构的不同，可将此类多负载无线供电系统分为多线圈正交型、旋转线圈型、单导线立体线圈型、多线圈立体型以及亥姆霍兹线圈型。

1. 多线圈正交型

多线圈正交型发射端由两个或者三个线圈正交组成立方体型、球型、圆柱体型和圆型结构。立方体型和球型结构分别如图 10.5(a)和(b)所示，三个正交线圈分别连接三路独立驱动电源，可产生三维空间旋转磁场，从而实现在发射端外部或内部的三维全方向无线电能传输。圆柱体型和圆型结构分别如图 10.5(c)和(d)所示，它们的两个正交线圈分别连接两路独立驱动电源，产生二维空间旋转磁场，从而在发射线圈所处的二维空间内实现全方向无线电能传输。多线圈正交型的发射线圈在空间上互相正交，使得发射线圈之间的耦合系数为零，发射线圈之间彼此互不干扰，简化了控制策略。

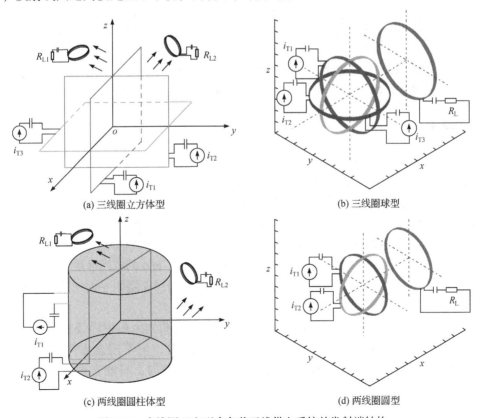

(a) 三线圈立方体型 　　(b) 三线圈球型

(c) 两线圈圆柱体型 　　(d) 两线圈圆型

图 10.5 多线圈正交型多负载无线供电系统的发射端结构

为了产生空间全方向交变电磁场，发射线圈的驱动方式包括等电流驱动和不等电流驱动两种方式，其中不等电流驱动方式具体包括电流幅值控制、电流/电压相位控制、电流频率控制等。

2. 旋转线圈型

旋转线圈型多负载无线供电系统结构如图 10.6 所示[3]。发射端只有一个发射线圈，发射线圈固定在电机转子上，通过电滑环与电源连接。电机带动发射线圈以一定速度旋转，生成二维空间交变旋转磁场，从而同时给周围多个设备无线充电。通过调节电机的转速可优化空间磁场的分布。

旋转线圈型多负载无线供电系统与两线圈圆型多负载无线供电系统的无线电能传输机理

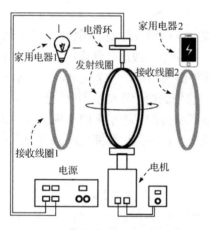

图 10.6　旋转线圈型多负载无线
供电系统

相似，均为发射端产生二维空间的交变旋转磁场，只是产生旋转磁场的方式不同，前者的发射线圈为"动态"，通过电机带动线圈旋转，交变磁场随之旋转；后者的发射线圈为"静态"，通过对两个发射线圈采用不等电流驱动，产生交变旋转磁场。与两线圈圆型不同的是，旋转线圈型无线供电系统的传输特性与电动机任意时刻的旋转角度有关。发射线圈与接收线圈之间的夹角会直接影响系统性能。若只有一个旋转发射线圈且转速较低，则会出现发射线圈与接收线圈垂直的情况，此时系统的输出功率存在"死区"。为了保证系统输出的连续性，一种消除"死区"现象的有效方法是将单个旋转线圈改为两个正交旋转线圈，但该方法会增加成本。

3. 单导线立体线圈型

改变发射线圈的绕制方式，可以将平面线圈变成立体线圈，从而产生空间磁场，实现全方向无线电能传输。单导线立体线圈型多负载无线供电系统的发射端采用单根导线绕制，因此只需一个驱动电源就能产生全方向的交变磁场。一种立方体型发射线圈如图10.7(a)所示，该线圈由单根导线沿着立方体的边按顺序折叠而成，接收线圈可位于立方体六个平面周围；一种三维空心型发射线圈如图10.7(b)所示，该线圈由单根导线构成立方体的连续 6 条边，接收线圈可分布在三维空心线圈周围；一种圆柱体型发射线圈及其应用示意图如图 10.7(c)所示，单根导线从圆柱底面开始绕制，分别在圆柱的底面和顶面绕制平面线圈，并通过中间垂直导线连接成一个整体。

单导线立体线圈型与平面线圈类 SIMO 型的发射线圈均由单根导线绕制而成，区别在于前者的发射线圈是"立体形"，交变磁场为全方向，可实现全方向的无线电能传输；而后者的发射线圈是"平面形"，交变磁场仅为单方向，只能实现单方向无线电能传输。

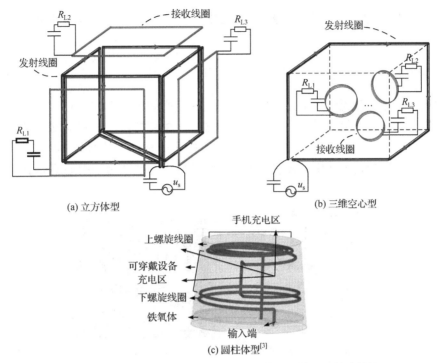

图 10.7　单导线立体线圈型多负载无线供电系统的发射端结构

4. 多线圈立体型

多线圈立体型多负载无线供电系统利用多个线圈围成一定空间，为了在发射端空间内产生全方向的交变磁场，通常采用独立电源驱动各发射线圈，由各发射线圈磁场叠加形成空间交变磁场。与多线圈正交型不同的是，多线圈立体型的多个发射线圈并非正交，故发射线圈彼此之间会存在电磁耦合。

一种立方体型发射端结构如图 10.8(a)所示，在立方体的 4 个侧面分别放置一个平面线圈。一种圆柱体型发射端结构如图 10.8(b)所示，若干个平面线圈均匀排列在圆柱体的侧壁。值得注意的是，立方体型和圆柱体型发射结构的顶部和底部是否需要放置线圈可根据接收线圈的形状和位置而定。一种碗型的发射端结构如图 10.8(c)所示，由 4 个平面线圈 $TX_1\sim$

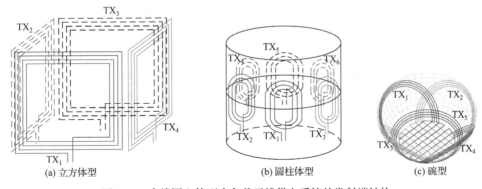

图 10.8　多线圈立体型多负载无线供电系统的发射端结构

TX₄ 构成"碗壁",最后一个平面线圈 TX₅ 构成"碗底",设备可放置在"碗"中进行无线充电。

5. 亥姆霍兹线圈型

空间线圈类多负载无线供电系统的目标是在一定空间里产生均匀分布的磁场。亥姆霍兹线圈是产生均匀磁场最简单、最有效的方法之一,由亥姆霍兹线圈构成的空间正好可以作为无线充电空间。一种基于方形亥姆霍兹线圈的无线充电盒子如图 10.9 所示,两个形状、大小相同的亥姆霍兹线圈共轴平行放置,该装置可为放在盒子中的多部手机等电子设备充电。

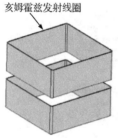

(a) 方形亥姆霍兹线圈   (b) 系统实物图

图 10.9 亥姆霍兹线圈型多负载无线供电系统

亥姆霍兹线圈型多负载无线供电系统的优势在于不需要复杂的控制即可以产生近乎均匀的空间电磁场。针对负载数量变化引起的谐振频率偏移和负载接收能量波动问题,可以采用自动频率跟踪技术和多负载解耦控制系统,使亥姆霍兹线圈空间磁通密度保持稳定,系统效率可以达到 28%~87%。

由以上分析可见,空间线圈类多负载无线供电系统将一维平面型发射端扩展为二维或三维空间型发射端,多个负载在空间任意位置同时接收电能。为了产生空间全方向交变磁场,它们的共同特点是空间立体型发射端结构,利用空间线圈的结构特性产生空间磁场,增加了负载无线接收电能的空间自由度。

对于由多个线圈构成的发射端,如多线圈正交型、多线圈立体型,应选择不等电流驱动,通过调节各个电流源的幅值、相位或频率,在发射端外部或内部产生空间旋转磁场。对于由单个线圈构成的发射端,如旋转线圈型、单导线立体线圈型,只需用单个交流电源驱动即可产生全方向交变磁场;亥姆霍兹线圈产生的空间磁场不属于旋转磁场,只需单个交流电源即可产生均匀的、与轴线平行的空间均匀交变磁场。

各种空间线圈类多负载无线供电系统的对比见表 10.2。

表 10.2 空间线圈类多负载无线供电系统的对比

类型	发射端形状	发射线圈驱动方式		磁场类型	应用场合
		驱动电源数量	驱动电源形式		
多线圈正交型	球型、立方体型、圆柱体型	2 或 3	不等电流驱动	空间旋转磁场二维/三维全向	置于办公(书)桌、房间等中央,给周围电子设备同时供电

续表

类型	发射端形状	发射线圈驱动方式		磁场类型	应用场合
		驱动电源数量	驱动电源形式		
旋转线圈型	旋转成球型、圆柱体型	旋转线圈数量	等电流驱动	空间旋转磁场二维全向	置于办公(书)桌、房间等中央,给周围电子设备同时供电
单导线立体线圈型	立方体型、圆柱体型	1	单个交流电源驱动	非旋转磁场三维全向	可以做成三维无线充电器,给手机、手表等同时无线充电
多线圈立体型	立方体型、圆柱体型、碗型	发射线圈数量	不等电流驱动	空间旋转磁场二维/三维全向	可以做成无线充电功率柜,给多个中小型电动工具同时充电
亥姆霍兹线圈型	立方体型、圆柱体型	2	交流电源驱动	非旋转磁场二维全向	可以做成无线充电盒子,给手机、穿戴电子设备、玩具等设备同时充电

10.1.3　非线圈类

对于不需要发射线圈的非线圈类多负载无线供电系统,可根据其无线电能传输原理的不同,分为空腔谐振型和微波传输型两种。

1. 空腔谐振型

空腔谐振型(cavity resonant,CR)是一种利用全封闭金属结构的近场空腔谐振模式实现对多个负载同时无线供电的技术。谐振空腔可以是任意形状,通常采用长方体结构。如图 10.10(a)所示,谐振空腔包含全金属空腔、线性单极天线和接收线圈。位于谐振腔顶部的线性单极天线产生射频波,经过金属壁的反射叠加在空腔内形成驻波,当接收线圈与驻波谐振频率相同时,即可实现无线电能传输。

空腔谐振型多负载无线供电系统的电路模型将空腔谐振系统抽象为一个二端口网络,其等效电路如图 10.10(b)所示,图中 R_s、C_s 和 L_s 分别为线性单极天线的等效电阻、电容和电感;R_r、C_r 和 L_r 分别为谐振空腔的等效电阻、电容和电感,谐振空腔等效为 RLC 串联谐振电路,相当于中继线圈电路;R_x、C_x 和 L_x 分别为接收线圈的等效电阻、电容和电感。等效电路模型可以直观地分析谐振空腔传输性能,方便阻抗匹配技术在谐振空腔系统中的应用。

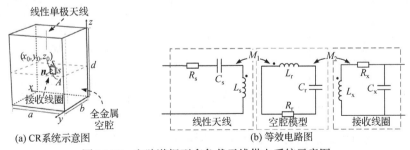

(a) CR系统示意图　　　　　　　(b) 等效电路图

图 10.10　空腔谐振型多负载无线供电系统示意图

空腔谐振型多负载无线供电系统的另一种结构为准静态谐振空腔(quasistatic cavity resonance,QCR),其系统结构如图 10.11(a)所示,包括特制的封闭金属空腔、带有杂散电容的中心极柱、接收线圈以及激励线圈。与 CR 通过线性单极天线在空腔内形成驻波从而产生均匀磁场的方式不同，QCR 通过激励线圈激发这个特制金属空腔的谐振电磁模式，并产生感应电流，感应电流流过金属壁以及中心极柱形成回路，并与杂散电容构成振荡回路，产生振荡电流，振荡电流反过来产生磁场。该系统可以根据实际需要做成很大的尺寸，如图 10.11(b)所示为基于 QCR 建造的全金属封闭房间，在该房间内任意位置摆放的所有家用电器可同时实现无线充电，系统的输出功率可达千瓦级，效率范围为 40%～95%，在智能家居领域的应用前景广阔。

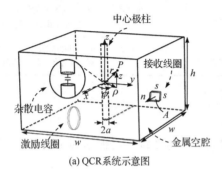
(a) QCR系统示意图

(b) 基于QCR的无线充电房间

图 10.11　准静态谐振空腔型多负载无线供电系统

2. 微波传输型

利用微波无线电能传输技术，也可以实现多负载的无线供电。Wi-Fi 信号是一种频段为 2.4GHz 和 5.9GHz 的射频信号，正逐渐遍布人们的生活空间，像接收 Wi-Fi 信号一样进行无线充电将是未来分布式电子设备供电的理想选择。

从无线电能传输原理的角度对比，空腔谐振型系统属于近场范围的磁耦合谐振式无线电能传输，而微波传输型系统属于远场范围的微波无线电能传输，两种非线圈类多负载无线供电系统的综合对比如表 10.3 所示。

表 10.3　非线圈类多负载无线供电系统的对比

类型	空腔谐振型	微波传输型
传输原理	磁耦合谐振式无线电能传输	微波无线电能传输
发射端/中间介质/接收端结构	单极天线/金属空腔/线圈	发射天线/大气/接收天线
传输距离	空腔尺寸	5～100m
负载自由移动范围	整个空腔	基站发出射频信号的有效覆盖范围
系统频率	MHz 级	GHz 级
典型应用	无线充电功率柜；无线充电房间	Wi-Fi 无线电能传输

空腔谐振型系统谐振腔内能量密度大，传输效率能达到较高水平（>50%），系统固有的空腔结构为在有限空间范围内实现多负载无线供电提供便利。但无论是 CR 型还是 QCR 型，系统产生均匀电磁场空间的前提条件是封闭金属腔，故应用时具有一定的局限性。未来空腔谐振型多负载 WPT 系统亟待解决两方面问题：一是设法减小腔体金属面积，减少

对金属材料的使用；二是确保金属腔内的电磁辐射对人体无危害。

微波传输型系统的特点是传输距离远、传输方向任意，且只要射频信号能量充足，可以给任意多个设备同时供电。但由于射频信号在空气中的能量密度很低，能量传输效率普遍偏低。目前，微波传输型多负载无线供电系统仍然存在很多技术挑战，例如：①如何提高系统的传输距离和传输效率；②如何设计新型高效的微波整流天线；③如何将无线通信和无线电能传输有效集成在一起；④如何提高负载在移动过程中稳定接收电能的能力；⑤如何保证射频信号对环境中生物体的安全。

10.2　多负载无线供电系统的拓扑结构

根据磁场耦合式无线供电系统采用的补偿网络结构，多负载无线供电系统的电路拓扑结构主要分为以下四大类型：单电容补偿型、高阶阻抗匹配型、多米诺型以及多通道型。每一大类又可根据结构进一步细分，如图 10.12 所示。

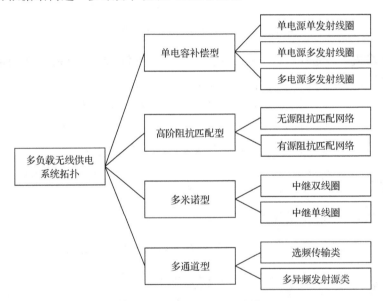

图 10.12　多负载无线供电系统的拓扑类型

10.2.1　单电容补偿型

当多负载无线供电系统中所有回路的自然频率一致，且各自的补偿电容均由单一电容构成时，称该拓扑为单电容补偿型拓扑。线圈和补偿电容的连接方式一般分为串联和并联两种形式，其中串联补偿较为常见。根据交流电源和发射线圈的数量，可把单电容补偿型拓扑进一步分为单电源单发射线圈、单电源多发射线圈和多电源多发射线圈三种。

1. 单电源单发射线圈

当单电容补偿应用于单输入多输出型多负载无线供电系统时，即得到单电源单发射线圈结构。该结构是最简单的多负载无线供电系统，其等效电路图如图 10.13 所示。其中，u_s 为输入交流电压，i_T、i_{Ri} 为发射线圈和第 i 个接收线圈的电流，L_T、C_T 和 R_T 分别为发射线圈的电感、补偿电容和内阻，L_{Ri}、C_{Ri} 和 R_{Ri} 分别为第 i 个接收线圈的电感、补偿电容和内阻，Z_{Leqi} 为第 i 个接收回路所连接的等效负载阻抗，M_{Ti} 为发射线圈和第 i 个接收线圈之间的互感，M_{Rij} 为第 i 个接收线圈和第 j 个接收线圈之间的互感，$i,j=1, 2, \cdots, N$ 且 $i \neq j$。

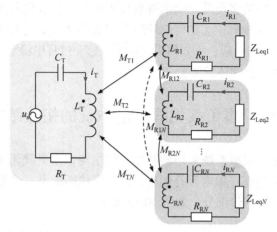

图 10.13 单电源单发射线圈多负载无线供电系统的等效电路

基于基尔霍夫电压定律，单电源单发射线圈型多负载无线供电系统的电路方程如下：

$$\begin{bmatrix} \dot{U}_s \\ 0 \\ \vdots \\ 0 \end{bmatrix} = \begin{bmatrix} Z_T & j\omega M_{T1} & \cdots & j\omega M_{TN} \\ j\omega M_{T1} & Z_{R1} & \cdots & j\omega M_{R2N} \\ \vdots & \vdots & & \vdots \\ j\omega M_{TN} & j\omega M_{R2N} & \cdots & Z_{RN} \end{bmatrix} \begin{bmatrix} \dot{I}_T \\ \dot{I}_{R1} \\ \vdots \\ \dot{I}_{RN} \end{bmatrix} \tag{10.1}$$

式中，ω 为系统工作角频率；$Z_T = j\omega L_T + \dfrac{1}{j\omega C_T} + R_T$ 为发射回路的总阻抗；$Z_{Ri} = j\omega L_{Ri} + \dfrac{1}{j\omega C_{Ri}} + R_{Ri} + Z_{Leqi}$ 为第 i 个接收回路的总阻抗。

以两负载系统为例，由式(10.1)可得两个等效负载所接收到的功率分别为

$$P_{o1} = \mathrm{Re}\left\{ \frac{[(\omega^2 M_{R12} M_{T2} + j\omega Z_{R2} M_{T1}) Z_T \dot{U}_s]^2 Z_{Req1}}{[(\omega^2 M_{T1}^2 + Z_{R1} Z_T)(\omega^2 M_{T2}^2 + Z_{R2} Z_T) - (\omega^2 M_{T1} M_{T2} + j\omega M_{R12} Z_T)^2]^2} \right\} \tag{10.2}$$

$$P_{o2} = \mathrm{Re}\left\{ \frac{[(\omega^2 M_{R12} M_{T1} + j\omega Z_{R1} M_{T2}) Z_T \dot{U}_s]^2 Z_{Req2}}{[(\omega^2 M_{T2}^2 + Z_{R2} Z_T)(\omega^2 M_{T1}^2 + Z_{R1} Z_T) - (\omega^2 M_{T1} M_{T2} + j\omega M_{R12} Z_T)^2]^2} \right\} \tag{10.3}$$

设两个接收回路的等效负载阻抗分别为 R_1 和 R_2，当忽略接收线圈间的交叉耦合，且各回路均处于谐振状态时，系统的传输效率为

$$\eta = \frac{\omega^2[M_{T1}^2(R_2 + R_{R2})^2 R_1 + M_{T2}^2(R_1 + R_{R1})^2 R_2]}{(R_1 + R_{R1})(R_2 + R_{R2})[R_T(R_1 + R_{R1})(R_2 + R_{R2}) + \omega^2 M_{T1}^2(R_2 + R_{R2}) + \omega^2 M_{T2}^2(R_1 + R_{R1})]} \tag{10.4}$$

由式(10.2)~式(10.4)可知，该系统的传输特性不仅受到发射线圈和各个接收线圈间耦合的影响，还受到负载和不同接收线圈间交叉耦合的影响，给系统的分析、设计和控制带来诸多困难。通过优化系统结构和设计控制策略，可有效减小交叉耦合干扰，使系统满足

特定应用需求。

2. 单电源多发射线圈

当单电容补偿应用于单导线立体线圈时，立体发射线圈可等效为多个电感，即得到单电源多发射线圈结构。设接收线圈依次对准相应的发射线圈，且各接收线圈间距离相对较远，其交叉耦合现象可以忽略，得到的单电源多发射线圈多负载无线供电系统等效电路图如图 10.14 所示。与图 10.13 相比，多发射线圈的加入使接收线圈的空间自由度更高。但在实际情况中，该系统的效率极易受到某一时刻接收侧所需供电负载数量的影响，与其他类型多负载无线供电系统相比，该系统的传输效率较低。

3. 多电源多发射线圈

当单电容补偿应用于多输入多输出型、多线圈正交型或者多线圈立体型时，即可得到多电源多发射线圈结构，其等效电路如图 10.15 所示。该系统可通过控制不同发射源产生不同电磁场，进一步提高了接收负载的空间自由度。与上述 2 种拓扑不同的是，该拓扑中所有线圈之间均存在交叉耦合，如 M_{iu}、M_{jv} 分别为发射线圈与接收线圈的直接互感，M_{Tij}、M_{Ruv} 分别为发射线圈间以及接收线圈间的交叉互感，因此该系统的数学模型非常复杂。

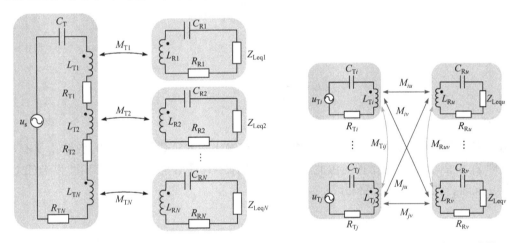

图 10.14　单电源多发射线圈多负载无线供电系统　　图 10.15　多电源多发射线圈多负载无线供电系统
　　　　　的等效电路　　　　　　　　　　　　　　　　　　　的等效电路

10.2.2　高阶阻抗匹配型

单电容补偿对负载较为敏感，难以满足等效阻抗变化范围较大的应用需求，因此可在系统中添加无源阻抗匹配网络(passive impedance matching network，PIMN)，或者有源阻抗匹配网络(active impedance matching network，AIMN)。

1. 无源阻抗匹配网络

无源阻抗匹配网络(PIMN)型多负载无线供电系统拓扑示意图如图 10.16 所示，该系统可在高频逆变器和原有发射回路之间、原有接收回路和负载之间添加 L 型、T 型或 π 型阻抗匹配网络，以实现发射线圈激励源的恒压、恒流特性或输出端的负载无关特性。

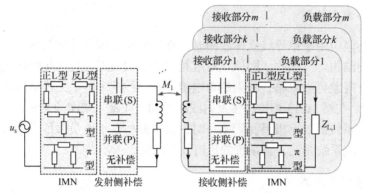

图 10.16　PIMN 型多负载无线供电系统的拓扑示意图

以图 10.17(a)所示的 T 型 IMN 为例说明 PIMN 型多负载无线供电系统的工作原理。假设 T 型 IMN 的输入电压为 u_{in}，输入电流为 i_{in}，输出端负载为 R_{L}，可得 IMN 的输入阻抗 Z_{in}、输出电压 u_{o} 和输出电流 i_{o} 分别为

$$\begin{cases} Z_{\text{in}} = \dfrac{Z'}{R_{\text{L}} + Z_2 + Z_3} \\[2mm] \dot{U}_{\text{o}} = \dfrac{R_{\text{L}} Z_2 \dot{U}_{\text{in}}}{Z'} \\[2mm] \dot{I}_{\text{o}} = \dfrac{Z_2 \dot{U}_{\text{in}}}{Z'} \end{cases} \tag{10.5}$$

式中，　$Z' = (Z_1 + Z_2)R_{\text{L}} + Z_1 Z_2 + Z_1 Z_3 + Z_2 Z_3$。

若要实现零相角(zero phase angle，ZPA)输入和输出端的负载无关性，需满足 $Z_1 = Z_3 = -Z_2$，即 Z_1 和 Z_3 分别与 Z_2 谐振。由此可得到如图 10.17(b)和(c)所示的 T(LCL)型和 T(CLC) 型拓扑。此时，式(10.5)可重新写成：

$$\begin{cases} Z_{\text{in}} = -\dfrac{Z_2^2}{R_{\text{L}}} \\[2mm] \dot{U}_{\text{o}} = Z_2 \dot{I}_{\text{in}} \\[2mm] \dot{I}_{\text{o}} = -\dfrac{\dot{U}_{\text{in}}}{Z_2} \end{cases} \tag{10.6}$$

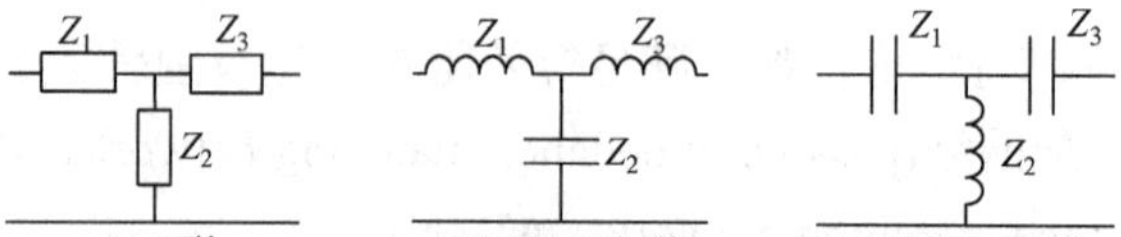

图 10.17　T 型阻抗匹配网络

(a) T型　　　(b) T(LCL) 型　　　(c) T(CLC) 型

可见，两种 T 型 IMN 拓扑不仅可以实现负载无关性输出，还可以实现电压源和电流源之间的功率类型转换，相对于其他 IMN 网络具有独特优势，故目前 T 型 IMN 使用较为广

泛。然而，在某些应用场合下，由于不希望因 IMN 的加入而导致功率类型发生转换，故可以将任意两种 T 型 IMN 根据级联方式组成双 T 型 IMN，所获得的拓扑类型及其传输特性如表 10.4 所示。相比于单 T 型 IMN，双 T 型 IMN 在实现零相角输入和负载无关性输出的同时不改变功率转换类型。通过选择合适的元件值，可实现输入输出电压或输入输出电流之间的幅值变化。

表 10.4　双 T 型 IMN 拓扑类型及传输特性

名称	拓扑结构	传输特性
LCL-LCL	L_{11}　L_{12}　L_{21}　L_{22} C_{11}　　　C_{21}	$\dot{U}_o = -L_{21}\dot{U}_{in}/L_{11}$ $\dot{I}_o = -L_{11}\dot{I}_{in}/L_{21}$ $Z_{in} = L_{11}^2 R_L/L_{21}^2$
LCL-CLC	L_{11}　L_{12}　C_{21}　C_{22} C_{11}　　　　　L_{21}	$\dot{U}_o = \dot{U}_{in}/(\omega^2 L_{11}C_{21})$ $\dot{I}_o = \omega^2 L_{11}C_{21}\dot{I}_{in}$ $Z_{in} = \omega^4 L_{11}^2 C_{21}^2 R_L$
CLC-CLC	C_{11}　C_{12}　C_{21}　C_{22} 　L_{11}　　　L_{21}	$\dot{U}_o = -C_{11}\dot{U}_{in}/C_{21}$ $\dot{I}_o = -C_{21}\dot{I}_{in}/C_{11}$ $Z_{in} = C_{21}^2 R_L/C_{11}^2$
CLC-LCL	C_1　C_{12}　L_{21}　L_{22} 　L_{11}　　　C_{21}	$\dot{U}_o = \omega^2 C_{11}L_{21}\dot{U}_{in}$ $\dot{I}_o = \dot{I}_{in}/(\omega^2 C_{11}L_{21})$ $Z_{in} = R_L/(\omega^4 C_{11}^2 L_{21}^2)$

2. 有源阻抗匹配网络

有源阻抗匹配网络(AIMN)型多负载无线供电系统的特点是在特定位置处添加有源阻抗匹配网络，可分为等效负载阻抗的主动变换、接收侧补偿网络的主动匹配以及发射侧补偿网络的主动匹配三种。等效负载阻抗的主动变换一般需要采样有源整流电路或直流变换器的输入/输出电压和电流信号，并与参考值作比较，然后控制开关管的占空比或工作频率，进而改变电压和电流的幅值与相位，以发挥等效负载的阻抗变换作用，最终实现功率分配、系统效率优化和交叉耦合消除。该类型侧重于控制策略的设计，而另外两种类型更加注重拓扑的优化，主要利用有源元件(如开关管、恒压源等)和无源元件(如电感、电容或电阻等)的组合来构成有源阻抗网络，并通过控制开关管的通断来获得满足设计需求的等效阻抗。

一种发射侧带有虚拟阻抗的拓扑如图 10.18 所示，其中虚拟阻抗由全桥逆变电路、滤波电感和直流侧电容组成，其输出端并联在补偿电容两端。虚拟阻抗可通过控制开关管的通断来模拟电容元件的输入-输出特性，从而提供连续可调的阻抗匹配机制。当工作频率偏离自然谐振频率时，可以调整虚拟阻抗，改变等效补偿电容的大小。因此，该拓扑更加适合处理由交叉耦合、负载变化或参数漂移引起的谐振点偏移问题。

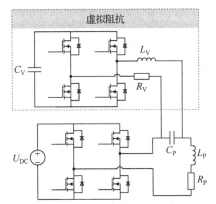

图 10.18　含虚拟阻抗匹配网络的发射侧电路

10.2.3 多米诺型

多米诺型多负载无线供电系统的电路结构与多米诺骨牌相似，由多个单元级联组成，各级之间环环相扣，后一级所接收到的电能受到前一级的影响。根据构造方法，该类拓扑可分为中继双线圈和中继单线圈两种。

1. 中继双线圈结构

中继双线圈型多负载无线供电系统如图 10.19 所示，由 1 个发射模块、若干个中继模块和 1 个接收模块构成，其中每个中继模块包含接收部分和发射部分。前一个级联模块的发射侧与后一个级联模块的接收侧组成一个无线供电单元。

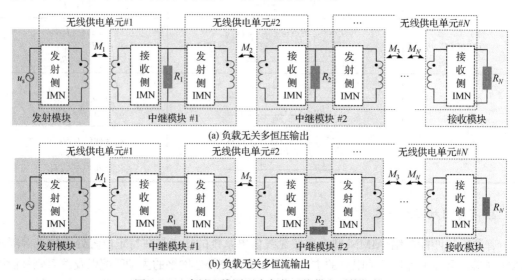

(a) 负载无关多恒压输出

(b) 负载无关多恒流输出

图 10.19 中继双线圈型多负载无线供电系统拓扑

图 10.19(a)所示的多恒压输出系统与图 10.19(b)所示的多恒流输出系统的主要区别是：①负载的位置不同，多恒压输出系统的所有负载均与相应供电单元的输出端并联，而多恒流输出系统的所有负载均与相应供电单元的输出回路串联；②供电单元配置的阻抗匹配网络 IMN 不同。由于 IMN 有很多形式，因此中继双线圈型多负载无线供电系统的拓扑种类繁多。

为了实现每一级供电单元之间的负载隔离，即某个负载的变化不影响其他负载的输出，所有无线供电单元都需要具备与负载无关的输出特性。此外，在每一个中继模块的接收线圈和发射线圈中嵌入屏蔽磁芯或采用垂直结构，即可实现每一级供电单元之间的磁场隔离，从而使得前后两级之间只有电路方面的连接，避免因交叉耦合导致系统无法运行，使单负载系统所具有的传输特性可以在该多负载系统中得以保留。

2. 中继单线圈结构

中继单线圈型多负载无线供电系统如图 10.20 所示，其中，图 10.20(a)采用单电容串联补偿结构，图 10.20(b)采用高阶阻抗匹配网络结构。该系统的特点是上一级中继单元的传输线圈不仅将所接收到的磁场能量转换成电能给负载供电，而且还将其继续发送给下一个中继单元的传输线圈。与中继双线圈结构相比，中继单线圈结构能够在同等负载数量的情况下节省传输线圈，因而减小了回路寄生电阻。在实际应用中，非相邻的传输线圈一般距离较远，相比于相邻线圈之间的磁场耦合，非相邻线圈之间交叉耦合可以忽略。

采用单电容串联补偿结构时，中继单线圈型多负载无线供电系统的输出功率不仅与所有耦合系数有关，而且受到负载的影响，导致其应用范围严重受限。为了解决上述问题，可根据需要添加合适的阻抗匹配网络。

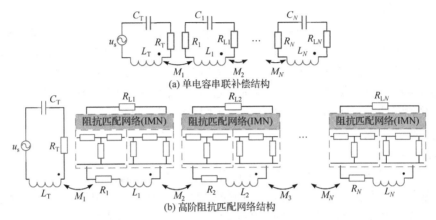

(a) 单电容串联补偿结构

(b) 高阶阻抗匹配网络结构

图 10.20　中继单线圈型多负载无线供电系统拓扑

10.2.4　多通道型

为了满足不同标准设备的充电需求并解决兼容性问题，实现功率的灵活分配以及消除交叉耦合的影响，多通道型多负载无线供电系统被提出。该系统的特点是电能从发射侧到接收侧的传输"通道"有多条，且接收回路的自然频率各不相同，电能倾向于流向自然频率值与其工作频率值相接近的接收回路。根据同一工作周期内是否存在多条"通道"，这类拓扑又可细分为选频传输类和多异频发射源类。

1. 选频传输类

选频传输类多通道型无线供电系统如图 10.21 所示，其交流电源一般工作在某一固定频率，不同接收回路之间的自然频率相差较大。当电源工作频率为固定值时，自然频率与之越接近的接收回路会获得更多的功率，而自然频率与之相差较远的接收回路几乎不接收

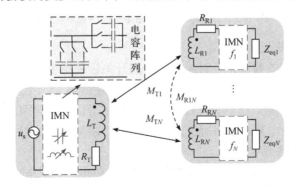

图 10.21　选频传输类多通道型无线供电系统拓扑

功率，因此可通过调整电源的工作频率和各接收回路的自然频率，实现功率的合理分配。发射侧的 IMN 可设置为不可调式或可调式，其中可调式 IMN 通常采用投切式电容阵列来实现；接收侧一般通过配置 IMN 设定自然频率。该系统的优点在于无需复杂控制策略，即可为不同标准的用电设备供电，但缺点是无法同时给多台设备供电。

2. 多异频发射源类

1) 独源多发射回路型

为了解决选频传输类系统不能给多个负载同时供电的问题，最直接的做法是将多个不同工作频率的发射回路构成发射侧部分，所构成的拓扑称为独源多发射回路型，其结构与 10.2.1 节所述的多电源多发射线圈类似。通常情况下，多电源多发射线圈系统中所有发射回路和接收回路的自然频率均相同，而在独源多发射回路中，各发射回路的工作频率均不相同，各接收回路的自然频率也存在差异，不同自然频率的回路之间几乎互不影响，进而减小甚至消除交叉耦合干扰。

2) 共源多发射回路型

独源多发射回路型拓扑的每一个发射回路均需配备 1 个直流电压源和 1 个逆变电路，未能真正发挥多负载无线供电系统节省资源的优势。为减少电源数量，可将所有逆变电路并联在同一个电源上，得到共源多发射回路型拓扑。以双频系统拓扑为例，若采用单电容串联补偿，得到的共源双发射回路型无线供电系统如图 10.22 所示。然而，该拓扑中开关管的数量随负载数量的增加而呈比例增加，当需要为多个不同设备供电时，开关管的增多会带来成本的提升。

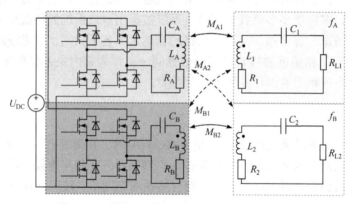

图 10.22　共源双发射回路型无线供电系统拓扑

3) 多频脉宽调制多发射回路型

为了减少逆变电路的数量，可对逆变电路的开关管采用多频脉宽调制方式。双频脉宽调制双发射回路型无线供电系统如图 10.23 所示，逆变器输出电压主要包含 100kHz 和 6.78MHz 的两种电压分量，这两种电压分量分别通过等值自然频率的发射回路给相应频段的设备供电。当调制波中某一频率所占比重较大时，对应接收负载所获得的功率更高。

4) 混频单发射回路型

上述 3 种结构虽然能够同时向不同标准的设备供电，但共同的缺点是必须包含多个不同频率的发射回路。为了减少发射回路，混频单发射回路型拓扑被提出。如图 10.24 所

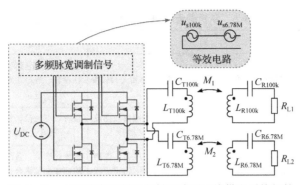

图 10.23　双频脉宽调制双发射回路型无线供电系统拓扑

示，该系统主要由 4 部分构成，分别为混频交流源、补偿网络、单个发射回路和多个接收回路。

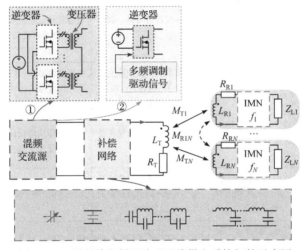

图 10.24　混频单发射回路型无线供电系统拓扑示意图

混频交流源的构造方式有多种。如图 10.24 中的方案①包含多个工作在不同开关频率但共享 1 个直流电压源的逆变器，以及各自级联的变压器。变压器的副边相互串联并与发射回路连接，构成混频交流源。尽管该方案能够实现高效且灵活的功率分配，但仍然需要多个逆变电路和多个变压器，故无法改善系统的效率、复杂度、控制难度和尺寸。方案②的混频交流源采用多频脉宽调制方式的逆变器，但发射侧补偿网络采用福斯特网络和科尔网络等多频谐振网络，其中，福斯特网络能够放大选定频率的功率，而科尔网络能够补偿选定频率的无功分量。通过配置多频谐振网络，能够提取和放大特定频率的激励电压或激励电流。该方案在消除交叉耦合和实现功率分配方面具有突出的优势。由于所有接收回路的自然频率各不相同，故各个负载之间的能量几乎互不干扰。与此同时，通过调节发射侧不同频率激励电压或激励电流的比重分布，可实现功率的按需分配。

综合以上分析，单电容补偿型、高阶阻抗匹配型、多米诺型、多通道型等多负载无线供电系统的拓扑特性对比见表 10.5。

表 10.5 多负载无线供电系统的拓扑特性对比

拓扑	类型	特点	优点	缺点	适用场合
单电容补偿型	单电源单发射线圈	单发射线圈，单电源	结构最为简单，元器件较少	易受交叉耦合影响，拓扑参数、控制策略设计复杂	各个负载工作条件相似
	单电源多发射线圈	多发射线圈，共用单电源	可通过发射线圈有效摆放消除交叉耦合	系统效率较低，易受负载数量影响	负载数量变动较小
	多电源多发射线圈	多发射线圈，多个电源	负载空间自由度高，控制磁场分布可增强特定负载的传输距离	系统效率低，各线圈间均存在交叉耦合，分析和控制复杂	对系统效率要求不高
高阶阻抗匹配型	无源阻抗匹配网络	使用高阶无源网络进行阻抗匹配	可实现发射线圈激励源的恒压/恒流特性和输出端的负载无关特性	补偿网络较复杂，元件较多，且调节不灵活	负载变化大，需恒压/恒流输出
	有源阻抗匹配网络	利用有源元件(如开关管、恒流源等)和无源元件的组合来构成有源阻抗网络	阻抗匹配连续可调，调节灵活	有源元件数量较多，控制策略复杂	负载变化大且系统工作频率易偏移
多米诺型	中继双线圈	中继模块包括发射线圈和接收线圈	实现负载隔离，消除交叉耦合，可进行恒压/恒流输出	线圈数量较多，阻抗匹配网络复杂，传输距离较短	接收线圈位置固定，负载变化范围大
	中继单线圈	中继线圈同时发挥给负载供电和给下一级供能的作用	线圈数量较少，传输距离更远	无源补偿网络设计较复杂，易受交叉耦合干扰	功率较大、传输距离较远
多通道型	选频传输类	发射侧采用选频网络，不同接收侧固有频率各异	控制简单，可通过改变补偿电容为不同固有频率的设备供电	无法同时给多个设备供电	接收侧固有频率不同且无须同时供电的多台设备
	多异频发射源类	发射侧同时含多个频率的电能，接收侧固有频率各异	同时使用多个不同工作频率，实现多负载同时供电	控制策略较复杂，补偿网络需特殊设计	接收侧固有频率不同且需同时供电的多台设备

10.3 亟待解决的问题与研究方向

目前，多负载无线供电系统仍然存在诸如负载位置空间自由度不够、发射端和接收端体积庞大、系统整体传输效率不高、负载互相干扰、功率分配不合理等不足，多负载无线供电技术今后的研究方向包括以下几个方面。

1. 提高接收负载位置自由度

目前，多负载无线供电技术还难以实现接收负载的远距离和任意角度的充电，虽然平面发射阵列和三维发射线圈结构有助于改善这个问题，但依然受到充电功率、位置、角度和距离的限制。因此，需探索一种完全意义上的全方向无线电能传输技术。

2. 新的有源阻抗匹配网络

无源阻抗匹配网络虽然能够实现负载无关的输出特性，但无法实现主动调节。现有的有源阻抗匹配网络在一定程度上能够用于调节功率的合理分配、校正参数漂移或提高系统电压和电流增益，但其工作条件的要求比较苛刻，且大多数只能牺牲其他需求而满足部分要求。因此，需要对有源阻抗匹配网络的进一步探索，深入发挥其连续性调节的优势，挖掘其"身兼多职"的潜在能力，即令其同时满足多种需求。

3. 提升系统兼容性

随着电子设备、电动工具、便携式医疗器械和电动汽车等产品的进一步普及，已形成多种无线供电技术标准，且各个标准之间工作频率等设计指标大相径庭。采用混频交流源有助于兼容这些标准，但现有的研究成果依然存在系统频率的数量较少、只能涵盖个别标准的问题，需要进一步对混频交流源开展研究。

10.4　本章小结

根据发射方式的不同，多负载无线供电系统可分为平面线圈式、空间线圈式和非线圈式；根据电路拓扑的不同，磁场耦合式多负载无线供电系统可分为单电容补偿型、高阶阻抗匹配型、多米诺型和多通道型。未来随着关键技术问题的解决和新兴技术的应用，多负载无线供电技术必将获得更大的发展。

参 考 文 献

[1] 罗成鑫, 丘东元, 张波, 等. 多负载无线电能传输系统[J]. 电工技术学报, 2020, 35(12): 2499-2516.
[2] 孙淑彬, 张波, 李建国, 等. 多负载磁耦合无线电能传输系统的拓扑发展和分析[J]. 电工技术学报, 2022, 37(8): 1885-1903.
[3] LIU G J, ZHANG B, XIAO W X, et al. Omnidirectional wireless power transfer system based on rotary transmitting coil for household appliances[J]. Energies, 2018, 11(4): 878.

第 11 章 特殊场合无线供电技术

由于无线电能传输技术可以实现非接触式供电，因此该技术在海洋、油田、煤矿、高空等特殊工作场合的应用具有更加重要的意义。本章分别介绍了无线供电技术在水下设备、井下设备、飞行设备、高压设备等的应用情况，具体内容包括工作场合的特点、无线供电技术方案选择、系统架构、技术要点以及未来研究方向。

11.1 水下设备无线供电

对海洋资源的开发和利用离不开各种水下设备的应用，如自主式水下航行器(autonomous underwater vehicle，AUV)、海洋观测浮标、海底监测设备等。目前，水下设备的主要供电方式为打捞上岸更换电池或在水下通过湿拔插接口进行有线充电，自动化水平低，维护成本高，并且可能存在短路危险。由于无线供电技术没有物理连接，具有绝缘安全、自主性高等特点，因此水下无线输电(underwater wireless power transfer，UWPT)技术具有广阔的应用前景。

UWPT 技术按工作原理可分为磁场耦合式、电场耦合式以及超声波式等三种。然而，由于海水具有良好的导电性，水下电磁场的特性与空间电磁场不同，如表 11.1 所示，导致 UWPT 技术与以空气为介质的常规 WPT 技术有较大差别。为此，本节将着重分析海水介质对 UWPT 系统性能的影响。

表 11.1 空气与水下电磁场参数对比[1]

介质	空气	淡水	海水
相对磁导率	1	0.999991	0.999991
电导率/(S/m)	0	0.01	4
相对介电常数	1.0000585	78.5	81.5

11.1.1 磁场耦合式水下无线供电系统

1. 辐射电阻与涡流损耗

从表 11.1 可知，由于空气和海水的相对磁导率非常接近，故高频交变电流在线圈中产生的磁场在空气中和海水中几乎相等。但是，由于空气的电导率为 0，海水的电导率为 4S/m，线圈具有不同的辐射阻抗[1]，导电介质和空气中单个环形线圈辐射电阻 R_{rad}、$R_{\text{rad}}^{\text{air}}$ 的定义分别为

$$R_{\text{rad}} = \omega\mu r \left[\frac{4}{3}(\beta r)^2 - \frac{\pi}{3}(\beta r)^3 + \frac{2\pi}{15}(\beta r)^5 - \cdots \right] \tag{11.1}$$

$$R_{\text{rad}}^{\text{air}} = \frac{\pi}{6} \frac{\omega^4 \mu r^4}{c^3} \tag{11.2}$$

式中，ω 为系统工作频率；μ 为介质磁导率；r 为线圈半径；$\beta = \sqrt{\dfrac{\mu\omega\sigma}{2}}$，$\sigma$ 为介质电导率；c 为光速。

对比式(11.1)和式(11.2)可见，空气中线圈辐射电阻几乎可以忽略，而导电介质中，线圈辐射阻抗非常显著。通过增加线圈的绝缘层厚度，可以有效降低水下线圈的辐射阻抗，但会减小系统传输距离。

由于海水是良导体，高频磁场在海水中会产生涡流，涡流会导致热损耗，从而降低了 UWPT 系统的传输效率和传输距离。涡流损耗可以通过对线圈间海水体积进行积分计算得到，将两线圈间的海水视为圆柱体，得到的涡流损耗为

$$P_{\text{eddy}} = \iiint\limits_V \sigma E_{\text{eddy}}^2 \mathrm{d}V = \frac{2\omega^2 |B_{\text{zav}}|^2 \pi h r^4 \sigma}{3} \tag{11.3}$$

式中，h 为线圈间距；B_{zav} 为磁场强度。

由式(11.3)可见，涡流损耗 P_{eddy} 与频率 ω 的平方成正比，与磁场强度 $|B_{\text{zav}}|$ 的平方成正比。研究发现，空气、淡水和海水介质中线圈绕组铜损和磁芯铁损基本一致，但当系统频率高于某个值时，涡流损耗将超过铜损和铁损成为 UWPT 系统的主要损耗[1]。

2. 等效电路

由于水下电磁场参数与空气不同，故将空气中 WPT 系统的互感模型推广到水下应用时，需要对其参数进行修正。UWPT 的互感模型如图 11.1(a)所示，其中 R_1、R_2 分别为发射线圈和接收线圈的内阻，R_{eddy1}、R_{eddy2} 分别为发射线圈电场和接收线圈电场产生的海水涡流阻抗，L_1、L_2 分别为发射线圈和接收线圈的自感。水下线圈的互感 $M_{\text{sea}} = A\mathrm{e}^{-\mathrm{j}\theta}M$，其中 M 为同一组线圈在空气中的互感，A 和 θ 分别为接收线圈电压在水下与空气中的幅值比和相位差。对于一个工作频率和线圈空间位置确定的 UWPT 系统，A 和 θ 为常数。

考虑线圈内阻和海水介质引起的涡流阻抗，UWPT 系统的 T 型模型如图 11.1(b)所示[1]，其中，R_{11e}、R_{21e}、R_{22e} 为海水涡流阻抗。

3. 国内外研究现状

磁感应耦合式无线输电技术是最早应用于水下的无线输电技术。2001 年，美国 MITWHOI Odyssey 实验室研究了在码头为 AUV 充电的 UWPT 系统，充电功率范围为 130~200W，充电效率达到 79%。2004 年，日本东北大学和 NEC 公司联合研发了对 AUV 进行水下充电的磁感应耦合式 UWPT 系统，采用一种锥形耦合线圈提高耦合系数，其中磁芯气隙为 3mm，传输功率高达 1.8kW，传输效率在 90%以上。2007 年，美国华盛顿大学针对水下

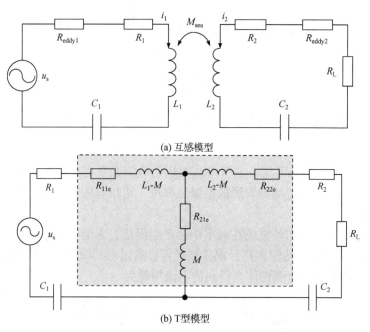

图 11.1　磁场耦合式 UWPT 系统的等效模型

传感器网络锂电池的充电应用，研究了可工作在水深 900m 的 UWPT 系统，当磁芯气隙为 2mm 时，能够以 70%以上效率传输 250W 功率。

我国浙江大学陈鹰教授团队制作的 UWPT 系统，当传输间距为 5mm 时，以 85%的平均效率实现了 300W/5A 的功率传输，同时实现了 10Mbit/s WLAN 无线通信。哈尔滨工业大学朱春波教授团队提出了一种水下磁耦合半封闭式磁芯结构，在磁芯气隙为 25mm 的情况下实现了 10kW 大功率无线输电，最大传输效率达 91%。

然而，在海底洋流和生物的影响下，磁感应耦合式 UWPT 系统毫米级的传输距离使其应用受到限制。由于磁耦合谐振式无线输电技术的传输距离可达米级，故磁耦合谐振式 UWPT 技术近年来受到广大研究人员的关注。

日本松下公司团队专注于研究水下多线圈谐振无线供电系统，利用多个发射线圈形成一个圆柱形磁场区域，同时将接收线圈绕制在 AUV 外壳上，当 AUV 进入该圆柱形磁场区域时，能够在区域中任意位置实现充电。该系统的传输功率达 1kW，最高效率可达 82%。该团队还针对水下远距离无线供电设计了一种多中继线圈 UWPT 系统，在发射线圈和接收线圈之间每隔 1.7m 放置一个直径 3.4m 的谐振中继线圈，最远传输距离为 10.2m，接收功率达 100W，但最大传输效率仅为 25.9%。

此外，美国加利福尼亚大学团队提出了一种磁场谐振式三相 UWPT 系统，通过使用三相线圈耦合结构，在实现三相电能无线传输的同时，保证 AUV 内部设备不受磁场影响。我国西北工业大学张克涵教授团队提出通过增加屏蔽线圈来减少海水中的杂散电动势，以减小涡流损耗。为进一步抑制涡流损耗、提高传输效率，该团队还提出了一种三线圈结构，即将接收线圈置于两个串联的发射线圈中间。

4. 未来的研究方向

由磁场耦合式 UWPT 技术的国内外研究现状可见，该技术的研究已经较为成熟，但仍有一些问题亟待解决，主要集中在以下几方面[1]：

1) 系统频率的选择

系统工作频率越高，电能传输的距离越远，但由于涡流损耗与频率的平方成正比，随着系统频率的提高，传输效率将急剧下降，故磁场耦合式 UWPT 系统只能选择相对较低的工作频率。因此，需要定量分析并合理选择 UWPT 系统的最佳工作频率。

2) 磁耦合机构的设计

磁耦合机构是磁场耦合式无线输电系统进行能量传输的关键元件。对于水下应用，可以通过设计新型线圈结构、磁芯结构以及改变线圈布置等方式，控制磁场分布，提高线圈间耦合，减小涡流损耗，提高传输效率。此外，磁耦合机构的设计还要结合实际应用场景，例如，需考虑 AUV 内部金属对磁场的影响、海洋多变复杂环境对耦合机构的干扰、深海水压造成的线圈形变和"压磁效应"等多种因素。

3) 系统的抗偏移能力

在海洋洋流、海洋生物、运动控制误差等影响下，线圈间的相对位置、距离会在一定范围内变化，故要求磁场耦合式 UWPT 系统具备很强的抗偏移能力。

4) 电磁干扰

磁场耦合式水下无线输电过程会产生高频强磁场，强电磁波会干扰水下其他设备的正常工作，甚至造成设备损坏。通常水下部署的军事装备有"电磁隐身"的要求，如采用无线充电可能会暴露目标。此外，电磁辐射会对海洋生物的健康产生威胁，需要继续深入研究如何有效屏蔽电磁干扰。

5) 热损耗设计和防污垢设计

水下线圈需要做好绝缘，但绝缘层往往影响散热性能，如何处理线圈热损耗带来的热量积累，也是 UWPT 系统设计必须考虑的问题。长时间置于海底的线圈还容易受到海洋微生物的污染，因此做好线圈的防污垢措施也是非常有必要的。

11.1.2　电场耦合式水下无线供电系统

1. 耦合电容

与磁场耦合式 UWPT 系统相比，电场耦合式 UWPT 系统具有电场泄漏小、电场耦合不受导体障碍物影响等优点[1]。此外，由于海水具有高导电性，有利于实现电场耦合式 UWPT。

电场耦合式无线电能传输技术利用极板对耦合形成耦合电容进行能量交换，故耦合电容的大小直接决定了系统的电能传输能力。以如图 11.2 所示的一对平行极板为例，两块平行金属极板相互耦合形成电容。为了防止短路和金属材料腐蚀，通常将极板用绝缘材料如 PVC(聚氯乙烯)包裹起来。假设绝缘层厚度为 d_{pvc}，极板间海水介质厚度为 d_{sea}，故电场的实际传输距离为 $d_{sea}+2d_{pvc}$。

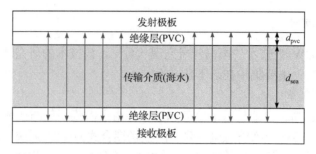

图 11.2　平行极板耦合电容

由式(2.134)可以得到空气介质中平行板的耦合电容为

$$C_{\text{air}} = \frac{\varepsilon_{\text{pvc}}\varepsilon_{\text{air}}\varepsilon_0 S}{2d_{\text{pvc}}\varepsilon_{\text{air}} + d_{\text{sea}}\varepsilon_{\text{pvc}}} \tag{11.4}$$

式中，ε_0 为真空介电常数；ε_{pvc} 和 ε_{air} 分别为 PVC 绝缘层和空气介质的相对介电常数；S 为平行板相对耦合面积。

由于海水为良导体，海水介质中的平行板耦合电容仅为两绝缘层部分的耦合电容，海水部分视为串联电阻，故海水介质中平行板的耦合电容为

$$C_{\text{sea}} = \frac{\varepsilon_{\text{pvc}}\varepsilon_0 S}{2d_{\text{pvc}}} \tag{11.5}$$

对比式(11.4)和式(11.5)可见，相同大小的耦合平行板在海水中和空气中的耦合电容比值 k_{C} 为

$$k_{\text{C}} = \frac{C_{\text{sea}}}{C_{\text{air}}} = 1 + \frac{d_{\text{sea}}\varepsilon_{\text{pvc}}}{2d_{\text{pvc}}\varepsilon_{\text{air}}} \tag{11.6}$$

通常极板间距 d_{sea} 为几厘米至几十厘米，绝缘层厚度 d_{pvc} 仅为几毫米，PVC 相对介电常数约为4，空气相对介电常数约为1，故海水中的等效耦合电容约为空气中的几十倍，容值增大导致海水中极板耦合电容的储能能力增强。

2. 等效电路

电场耦合式 UWPT 系统除了使用双极板对之外，还可以利用海水的导电性，仅使用一个极板对。下面分别介绍双极板型和单极板型 UWPT 系统的等效电路。

1) 双极板型 UWPT 系统

在采用双极板的电场耦合式 UWPT 系统中，与变压器互感模型类似，广义电容耦合模型如图 11.3(a)所示，M_{C} 为互容。将图 11.3(a)进行变换，可得到如图 11.3(b)所示的等效π型

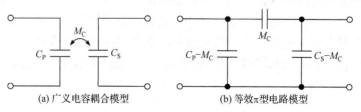

(a) 广义电容耦合模型　　　　　　　　(b) 等效π型电路模型

图 11.3　双极板型 UWPT 系统的等效电路

电路模型[1]，C_P 和 C_S 分别为发射侧电容和接收侧电容。研究发现，水下互容比空气互容要大得多，但极板间的自耦合电容 C_P-M_C、C_S-M_C 只是稍微增大。

2) 单极板型 UWPT 系统

常规的双极板型 UWPT 系统中，两对耦合电容极板通常覆盖绝缘层，与海水隔离。在单极板型 UWPT 系统中，只有一对电极板与水绝缘形成耦合电容，而另一对电极板暴露在水下，利用海水导电性直接进行电能传输。由于海水是良导体，因此可将暴露在水下的电极板对看成一个 RC 等效电路，如图 11.4 所示[1]，其中 R_2 代表极板间的导电海水电阻，其电阻值通常较大。

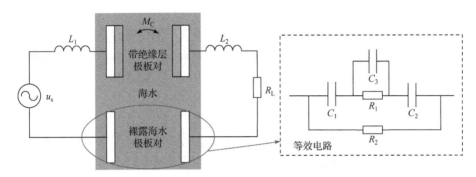

图 11.4 单极板型 UWPT 系统原理图

3. 国内外研究现状

电场耦合式 UWPT 技术因能利用海水的导电性，可在水下获得较高的传输效率，近些年逐渐受到广大研究人员的关注。

日本丰桥工业大学团队致力于电场耦合式 UWPT 系统的耦合极板设计。在淡水实验中，当极板大小为 125mm×205mm×1.6mm、输入功率 400W 时，极板间距 20mm 的传输效率达 91.3%，间距 50mm 的传输效率为 80.7%。此外，该团队还针对 AUV 设计了一种带隔离挡板的极板耦合机构，通过降低同侧极板自耦合容值增大了对应极板互容，从而提高了耦合机构的电能传输效率。在极板大小相同的情况下，极板间距 20mm 时传输效率达 94.5%，间距 150mm 时传输效率达 85.3%。

美国德雷克塞尔大学团队设计了一套电场耦合式 UWPT 系统给电动船舶进行充电，使用两对 200mm×200mm×1mm 和 200mm×100mm×1mm 的非对称耦合极板，实验中极板间距为 500mm，传输功率达 226.9W，传输效率为 60.2%。

我国西安理工大学杨磊教授团队首次提出了双向电场耦合式 UMPT 系统，该系统使用两个对称的 LCLC 补偿网络和全桥电路进行双向电能传输。耦合极板采用 500mm×500mm×3mm 的铝板，工作频率为 625kHz，当极板间距为 150mm 时，双向传输功率达 100W，传输效率超过 80%。

4. 未来的研究方向

目前，国内外对电场耦合式 UWPT 技术的研究相对较少，未来的研究方向主要集中在以下几个方面：

1) 水下极板耦合机构设计

电场耦合式 UWPT 系统的耦合机构设计十分重要。除了前面提到的平行极板外，常见的还有圆盘、圆柱、耦合极板矩阵等结构。设计新型耦合机构能够有效提高极板耦合面积，还能提高系统抗偏移能力。

2) 对海洋生物、环境的影响

虽然电场耦合式 UWPT 不像磁场耦合式 UWPT 会产生大量漏磁，但会在水下产生耦合强电场。在实际应用中，过高的极板电压会导致生物触电、环境导体产生感应静电等安全问题。因此，电场耦合式 UWPT 技术的发展，必须避免对海洋生物和环境造成危害。

3) 极板的防腐和防垢

由于海水具有腐蚀性，极板上的氧化层、污垢等会对耦合电容的大小造成影响，尤其是暴露在海水环境中的极板，其表面的氧化状况将会降低 UWPT 系统的传输效率。

11.1.3　超声波式水下无线供电系统

1. 功率损耗

超声波可以在真空以外的所有介质中传输，不会被金属等障碍物屏蔽，其传输方向指向性好，对环境影响较小，故超声波可以在海水中传输且衰减较小，适用于实现水下长距离无线输电。由此可见，超声波式 UWPT 具有磁场耦合式 UWPT、电场耦合式 UWPT 不具备的特点，从而大大提高了水下供电的灵活性。

超声波电能传输系统基于声波共振原理，发射端换能器发射与系统固有振动频率相同的超声波，对接收端换能器形成激励，从而实现系统机械共振，传输声波机械能。造成超声波电能传输系统功率损耗的主要因素是声波衰减、声波衍射和换能器损耗。

声波衰减是指声波在弹性介质中传播时，声强随传播距离的增大逐渐减小的现象。按照原理的不同，声波衰减可分为扩散衰减、吸收衰减和散射衰减三种类型。其中，扩散衰减与换能器声源间距有关，吸收衰减和散射衰减则与介质特性和声波频率相关。随着传输距离增加，声波衰减显著增大。

声波衍射是指声波在传播过程中遇到障碍物时，部分声波会绕至障碍物背后并继续向前传播的一种现象。在电能传输过程中，声能必须收集在接收换能器表面，因此声波在障碍物边缘的衍射，包括接收换能器本身，都会造成声波功率的损耗。

换能器损耗是指电能和声波机械能转换过程中产生的损耗。目前，超声波电能传输系统大多选用压电材料的超声换能器，换能器需要工作在声波机械谐振状态，故系统电源频率需要和发射换能器、接收换能器的机械谐振频率相同，才能保证电能与声能间最高效的转换。

2. 等效电路

超声换能器主要包含电路部分和声波谐振部分，为了方便地对换能器进行建模分析，可以用串联 LCR 等效电路对超声换能器的声波谐振部分进行模拟，图 11.5 给出了发射换能器和接收换能器的等效电路[1]。在声波谐振部分中，压电换能器质量等效为电感 L_M，压电材料柔度等效为电容 C_M，压电材料阻尼等效为电阻 R_S，发射端的机械负载等效为负载 R_L，压电材料受力等效为接收端电压源 u_R，电能-机械能转换器等效于匝数比 $1:A$ 的理想变压器。电气部分由压电材料的固有电容 C_S 和介电损耗 R_M 组成，R_M 通常很大，分析中一般会忽略介电损耗。输入电压 u_s 等效为作用在压电材料上的力 F，$F=Au_s$，输入电流 i_V 对应换能器振动速度 v，$v=i_V/A$。接收换能器的等效输入电压源 u_R 正比于发射端换能器压电材料振动速度 v，故可等效为电流控制电压源。

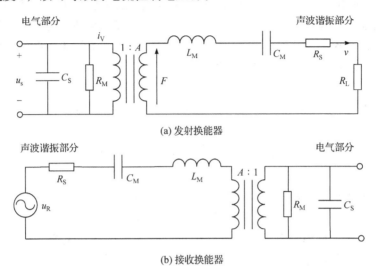

(a) 发射换能器

(b) 接收换能器

图 11.5　换能器的等效电路

将图 11.5 中的发射换能器、接收换能器进行组合即得到图 11.6 所示的超声波电能传输系统的电路模型[1]。图中，L_1、C_1、R_1、L_2、C_2、R_2 由 L_M、C_M、R_S 经过理想变压器阻抗变换得到，C_{S1} 和 C_{S2} 分别为发射换能器和接收换能器压电材料的固有电容，R_T 为发射换能器用于辐射声能量的等效电阻，M_U 为电流控制电压源的控制系数，与超声波在海水介质中的功率损耗相关，M_U 越大，表示损耗越小。

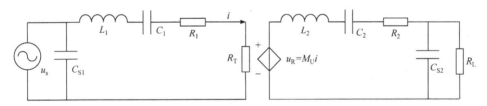

图 11.6　超声波式 UWPT 系统的电路模型

3. 国内外研究现状

美国东北大学团队制作了一套无需电池、采用超声波输电的水下物联网平台，该系统使用超声波式 UWPT 技术给超级电容充电，发射换能器以 125kHz 的频率发射超声波，传输功率为 1W，传输距离为 1m，但传输效率不到 4%。我国大连理工大学陈希有教授团队搭建了一套超声波式 UWPT 系统实验平台。在 25cm 深的天然海水中，使用振动面为 8.5cm×5.3cm 的压电复合材料换能器，当传输距离为 5cm 时，实现了输出功率为 50W、传输效率为 31% 的电能传输。陈希有教授团队还提出了一种超声波与磁场双耦合 UWPT 系统，发挥了超声波电能传输技术距离远和磁场耦合式无线输电技术效率高的优点，在 5cm 以上也能保持 20%～30% 的传输效率。

4. 未来的研究方向

从上述分析可以看出，目前超声波式 UWPT 技术的传输功率和效率都较低，难以满足大部分水下设备的供电需求。在复杂的海洋环境和潮汐波的影响下，海底还存在宽频带噪声干扰，因此需要根据海洋环境和潮汐规律，进一步研究超声波在海水中的传输特性，优化换能器的设计，做好海水和压电材料的声阻抗匹配，以减小超声波在海水中的功率损耗，尽可能地提高电能的传输效率和传输距离。

此外，由于海豚等海洋生物是能够听见和发出超声波的，因此超声波式 UWPT 系统的超声波频率选择也十分重要，需避免大功率超声波对海洋生物的影响。

11.2　井下设备无线供电

为了开采石油资源与煤炭资源，油田井下与煤矿井下均使用了大量的电气设备。传统的井下设备供电方式为蓄电池供电与线缆供电。由于油田井下充满油气水介质，煤矿井下充满易燃易爆气体，采用蓄电池供电或线缆供电的井下设备在更换电池或插拔充电接口时，容易产生电火花从而引发爆炸事故。此外，随着开采深度的增加，井下设备供电线缆的布线与蓄电池的更换变得更加困难。因此，传统的供电方式难以满足井下设备供电的安全性要求，并且存在操作复杂等问题。

与传统的井下设备供电方式相比，无线供电系统的电源与负载之间无需物理形式的连接，电能发射与接收装置之间没有裸露于空气的接口，产生电火花的风险较小，安全系数高。因此，使用无线供电技术为井下设备供电更加灵活可靠，井下设备无线供电技术拥有广阔的应用前景与发展潜力。

然而，油田与煤矿的井下工作环境复杂、工作条件恶劣，给井下设备无线供电技术带来了挑战，本节将分别介绍适用于油田井下和煤矿井下的无线供电系统方案，为井下设备无线供电技术的应用提供参考。

11.2.1　油田井下无线供电系统

油井内部结构复杂，充满了油气水介质与泥沙混合物，由于高频电磁波在充满油气水介质的油田井下环境中衰减较快，若采用微波式无线供电技术，电能传输效率将极低，因此，目前油田井下无线供电系统主要采用磁感应耦合式和磁耦合谐振式。

早期的井下无线供电技术采用基于电磁感应原理的感应耦合式无线电能传输技术，其应用对象主要是导向钻井工具。该系统的结构如图 11.7 所示，分离式旋转变压器的原边和副边分别安装在旋转的钻杆和相对静止的导向套筒上。该系统的工作原理是，泥浆发电机将泥浆压能转换为机械能，带动永磁发电机发出低频三相交流电，低频交流电经过整流，逆变为高频单相交流电，高频单相交流电通过旋转变压器，从动力主轴传送到金属保护套筒上，供井下随钻电子测量仪器使用，从而有效解决了井下电子设备的供电难题。

受油田井下存在油水气介质以及井下高温、高压工作环境的影响，油田井下设备无线供电系统需要采取合理的保护措施。由于发射线圈与接收线圈采用了内外金属保护套筒，故线圈之间存在阻碍，与磁感应耦合式相比，采用磁耦合谐振式无线供电技术更具有优势。然而，

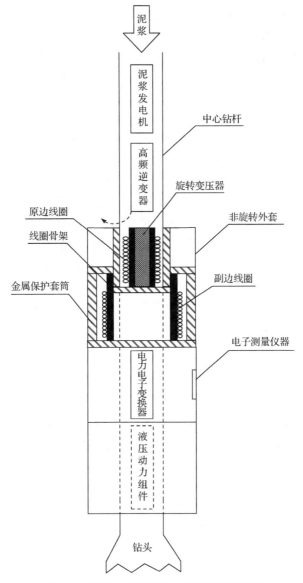

图 11.7　油田井下感应耦合式无线供电系统

无线供电系统发射线圈产生的交变电磁场会在内外金属套筒以及油气水等电导率较高的介质中产生涡流，造成涡流损耗，导致电能传输效率下降。因此，为了有效降低油田井下无线供电系统的涡流损耗，需要选择合适的磁屏蔽材料或低电导率的套筒材料[2]。

11.2.2　煤矿井下无线供电系统

煤矿井巷空间狭小、凹凸不平，容易遭受自然灾害，管线布置、设备存放、轨道铺设、水沟设置等使井下存在大量的金属导体或金属障碍物，此外，高瓦斯矿尘对无线供电系统的电气参数(如电导率、介电常数等)有一定的影响，因此煤矿井下电磁环境复杂，应用无线供电技术时必须考虑煤矿井下的特殊工作环境并满足安全要求[3]。现有煤矿井下无线供电技术主要包括磁感应耦合式、磁耦合谐振式和微波式等三种类型。

由于磁感应耦合式无线供电系统产生的交变磁场可以穿透非磁性金属物体，但不能穿透磁性金属物体，当进行大功率无线供电时，容易导致煤矿井内金属构件的温度上升，造成安全隐患。因此，该技术更适用于小功率煤矿井下设备的近距离充电，如矿灯等[4]。

磁耦合谐振式无线供电系统受空间位置以及障碍物的影响较小，较适用于煤矿井下设备的无线供电。为了避免线圈在井下发生物理形变造成线圈电感参数变化，同时为了适应长直巷道的工作环境，可以改进系统的线圈结构设计及布置方式[5]。

微波式无线供电系统能够实现中长距离的电能传输，且微波接收装置对环境条件变化不敏感。但是，微波式无线供电技术容易受到煤矿井内障碍物以及巷道墙面的影响，电能传输效率较低，故其供电对象仅限于超低功率的设备，如无线传感器等。如图 11.8 所示，将微波发射装置安装在井下周期性移动的运输用矿车、刮板运输机、采煤机、运人猴车等设备上，利用这些设备的移动，对沿途的无线传感器网络节点进行无线供电，使传感器节点电池保持充足的电量，保证煤矿监测系统的可靠运行。

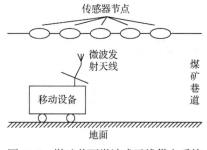

图 11.8　煤矿井下微波式无线供电系统

11.3　飞行设备无线供电

无人飞行器(unmanned aerial vehicle，UAV)是一种通过无线遥控装置操控或根据预先设置的程序控制，能够装载红外成像仪、紫外成像仪、摄像机等多种设备，并可重复使用的飞行器，广泛应用于航拍、电力巡检、快递运输、灾难救援、农业、植保、测绘、军事等多个领域。

无人机的电能供给是影响其续航能力的主要因素。受电池技术及其体积重量的限制，无人机无法携带大容量电池，因此需要在执行任务过程中补充电能。尽管太阳能供电能够有效延长无人机的航行时间，但太阳能电池板的面积通常比较大，故不适用于小型无人机。另外，由于太阳光的间歇性，无人机还需配备储能装置才能保证供电的连续性，但储能装置的体积重量限制了无人机的有效载荷。因此，对于一些工作场合来说，太阳能并非无人机的理想能量来源。

无线供电技术具有自动化程度高、不需要人为干预的特点，可为无人机提供灵活方便的电能补给，因此具有广泛的应用前景。本节将主要介绍电力巡线无人机、微波飞机的无线供电技术，为今后各类飞行器的无线供电技术提供参考。

11.3.1　电力巡线无人机无线供电系统

使用无人机代替传统的人工进行输电线路巡检，可以有效提高巡线工作的效率和安全性。对于目前电力巡线常用的小型无人机，其飞行动力主要依赖于电池，但受电池能量密度和荷载等因素的制约，其续航时间普遍较短，无法进行长时间远距离巡检。因此，需要研究电力巡线无人机的自主充电技术。

电力巡线无人机自主充电系统的工作原理如图 11.9 所示。无人机的充电平台通常安装在高压输电塔上，无人机在距离高压输电线路上空一定距离内进行线路巡检。当无人机的电能不足时，将自主寻找最近的充电平台，找到后通过导航系统降落在充电平台上自动充电，待电池充满后，无人机再次返回巡检线路上空工作。

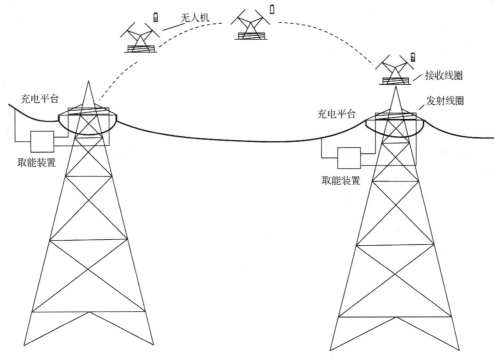

图 11.9　巡线无人机自主充电系统

由于磁耦合谐振式无线供电技术能够在一定距离内具有较高的电能传输效率，因此该技术适用于巡线无人机的无线充电。然而，充电时，该方式要求无人机的机载接收线圈对准充电平台上的发射线圈，因此接收线圈的安装位置对系统性能有一定影响。如果将小型接收线圈安装在无人机起落架底部，对无人机携带设备的影响较小，但小尺寸的接收线圈导致其捕获磁通的能力较差，无法进行大功率传输；如果将接收线圈围绕无人机的机臂绕制，则会妨碍无人机工作的灵活性和机动性；如果将接收线圈悬空横放在无人机两机翼间的机侧，接收线圈的重量容易造成无人机不平衡，难以操控；如果将平面空心接收线圈放置于机架的中心板下，则会占据无人机下方的大部分空间，使云台等设备无法安装，而且还会导致磁通进入无人机体内干扰设备。从上述分析可见，需要根据无人机异型结构的特殊性和载荷的有限性，优化设计巡线无人机无线供电系统的磁耦合机构、补偿网络以及控制策略等，从而在一定偏移范围内实现无人机的高效率充电[6,7]。

11.3.2　微波驱动飞机无线供电系统

由于微波在大气层中具有很强的穿透效率，基本上是无损耗的，因此若要向无人机或飞艇等高空飞行器提供远程动力，可采用微波电能传输(MPT)技术。

微波驱动飞机的研究始于 20 世纪 50 年代末，1964 年，美国 Raythen 公司首次演示了一台仅由微波供电的直升机平台，该平台在距离地面 50ft(约 15.24m)的空中稳定停留了近 10h，微波频率为 2.45GHz，接收功率达 270W。

1980 年，加拿大开展了一项固定高空中继平台计划(Stationary High Altitude Relay Platform，SHARP)，并于 1987 年成功地研制出世界上第一架由微波供电的无燃料、无人驾驶的轻型飞机，该飞机在距离地面 150m 的高度成功飞行了 20min。地面上的抛物面天线发射 2.45GHz 的微波，为飞机提供的功率密度达 400W/m^2。飞机上双极化整流天线阵列接收微波，输出 150W 的直流功率，为重量 4.1kg 的飞机提供飞行动力。

1992 年，日本进行了一项微波升空飞机实验(microwave lifted airplane experiment，MILAX)。该实验首次使用电子扫描相控阵天线，并将其放置在一辆行驶中的多功能车上，使 2.411GHz 的微波束能够定向追踪飞行中的飞机。

1998 年，美国研制了一种微型遥控飞行器(micro remotely piloted vehicle，MRPV)，将整流天线阵紧密贴装在飞行器的外表面，从而使 MRPV 能在 360°范围内接收任意方向发射过来的微波能量。

除了微波驱动飞机之外，MPT 技术的主要应用前景为空间太阳能电站(solar power station，SSP)。SSP 的设想最早在 1968 年由美国 Glaser 博士提出，该计划拟在地球上方 36800km 的同步轨道上建立太阳能发电卫星基地，将取之不尽的太阳能转换成电能，然后通过 MPT 技术将能量传送到地球上加以利用。SSP 计划的实施将能有效解决石油、天然气、煤炭等资源短缺问题，有望在不久的将来实现该计划。

11.4　高压设备无线供电

高压、超高压及特高压输电线路是连接我国各大区域电网的主要骨架，由于输电距离远、线路环境恶劣、运行条件严酷等，需要在高压输电线路上布置大量的监测设备，实时监测高压输电线路的覆冰状态、风偏距离、雷电次数、绝缘子污秽情况以及杆塔倾斜程度等信息，从而降低输电线路的瘫痪风险。

然而，由于高压输电线路电压等级高，同时受绝缘条件的限制，故无法直接向安装在输电杆塔上的在线监测设备供电。因此，传统高压线路在线监测设备供电方式包括电池供电、太阳能供电等。由于高压输电线路的在线监测节点数量较多，频繁地更换电池需要耗费大量的人力与成本；太阳能供电易受天气因素的影响，供电不够稳定。为了解决上述问题，高压输电线路监测设备可采用无线供电方式。

基于激光电能传输技术的监测设备供电原理如图 11.10 所示，利用激光二极管将电能转化为光能，通过光纤从输电线路的低压侧传送到高压侧，再由光电池等光功率转换器将光能转换为电能，给设备供电。激光供电稳定可靠，但激光器的功率有限，且光电转换效率较低，仅适合用于低功率的场合。

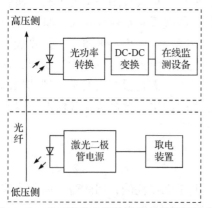

图 11.10　基于激光电能传输技术的监测设备供电原理图

根据电磁感应原理，将电流互感器(current transformer，CT)直接挂接在高压输电线路上，感应得到交流电压，然后经整流、滤波、稳压处理后，为高压线路上的在线监测设备供电，如图 11.11 所示。这种方式具有供电性能稳定、受外界影响小等优点。但是，当高压输电线路电流较小时，CT 线圈无法取得足够的电能为监测设备供电，从而影响设备的正常工作。当高压输电线路发生短路故障时，其瞬时电流值将达到额定电流值的数倍，过大的交变电流会导致 CT 的铁心饱和，铁心的温度将随着饱和程度的加深变高，极易烧毁CT 线圈。

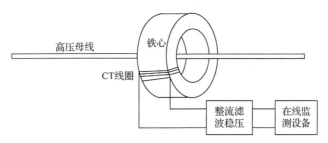

图 11.11　基于电磁感应原理的在线监测设备供电系统

利用磁耦合谐振式无线电能传输技术为在线监测设备供电，能够满足高压输电线路监测设备对供电距离的要求。如图 11.12 所示，该系统从低压侧取电，然后通过绝缘棒上的发射线圈和接收线圈，将电能传送到高压侧，为高压输电线路上的监测设备供电。该方式的特点是使用了具有一定磁导率的绝缘棒作为能量传输通路，可以有效解决磁通扩散到空气中导致的电磁兼容问题。

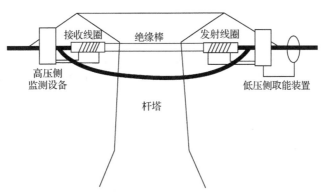

图 11.12　基于磁耦合谐振原理的在线监测设备供电系统[8]

在实际高压系统中，低电位和高电位之间的绝缘距离要求通常会更大，故需要进一步增加无线电能传输的距离。一种采用中继线圈的磁耦合谐振式无线供电方式如图 11.13 所示，

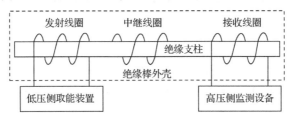

图 11.13　带中继线圈的在线监测设备无线供电系统[8]

通过使用中继线圈，有效增加了无线供电的传输距离。另一种使用多个中继线圈的无线供电方式如图 11.14 所示，该方法将若干个中继线圈嵌入盘状绝缘子串中，呈多米诺排布，通过多中继短程接力的方式大幅度提高无线供电的传输效率和传输距离，保证系统能够在米级的传输距离下，为 110kV 高电压输电线路在线监测设备提供高效稳定的电能供给。

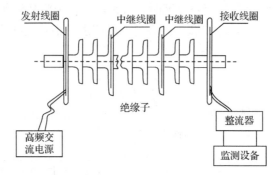

图 11.14　带多个中继线圈的在线监测设备无线供电系统[9]

11.5　本 章 小 结

本章针对水下、井下、高空、高压等特殊场合的特点，介绍了磁场耦合式、电场耦合式、超声波式、微波式等不同无线供电方式的适用性，并给出了相关无线供电系统的方案，充分说明了无线供电技术在特殊场合应用的优越性和可行性，为相关产业的发展指明了方向。

参 考 文 献

[1] 顾文超, 丘东元, 张波, 等. 水下无线输电技术研究综述[J]. 电源学报, 2023, 21(3): 125-138.

[2] 程为彬, 王洋, 康思民, 等. 井下定功率高效无线电能传输系统的分析与设计[J]. 电源学报, 2022, 20(2): 183-191.

[3] 孟积渐, 陈永冉. 煤矿井下无线充电安全影响因素分析及对策[J]. 煤矿安全, 2020, 51(12): 109-112.

[4] 任志山, 黄春耀. 可无线充电的锂电池矿灯设计[J]. 工矿自动化, 2017, 43(12): 76-81.

[5] 刘晓文, 王习, 陈迪, 等. 煤矿井下磁耦合谐振 WPT 系统优化设计[J]. 煤炭学报, 2016, 41(11): 2889-2896.

[6] ZHOU J L, ZHANG B, XIAO W X, et al. Nonlinear parity-time-symmetric model for constant efficiency wireless power transfer: application to a drone-in-flight wireless charging platform[J]. IEEE transactions on industrial electronics, 2019, 66(5): 4097-4107.

[7] CAI C S, WANG J H, NIE H, et al. Effective-configuration WPT systems for drones charging area extension featuring quasi-uniform magnetic coupling[J]. IEEE transactions on transportation electrification, 2020, 6(3): 920-934.

[8] 黄智慧, 邹积岩, 王永兴, 等. 基于中继线圈的 WPT 技术及其在高压设备中的应用研究[J]. 电工技术学报, 2015, 30(11): 45-52.

[9] QU J L, HE L X, TANG N, et al. Wireless power transfer using domino-resonator for 110-kV power grid online monitoring equipment[J]. IEEE transactions on power electronics, 2020, 35(11): 11380-11390.